21 世纪高等学校通信类系列教材

扩展频谱通信及其多址技术

曾兴雯　刘乃安　孙献璞　编著

西安电子科技大学出版社

内 容 简 介

随着微电子技术和通信技术的迅猛发展,扩展频谱技术已被广泛地应用于通信系统和其它系统中。本书主要介绍扩展频谱技术的基本理论和扩展频谱系统,包括扩展频谱的理论基础,扩展频谱的几种基本方式和混合扩频方式,扩频系统中所用的伪随机码,扩频信号的相关接收,扩频系统的同步,特殊器件在扩频系统中的应用,扩频多址技术以及扩频技术的实际应用等内容。

本书不仅可作为通信及电子信息类专业的研究生或本科生的教材,也可作为相关领域科研人员和工程技术人员的参考书。

☆ 本书配有电子教案,需要者可与出版社联系,免费提供。

图书在版编目(CIP)数据

扩展频谱通信及其多址技术/曾兴雯等编著.
—西安:西安电子科技大学出版社,2004.5(2016.8 重印)
(21 世纪高等学校通信类系列教材)
ISBN 978 - 7 - 5606 - 1375 - 8

Ⅰ.扩… Ⅱ.曾… Ⅲ.①宽带通信系统—高等学校—教材 ②多路通信系统—高等学校—教材
Ⅳ.TN914

中国版本图书馆 CIP 数据核字(2004)第 021487 号

策 划 马乐惠
责任编辑 王晓杰 李惠萍
出版发行 西安电子科技大学出版社(西安市太白南路 2 号)
电 话 (029)88242885 88201467 邮 编 710071
网 址 www.xduph.com 电子邮箱 xdupfxb001@163.com
经 销 新华书店
印刷单位 陕西天意印务有限责任公司
版 次 2004 年 5 月第 1 版 2016 年 8 月第 5 次印刷
开 本 787 毫米×1092 毫米 1/16 印张 17.375
字 数 405 千字
印 数 14 001~15 000 册
定 价 24.00 元
ISBN 978 - 7 - 5606 - 1375 - 8/TN

XDUP 1646001—5

前　言

在信息化社会，通信系统担负着信息传输、交换和处理的重要任务。通信技术的发展代表了一个国家科学技术发展的现状，也成为国民经济发展的一个重要的推动力。扩展频谱通信是通信的一个重要分支和发展方向，它是扩展频谱技术和通信相结合的产物。由于扩展频谱技术具有抗干扰能力强、截获率低、多址能力强、抗多径、保密性好及测距能力强等一系列的优点，使得扩展频谱通信越来越受到人们的重视。随着大规模或超大规模集成电路技术、微电子技术、微处理技术的迅猛发展以及一些新型器件的广泛应用，扩展频谱通信的发展迈上了一个新的台阶，它不仅在军事通信中占有重要的地位，而且正迅速地渗透到民用通信中。可以毫不夸张地讲，在现代通信系统，特别是无线通信系统中，没有扩展频谱技术，这些系统要生存都是比较困难的。

本书是作者在总结了多年的科研和教学成果的基础上编写的，主要内容包括：干扰与抗干扰的发展概述和扩展频谱技术的特点；扩展频谱技术的理论基础和扩展频谱技术的直接序列扩频、跳频、跳时和线性调频几种基本方式及其混合扩展频谱技术；扩展频谱系统用的伪随机码的产生方法及特性；扩展频谱系统的相关解扩及其性能；扩展频谱系统的同步方法；特殊器件在扩展频谱系统中的应用，主要介绍声表面波器件(SAWD)及扩频专用集成电路(ASIC)；扩频多址技术的原理和应用；扩展频谱技术的应用等。

本书不仅可作为高等院校相关专业研究生或本科生的教材(本课程的先修课程为：通信原理、电路、信号与系统、概率论和随机过程、模拟/数字电路等)，也可作为从事扩频通信及相关专业的研究与开发工作的科技人员的参考书。

本书由曾兴雯主编，参加编写的还有刘乃安、孙献璞。曾兴雯编写了第1、2、3、5章和第4章的4.6、4.7节以及第6章的6.1～6.4节；刘乃安编写了第4章的4.1～4.5节、第6章的6.5节以及第8章；孙献璞编写了第7章。

在本书的编写过程中得到了西安电子科技大学通信工程学院的有关专家、教授的支持和帮助，在此表示深深的谢意。对西安电子科技大学出版社的领导和编辑对本书的关心和付出的辛劳我们在此也表示谢意。

由于编者的水平有限，难免有不妥之处，恳请读者批评指正。

编　者
2004 年 1 月

目　　录

第 1 章 绪   论

人类社会进入到了信息社会，通信现代化是人类社会进入信息时代的重要标志。怎样在恶劣的环境条件下保证通信有效地、准确地、迅速地进行，是当今通信工作者所面临的一大课题。扩展频谱通信是现代通信系统中的一种新兴的通信方式，其较强的抗干扰、抗衰落和抗多径性能以及频谱利用率高、多址通信等诸多优点越来越为人们所认识，并被广泛地应用于军事通信和民用通信的各个领域，从而推动了通信事业的迅速发展。

1.1 通信中的干扰与抗干扰

在现代通信中遇到的一个重要问题就是抗干扰问题。随着通信事业的迅速发展，各类通信网的建立，使得有限的频率资源更加拥挤，相互之间的干扰更为严重，如何防止和降低这种相互之间的干扰，成为一大难题。

现代战争首先是电子战，谁在电子战中取得优势，就会加重谁在战争中取胜的筹码，而失去电子战优势的一方，要取得战争的胜利是很困难的。因为在电子战中处于劣势，将导致通信中断、指挥失灵、部队失控、泄密等事件的发生，这在战争史上不乏其例，中东战争、海湾战争、前南斯拉夫战争等就是很好的佐证。因而电子战越来越受到各国政府和军方的重视，不惜投入大量的人力物力，对电子对抗技术进行研究，以便在电子战中取得优势，进而取得战争的胜利。

1.1.1 干扰

在通信中遇到的干扰可分为两类：人为干扰和非人为干扰。人为干扰是一种故意干扰，意在对敌方的通信实施干扰，达到破坏对方通信的目的。而非人为干扰，是一种非故意干扰，大多为来自自然界的干扰，如天电干扰、噪声等，这些干扰都是客观存在的，非故意的。由于非人为干扰是客观存在的，对其只能削弱（如滤波、自适应均衡等），不能消除。对于人为干扰，可以消除或削弱。在通信中，不仅要尽可能消除或减少非人为的干扰，而且更要对抗那些敌意的人为干扰，这些人为干扰主要有：

（1）单频干扰，或称为固频干扰。这种干扰的干扰频率 f_J 正好对准对方的通信频率 f_s，即 $f_J = f_s$，形成同频干扰。

（2）窄带干扰。这种干扰的干扰频率 f_J 对准对方的通信频率 f_s，干扰信号的频带很窄，可以与有用信号频带相比拟。这样，干扰信号的能量可以全部落入有用信号的频带内，从而对有用信号形成干扰。

（3）正弦脉冲干扰。这种干扰类似于单频干扰，不同点在于其发送是以脉冲形式发送的，其峰值功率较强。

（4）跟踪式干扰。由一个频率跟踪系统和干扰机组成，先测定通信频率，然后将干扰机干扰信号频率对准通信频率进行干扰。

（5）转发式干扰。这种干扰首先把有用信号接收下来，再经放大和噪声污染后发送出去，对有用信号实施干扰。

（6）宽带阻塞式干扰。这种干扰是在整个信号的通信频带内施放很强的干扰信号，其干扰功率与带宽成正比，使通信一方在整个通信频带内都无法保证正常的通信。

1.1.2 干扰与抗干扰技术的发展

在通信对抗中，一方要破坏对方的有效通信，而另一方则要尽力摆脱对方的干扰，保障自己的通信畅通无阻，因而干扰与抗干扰技术在这种对抗中得到发展，图1-1为战场通信对抗的发展过程。最早的干扰采用单频干扰，当通信一方受到此干扰时，只好通过改变通信频率来躲避这种干扰；当干扰一方发现干扰无效后，也随之改变干扰频率，使干扰频率再次对准通信频率，实施干扰。最初的通信对抗就是采用这种捉迷藏的方式进行的，改变的频率也不是很多。后来，通信频率数增加，可以不断地改变频率，干扰一方就采用跟踪式干扰方式，对通信一方进行干扰。随着科学技术的发展和扩频技术的问世，通信对抗发展到了一个新的水平。通信采用跳频方式，其频率不断地、随机地跳变，加大了干扰的难度。干扰一方采用转发式干扰，将跳频信号接收下来，经加噪声放大后转发出去，对跳频信号实施干扰。对付这种转发式干扰，一是提高跳频速率，使之达到转发式干扰无法干扰的程度；再者采用多网、引诱和其它的电子反对抗措施（ECCM，Electronic Counter-Counter-Measures），对抗转发式干扰。对付上述的反对抗措施之一，是采用宽带阻塞式干扰，但这种干扰由于频带很宽，所需干扰功率相当大，使用比较困难，而且极易受到对方导弹的攻击。

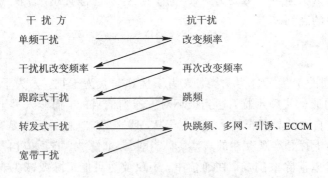

图1-1 战场通信对抗发展图

由此可见，通信对抗的双方在对抗中发展，在对抗中提高，到底谁战胜谁还很难预料。但可以预言，对抗的双方将在对抗中得到进一步的发展和完善，因而对抗也会更加激烈。

1.1.3 抗干扰技术

当前采用的抗干扰技术主要有以下几种。

1）扩展频谱技术

扩展频谱技术具有很强的抗干扰能力，可以抗击多种人为干扰，是发展非常迅速的一种抗干扰技术。本书将详细介绍扩展频谱技术及其在通信中的应用。

2）开发强方向性的毫米波频段

在短波波段，电波的传播方式主要是靠天波传播，超短波也主要靠天波和视线传播。由于这些波段拥挤，因而相互之间的干扰比较严重。在毫米波波段，频段很宽，采用视线传播，方向性很强，有利于增加强抗干扰性能。

3）加密技术

加密技术用于防止传送的信息被敌方截获、窃听，它在保密通信中是一个重要的技术手段。

4）猝发通信技术

这种通信方式在通信的时间上有很大的随机性，在非常短的时间内，将要发送的信号发送出去，其它时间处于静止状态，使干扰机很难捕捉到这种猝发信号，因此具有很强的抗干扰的能力。如流星余迹通信就属于这种通信。

5）天线零相技术

这种技术是将天线方向图的零点对准干扰机，而将主瓣对准发信机，这样，对接收机而言，既能接收到有用信号，又可将干扰信号大大地衰减，从而达到抗干扰的目的。

6）分集技术

分集技术包括空间分集、频率分集、角度分集、极化分集等。采用分集技术，可改善系统性能，提高系统抗干扰的能力。

1.2　扩展频谱技术

扩展频谱系统具有很强的抗干扰性能，其多址能力、保密、抗多径等功能也倍受人们的关注，被广泛地应用于军事通信和民用通信中。

扩展频谱系统是指发送的信息被展宽到一个很宽的频带上，这一频带比要发送的信息带宽宽得多，在接收端通过相关接收，将信号恢复到信息带宽的一种系统，简称为扩频系统或 SS(Spread Spectrum)系统。

1.2.1　扩展频谱系统的分类

扩频系统包括下面几种扩频方式：

（1）直接序列扩频，记为 DS(Direct Sequence)；

（2）跳频，记为 FH(Frequency Hopping)；

（3）跳时，记为 TH(Time Hopping)；

（4）线性调频，记为 Chirp。

除了上面四种基本方式以外，还有这些扩频方式的组合方式，如 FH/DS，TH/DS、FH/TH 等。

1.2.2　扩频系统的特点

1. 抗干扰能力强

由于利用了扩展频谱技术，将信号扩展到很宽的频带上，在接收端对扩频信号进行相关处理即带宽压缩，恢复成窄带信号。对干扰信号而言，由于与扩频信号不相关，则被扩展到一个很宽的频带上，使之进入信号通频带内的干扰功率大大降低，相应地增加了相关器输出端的信号/干扰比，因而具有较强的抗干扰能力。扩频系统的抗干扰能力主要取决于系统的扩频增益，或称之为处理增益。对大多数人为干扰而言，扩频系统都具有很强的对抗能力。

2. 可进行多址通信

扩频通信本身就是一种多址通信，即扩频多址（SSMA，Spread Spectrum Multiple Access），用不同的扩频码构成不同的网，类似于码分多址（CDMA）。CDMA 是未来全球个人通信的首选多址方式。虽然扩频系统占据了很宽的频带，完成信息的传输，但其很强的多址能力保证了它的高的频谱利用率，其频谱利用率比单路单载波系统还要高得多。这种多址方式组网灵活，入网迅速，适合于机动灵活的战术通信和移动通信。

3. 安全保密

扩频通信也是一种保密通信。扩频系统发射的信号的谱密度低，近似于噪声，有的系统可在 $-20\sim-15$ dB 信噪比条件下工作，对方很难测出信号的参数，从而达到安全保密通信的目的。扩频信号还可以进行信息加密，如要截获和窃听扩频信号，则必须知道扩频系统用的伪随机码、密钥等参数，并与系统完全同步，这样就给对方设置了更多的障碍，从而起到了保护信息的作用。

4. 数模兼容

扩频系统既可以传输数字信号，也可传输模拟信号。

5. 抗衰落

由于扩频信号的频带很宽，当遇到衰落，如频率选择型衰落，它只影响到扩频信号的一小部分，因而对整个信号的频谱影响不大。

6. 抗多径

多径问题是通信中，特别是移动通信中必须面对，但又难以解决的问题，而扩频技术本身具有很强的抗多径的能力，只要满足一定的条件，就可达到抗干扰甚至可以利用多径能量来提高系统性能的目的。而这个条件在一般的扩频系统中是很容易满足的。

1.2.3 扩频技术在通信系统中的应用

扩频系统具有许多优点，特别是具有很强的抗干扰性能，越来越受到人们的重视，其应用领域也在不断地扩大。目前扩频技术的应用主要在军事通信上，这是由它良好的抗干扰性能决定的。据权威人士预测，今后的军事通信，特别是战场通信，只有扩频通信系统能胜任，因而各国军方对此都十分重视，投入了大量的人力、财力进行研究。除了在军事通信中的应用外，扩频技术正迅速地渗透到民用通信的各个领域，并显示出了强大的生命力。扩频技术正广泛地应用于通信、雷达、导航、测距、定位等领域。表 1-1 为扩频技术在这些领域应用的实例。

表 1 - 1 扩频技术应用实例对比表

序号	名称或型号	扩频类型	主要参数	应用对象
1	短波跳频电台 a. Scimitar - H(美) b. VRC - 15(英)	a. 慢跳频(5～30跳/秒) b. 直接序列 c. 线性调频	1.6～30 MHz 间隔; 50 kHz 跳宽, SSB 话音、电报,600～2400 b/s 数据	军用通信
2	VHF 战术电台 a. SINCGARS - V(美) b. Jaguar - V(英) c. Scimitar - V(英) d. Shamir 系列(以)	a. 慢跳频(50～100跳/秒) b. 快跳频(500跳/秒)	30～88 MHz, 25 kHz 间隔;分段或全频段跳;16 kb/s 数字保密话 600～2400 b/s 数据	军用通信
3	UHF 战术电台 a. Have Quick(美) Have Clear b. VEC - 450(英) Jaguar - U	慢跳频(50～100跳/秒)	225 ～ 400 MHz;25 kHz 间隔;分段跳;10 kb/s;数字保密话或 SSB 模拟保密话 600～2400 b/s 数据	军用通信
4	联合战术信息分布系统(JTIDS)	a. TDMA:DS+FH b. DTDMA:DS+FH+TH c. 自适应天线阵	频段:900～1215 MHz 带宽:25 MHz;16 kb/s 数字保密话;2.4 kb/s LPC 保密话;数传 2106/7.8125 ms 可挂 1553B 总线, M32 直扩 3.8 万跳/秒,通信、导航识别多功能综合	三军联合作战
5	数字微波中继(美)	ECCM 措施: a. 扩频调制解调器 b. 低比特纠错编码 c. 自适应调零天线 d. 自适应码速控制		美陆军战术微波通信
6	卫星通信(美) a. AN - USC - 28 b. TSC - 94A TSC - 100A	a. 直接序列 b. 直接序列+跳频 c. 跳频		美国卫星通信
7	跟踪和数据中继卫星系统(TDRSS)(美)	直接序列	上行用 S 频段时,数据率 36/72 kb/s, PN 码率 11.232 Mc/s, PN 码长 1023D; 上行用 Ku 频段时,数据率 72/216 kb/s, PN 码速率 3 Mc/s	航天飞机通信

序号	名称或型号	扩频类型	主要参数	应用对象
8	全球定位系统(GPS)	直接序列	码速 10.23 Mc/s	定位
9	卫星数据通信(美)	直接序列	4 GHz 频段，带宽 5 MHz，数据率达 192 kb/s	卫星地面站，个人计算机与公共数据库相连
10	无线分组数据网	直接序列	频段 1710～1850 MHz，带宽 20 MHz，扩频码 128 与 32 码片/比特，MSK 调制，数据率 100/400 kb/s	多个数据终端互相通信、用无线信道构成分组交换网
11	移动无线电话网	a. 直接序列(用 APC) b. 跳频	频段 850 MHz，带宽 20 MHz，每用户码率 32 kb/s，误码率小于 10^{-3}	民用移动通信
12	局部数据网	直接序列	用光纤传输	多个数据终端用一个信道实现任务，选址通信
13	无线电定位	直接序列	频段 420～450 MHz	无线电定位
14	无线局域网(WLAN)	a. 直接序列 b. 跳频	频段 902～928 MHz 2400～2483 MHz 信息速率 200 kb/s～ 11 Mb/s	计算机通信，高速数据传输
15	无线 IP	a. 直接序列 b. 跳频	频段 2400～2483 MHz	Internet

本章参考文献

［1］ Eric Ribchester. Frequency-Hopping Radios Outwit "Smart" Jammers. Microwaves. Nov. 1979

［2］ R. Dixon. 扩展频谱系统. 北京：国防工业出版社，1982

［3］ 李振玉，卢玉民. 扩频选址通信. 北京：国防工业出版社，1988

［4］ 王复荣. 扩频抗干扰通信技术及其军事应用. 通信技术与发展. 1991，1～2

第 2 章　扩频技术及其理论基础

从 20 世纪 40 年代起，人们就开始了对扩频技术的研究，其抗干扰、抗窃听、抗测向等方面的能力早已为人们熟知。但由于扩频系统的设备复杂，对各方面的要求都很高，在当时的技术条件下，要制成适应军事和民用需要的扩频系统是不可能的，因而扩频技术发展缓慢。进入 20 世纪 60 年代后，随着科学技术的迅速发展，许多新型器件的出现，特别是大规模、超大规模集成电路、微处理器、数字信号处理（DSP）器件、扩频专用集成电路（ASIC）以及像声表面波（SAW）器件、电荷耦合器件（CCD）这样的新型器件的问世，使扩频技术有了重大的突破和发展，许多新型系统相继问世，并在实际的使用和实验中显示出了它们的优越性，使扩频通信成为未来通信的一种重要的方式，因此受到了人们极大地重视。

本章首先介绍扩频技术的理论基础，然后分别介绍扩频技术中的各种扩频方式，以及它们各自的特点。

2.1　扩频技术的理论基础

扩频技术是把要发送的信号扩展到一个很宽的频带上，然后再发送出去，系统的射频带宽比原始信号的带宽宽得多。这样做，系统的复杂度比常规系统的复杂度要高得多，付出的代价是昂贵的，能得到什么好处呢？可以从著名的香农（Shannon）定理来看。

2.1.1　Shannon 公式

Shannon 定理指出：在高斯白噪声干扰条件下，通信系统的极限传输速率（或称信道容量）为

$$C = B \, \text{lb} \left(1 + \frac{S}{N} \right) \ \text{b/s} \tag{2-1}$$

式中：B 为信号带宽；S 为信号平均功率；N 为噪声功率。

若白噪声的功率谱密度为 n_0，噪声功率 $N = n_0 B$，则信道容量 C 可表示为

$$C = B \, \text{lb} \left(1 + \frac{S}{n_0 B} \right) \ \text{b/s} \tag{2-2}$$

由上式可以看出，B、n_0、S 确定后，信道容量 C 就确定了。由 Shannon 第二定理知，若信源的信息速率 R 小于或等于信道容量 C，通过编码，信源的信息能以任意小的差错概率通过信道传输。为使信源产生的信息以尽可能高的信息速率通过信道，提高信道容量是人们所期望的。

由 Shannon 公式可以看出：

（1）要增加系统的信息传输速率，则要求增加信道容量。增加信道容量的方法可以通过增加传输信号带宽 B，或增加信噪比 S/N 来实现。由式(2-1)可知，B 与 C 成正比，而 C 与 S/N 呈对数关系，因此，增加 B 比增加 S/N 更有效。

（2）信道容量 C 为常数时，带宽 B 与信噪比 S/N 可以互换，即可以通过增加带宽 B 来降低系统对信噪比 S/N 的要求；也可以通过增加信号功率，降低信号的带宽，这就为那些要求小的信号带宽的系统或对信号功率要求严格的系统找到了一个减小带宽或降低功率的有效途径。

（3）当 B 增加到一定程度后，信道容量 C 不可能无限地增加。由式(2-1)可知，信道容量 C 与信号带宽成正比，增加 B，势必会增加 C，但当 B 增加到一定程度后，C 增加缓慢。由式(2-2)知，随着 B 的增加，由于噪声功率 $N=n_0B$，因而 N 也要增加，从而信噪比 S/N 要下降，影响到 C 的增加。考虑极限情况，令 $B \rightarrow \infty$，我们来看 C 的极限值。对式(2-2)两边取极限，有

$$\lim_{B \rightarrow \infty} C = \lim_{B \rightarrow \infty} B \, \mathrm{lb}\left(1 + \frac{S}{n_0 B}\right) \tag{2-3}$$

考虑到极限

$$\lim_{x \rightarrow \infty} \frac{1}{x} \mathrm{lb}(1+x) = \mathrm{lb}\,\mathrm{e} = 1.44 \tag{2-4}$$

令 $x = S/n_0 B$，对式(2-3)有

$$\lim_{B \rightarrow \infty} C = \lim_{B \rightarrow \infty} \left[\frac{n_0 B}{S} \mathrm{lb}\left(1 + \frac{S}{n_0 B}\right) \right]\left(\frac{S}{n_0}\right) = \mathrm{lb}\,\mathrm{e} \cdot \frac{S}{n_0}$$

故

$$\lim_{B \rightarrow \infty} C = 1.44 \frac{S}{n_0} \tag{2-5}$$

由此可见，在信号功率 S 和噪声功率谱密度 n_0 一定时，信道容量 C 是有限的。

由上面的结论，可以推导出信息速率 R 达到极限信息速率，即 $R = R_{\max} = C$，且带宽 $B \rightarrow \infty$ 时，信道要求的最小信噪比 E_b/n_0 的值。E_b 为码元能量，$S = E_b R_{\max}$。由式(2-5)知

$$\lim_{B \rightarrow \infty} C = R_{\max} = 1.44 \frac{S}{n_0}$$

可得

$$\frac{E_b}{n_0} = \frac{S}{n_0 R_{\max}} = \frac{1}{1.44} \tag{2-6}$$

由此可得信道要求的最小信噪比为

$$\left(\frac{E_b}{n_0}\right)_{\min} = \frac{1}{1.44} = 0.694 = -1.6 \text{ dB}$$

2.1.2　信号带宽与信噪比的互换

由 Shannon 公式可知，在一定的信道容量条件下，可通过增加信号带宽来减小发送信号功率，也可通过增加发送信号功率来减小信号带宽。也就是说，在信道容量不变的条件下，信号功率和信号带宽可以互换。那么，这两者相对变化的速率如何呢？下面的例子会给出这个问题的结论。

例 2-1 某一系统的信号带宽为 8 kHz，信噪比为 7，求信道容量 C。在 C 不变的情况下，信号带宽分别增加一倍和减小一半，求此信号功率的相对变化为多少？

解 先求出信道容量 C，由式（2-1）得

$$C = B \, \mathrm{lb}\left(1 + \frac{S}{N}\right) = 8 \, \mathrm{lb}(1+7) = 24 \text{ kb/s}$$

将信号带宽增加一倍，即 $B_1 = 2B = 16$ kHz，C 不变，可得

$$\frac{S_1}{N_1} = 2^{\frac{C}{B_1}} - 1 = 1.83$$

信道噪声变化 $N_1/N = n_0 B_1/n_0 B = 2$，由此可得信号功率的相对变化为

$$\frac{S_1/N_1}{S/N} = \frac{1.83}{7}$$

$$\frac{S_1}{S} = \frac{N_1}{N} \times \frac{1.83}{7} = 2 \times \frac{1.83}{7} = 0.523$$

信号功率约为原来信号功率的一半。

将信号带宽减小一半，即 $B_2 = 0.5B = 4$ kHz，C 不变，可得

$$\frac{S_2}{N_2} = 2^{\frac{C}{B_2}} - 1 = 63$$

信道噪声变化，信号功率的相对变化为

$$\frac{S_2}{S} = \frac{N_2}{N} \times \frac{63}{7} = 4.5$$

即带宽减小一半，功率需增加到原信号功率的 4.5 倍。图 2-1 为 $C = 24$ kb/s 的条件下，B 与 S/N 的互换关系曲线和信号功率相对变化曲线。由图可见，在 C 不变的情况下，B 与 S/N 可以互换。当 B 较小时，增加 B，可使系统要求的信噪比 S/N 迅速下降，即要求的信号功率 S 迅速下降；而当 B 加到一定程度时，S/N 下降速度越来越慢，即信号的功率减小不多。反过来，增大 S/N，也可减小 B，但信号功率的增加远比带宽下降要快。这样就存在着一个合理选择 S/N 与 B 的关系问题，应根据具体情况来权衡。

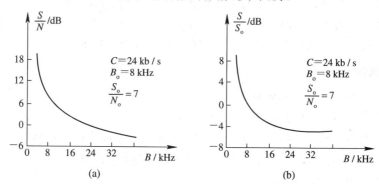

图 2-1 信噪比与带宽互换关系曲线
(a) $S/N \sim B$ 曲线；(b) $S/S_o \sim B$ 曲线

下面来看看编码系统和非编码系统的带宽与信噪比的互换关系。

1. 理想带通系统的 B 与 S/N 互换

能够实现极限信息速率传输且能达到任意小差错概率的通信系统称为理想带通系统。

理想带通系统是一个编码系统，而编码系统的带宽与信噪比的互换要比非编码系统的优越，因为编码系统的带宽可以比非编码系统的带宽宽得多。图 2 - 2 是理想带通系统的原理框图。

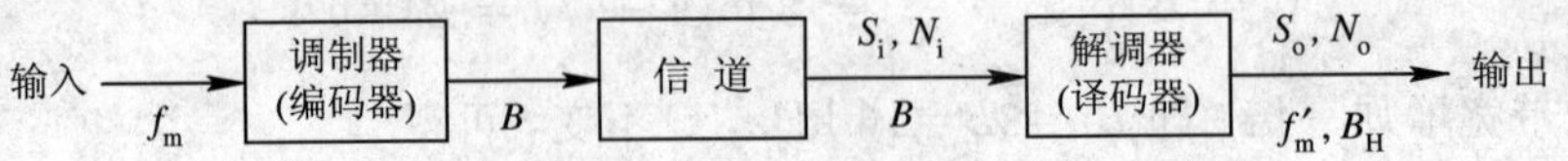

图 2 - 2　理想带通系统原理框图

假定输入信号速率为 f_m，经过编码调制后的带宽为 B，则到达解调器的信息速率为

$$R_i = B \text{ lb}\left(1 + \frac{S_i}{N_i}\right) \tag{2-7}$$

式中：S_i 为解调器输入信号功率；N_i 为解调器输入噪声功率。

解调器把带宽为 B 的信号解调为速率为 $f_m' = f_m$ 的信息，带宽为 B_H。解调器输出的信息速率为

$$R_o = B_H \text{ lb}\left(1 + \frac{S_o}{N_o}\right) \tag{2-8}$$

式中：S_o 为解调器输出信号的功率；N_o 为解调器输出噪声的功率。

由于解调前后信息速率不变，则有 $R_i = R_o$，或

$$B \text{ lb}\left(1 + \frac{S_i}{N_i}\right) = B_H \text{ lb}\left(1 + \frac{S_o}{N_o}\right)$$

$$\text{lb}\left(1 + \frac{S_o}{N_o}\right) = \text{lb}\left(1 + \frac{S_i}{N_i}\right)^{B/B_H} \tag{2-9}$$

若 $S_i/N_i \gg 1$ 和 $S_o/N_o \gg 1$，则有

$$\frac{S_o}{N_o} \approx \left(\frac{S_i}{N_i}\right)^{B/B_H} \tag{2-10}$$

由此可见，在理想带通系统中，输出信噪比 S_o/N_o 随着带宽 B/B_H 的比值按指数规律增加，带宽的增加能明显地提高系统的输出信噪比，使系统的性能得到提高。增加带宽的有效途径是通过编码或调制的方法，增加信号的多余度，从而使带宽增大。

2. 非编码系统

一般调制系统可分为编码系统和非编码系统两大类。所谓非编码系统是指系统中消息空间的某一个符号，可以变换为调制信号空间的一个特定的符号。调幅系统和调频系统均属于非编码系统。如在调幅系统中，原始信号的每一个可能的值，都可以变换为已调信号的一个确定的振幅值，已调信号的包络与原始信号成线性关系。

1）调幅系统（AM 系统）

AM 信号的表达式为

$$s(t) = [A + f(t)] \cos\omega_0 t \tag{2-11}$$

式中：A 为信号振幅；$f(t)$ 为调制信号，$|f(t)| \leqslant A$。

到达接收机解调器的信号包括有用信号 $s(t)$ 和噪声 $n(t)$。对 AM 信号，一般采用大信号包络检波的方法，可得包络检波器输出信噪比 S_o/N_o 的表达式为

$$\frac{S_o}{N_o} = \frac{2\,\overline{f^2(t)}}{A^2 + \overline{f^2(t)}} \cdot \frac{S_i}{N_i} \qquad (2-12)$$

由此可见，AM 系统的输出信噪比 S_o/N_o 与输入信噪比 S_i/N_i 成正比，而与信号带宽无关。因此，不存在带宽与信噪比的互换关系。

2）调频系统（FM 系统）

调频信号的表达式为

$$s(t) = A\cos\left[\omega_0 t + k_f \int_0^t f(t)\,\mathrm{d}t\right] \qquad (2-13)$$

式中：A 为信号振幅；$f(t)$ 为调制信号；k_f 为调制系数或调制灵敏度。

考虑到噪声干扰，大信号时，经鉴频后的输出信噪比与输入信噪比之间的关系为

$$\frac{S_o}{N_o} = 3m_f^2(1 + m_f)\frac{S_i}{N_i} \qquad (2-14)$$

式中：$m_f = \Delta f_m/f_m$ 为调频指数；Δf_m 为 FM 信号的最大频偏；f_m 为调制信号 $f(t)$ 的最高频率。

由式（2-14）可知，FM 系统的输出信噪比不但与输入信噪比成正比，还近似与调频指数的三次方成正比，而 m_f 正好表示了信号的传输带宽 B 和原始带宽 B_H 的比值关系，即 $m_f = B/B_H$。若增加 B，B_H 不变，则 m_f 增加，即宽带调频，这样 S_o/N_o 将随 m_f 的三次方增加，信噪比将大大改善，从而提高了系统的抗干扰性能。如当 $m_f = 3$ 时，$S_o/N_o = 108(S_i/N_i)$，现增加 B 为原来的二倍，则 $m_f = 6$，有 $S_o/N_o = 756(S_i/N_i)$，S_o/N_o 迅速提高，当然付出的代价是带宽增加一倍。由此可见，FM 系统的带宽与信噪比是可以互换的。但应该指出的是，FM 系统虽然可以用增加带宽的方法换取信噪比的提高，但 FM 系统不是扩频系统，它不是用相关检测的方法完成信号的恢复。

由上面的分析可以看出，编码系统的输出信噪比与带宽成指数关系，当增加带宽时，编码系统可以大大提高抗噪声性能，且效果比 FM 系统的好得多。也就是说，增加带宽对编码调制系统带来的好处远比对非编码调制系统的多，所以采用编码调制更能得到有效的信噪比与带宽的互换性。这一理论，又进一步指出了提高通信系统抗干扰能力的途径——增加信号的传输带宽。

2.1.3 扩频通信系统的数学模型

图 2-3 为扩频通信系统的数学模型。扩频系统可以认为是扩频和解扩的变换对。要传输的信号 $s(t)$ 经过扩频变换，将频带较窄的信号 $s(t)$ 扩展到一很宽的频带 B 上去，发射的信号为 $S_s[s(t)]$。扩频信号通过信道后，叠加后噪声 $n(t)$ 和干扰信号 $J(t)$，送入解扩器的输入端。对解扩器而言，其解扩过程正好是扩频过程的逆过程，从而有：对信号 $S_s^{-1}[\cdot]$ 的处理，还原出 $s(t)$，即 $S_s^{-1}\{S_s[s(t)]\} = s(t)$，而对噪声 $n(t)$ 和干扰信号 $J(t)$，有 $S_s^{-1}[n(t)] = S_s[n(t)]$ 和 $S_s^{-1}[J(t)] = S_s[J(t)]$，即将 $n(t)$ 和 $J(t)$ 扩展。这样，在 $s(t)$ 的频带 $[f_a, f_b]$ 内，$s(t)$ 可以全部通过，而 $S_s[n(t)]$ 和 $S_s[J(t)]$ 只有当其功率在 $[f_a, f_b]$ 内时才能通过。$[f_a, f_b]$ 相对于 B 来讲要小得多，所以，噪声和干扰得到很大程度的抑制，提高了系统的输出信噪比或信干比。

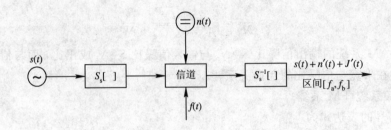

图 2-3　扩频通信系统数学模型

2.1.4　扩频系统的物理模型

图 2-4 为扩频系统的物理模型，信源产生的信号经过第一次调制——信息调制（如信源编码）成为一数字信号，再进行第二次调制——扩频调制，即用一扩频码将数字信号扩展到很宽的频带上，然后进行第三次调制，把经扩频调制的信号搬移到射频上发送出去。在接收端，接收到发送的信号后，经混频后得到一中频信号，再用本地扩频码进行相关解扩，恢复成窄带信号，然后进行解调，将数字信号还原出来。在接收的过程中，要求本地产生的扩频码与发端用的扩频码完全同步。

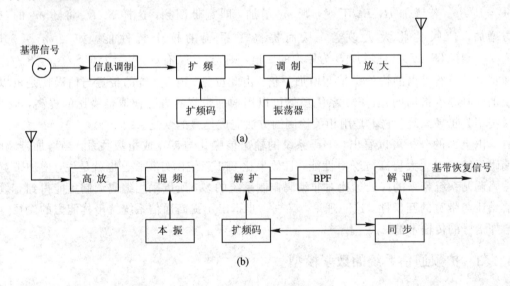

图 2-4　扩频系统物理模型
（a）发射；（b）接收

2.2　直接序列扩频

直接序列扩频系统（DS）又称为直接序列调制系统或伪噪声系统（PN 系统），简称为直扩系统，是目前应用较为广泛的一种扩展频谱系统。人们对直接序列扩频系统的研究最早，研制出了许多直扩系统，如美国的国防卫星通信系统（AN-VSC-28）、全球定位系统（GPS）、航天飞机通信用的跟踪和数据中继卫星系统（TDRSS）等都是直接序列扩频技术应用的实例。

直接序列扩频系统是将要发送的信息用伪随机(PN)序列扩展到一个很宽的频带上去，在接收端，用与发端扩展用的相同的伪随机序列对接收到的扩频信号进行相关处理，恢复出原来的信息。干扰信号由于与伪随机序列不相关，在接收端被扩展，使落入信号频带内的干扰信号功率大大降低，从而提高了系统的输出信噪(干)比，达到抗干扰的目的。

2.2.1 直接序列扩频系统的组成

图 2-5 为直扩系统的组成原理框图。由信源输出的信号 $a(t)$ 是码元持续时间为 T_a 的信息流，伪随机码产生器产生的伪随机码为 $c(t)$，每一伪随机码码元宽度或切普(chip)宽度为 T_c。将信码 $a(t)$ 与伪随机码 $c(t)$ 进行模 2 加，产生一速率与伪随机码速率相同的扩频序列，然后再用扩频序列去调制载波，这样就得到已扩频调制的射频信号。

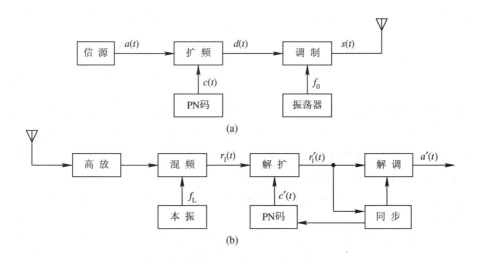

图 2-5 直扩系统组成框图
(a) 发射；(b) 接收

在接收端，接收到的扩频信号经高放和混频后，用与发端同步的伪随机序列对中频的扩频调制信号进行相关解扩，将信号的频带恢复为信息序列 $a(t)$ 的频带，即为中频调制信号。然后再进行解调，恢复出所传输的信息 $a(t)$，从而完成信息的传输。对于干扰信号和噪声而言，由于与伪随机序列不相关，在相关解扩器的作用下，相当于进行了一次扩频。干扰信号和噪声频谱被扩展后，其谱密度降低，这样就大大降低了进入信号通频带内的干扰功率，使解调器的输入信噪比和信干比提高，从而提高了系统的抗干扰能力。

2.2.2 直扩系统的信号分析

信号源产生的信号 $a(t)$ 为信息流，码元速率 R_a，码元宽度 T_a，$T_a = 1/R_a$，则 $a(t)$ 为

$$a(t) = \sum_{n=0}^{\infty} a_n g_a(t - nT_a) \qquad (2-15)$$

式中：a_n 为信息码，以概率 P 取 $+1$ 和以概率 $1-P$ 取 -1，即

$$a_n = \begin{cases} +1 & \text{以概率 } P \\ -1 & \text{以概率 } 1-P \end{cases} \qquad (2-16)$$

$$g_a(t) = \begin{cases} 1 & 0 \leqslant t \leqslant T_a \\ 0 & \text{其它} \end{cases} \qquad (2-17)$$

为门函数。

伪随机序列产生器产生的伪随机序列 $c(t)$，速率为 R_c，切普宽度为 T_c，$T_c = 1/R_c$，则

$$c(t) = \sum_{n=0}^{N-1} c_n g_c(t - nT_c) \qquad (2-18)$$

式中：c_n 为伪随机码码元，取值 +1 或 -1；$g_c(t)$ 为门函数，定义与式(2-17)类似。

扩频过程实质上是信息流 $a(t)$ 与伪随机序列 $c(t)$ 的模 2 加或相乘的过程。伪随机码速率 R_c 比信息速率 R_a 大得多，一般 R_c/R_a 的比值为整数，且 $R_c/R_a \gg 1$，所以扩展后的序列的速率仍为伪随机码速率 R_c。扩展的序列 $d(t)$ 为

$$d(t) = a(t)c(t) = \sum_{n=0}^{\infty} d_n g_c(t - nT_c) \qquad (2-19)$$

式中

$$d_n = \begin{cases} +1 & a_n = c_n \\ -1 & a_n \neq c_n \end{cases} \quad (n-1)T_c \leqslant t \leqslant nT_c \qquad (2-20)$$

用此扩展后的序列去调制载波，将信号搬移到载频上去。用于直扩系统的调制，原则上讲，大多数数字调制方式均可，但应视具体情况，根据系统的性能要求来确定，用得较多的调制方式有 BPSK、MSK、QPSK、TFM 等。我们分析采用 PSK 调制，用一般的平衡调制器就可完成 PSK 调制。调制后得到的信号 $s(t)$ 为

$$s(t) = d(t) \cos\omega_0 t = a(t)c(t) \cos\omega_0 t \qquad (2-21)$$

式中 ω_0 为载波频率。

接收端天线上感应的信号经高放的选择放大和混频后，得到包括以下几部分的信号：有用信号 $s_I(t)$、信道噪声 $n_I(t)$、干扰信号 $J_I(t)$ 和其它网的扩频信号 $s_J(t)$ 等，即收到的信号(经混频后)为

$$r_I(t) = s_I(t) + n_I(t) + J_I(t) + s_J(t) \qquad (2-22)$$

接收端的伪随机码产生器产生的伪随机序列与发端产生的伪随机序列相同，但起始时间或初始相位可能不同，为 $c'(t)$。解扩的过程与扩频过程相同，用本地的伪随机序列 $c'(t)$ 与接收到的信号相乘，相乘后为

$$\begin{aligned} r_I'(t) &= r_I(t)c'(t) \\ &= s_I(t)c'(t) + n_I(t)c'(t) + J_I(t)c'(t) + s_J(t)c'(t) \\ &= s_I'(t) + n_I'(t) + J_I'(t) + s_J'(t) \end{aligned} \qquad (2-23)$$

下面分别对上面四个分量进行分析。首先看信号分量 $s_I'(t)$，则

$$s_I'(t) = s_I(t)c'(t) = a(t)c(t)c'(t) \cos\omega_I t \qquad (2-24)$$

若本地产生的伪随机序列 $c'(t)$ 与发端产生的伪随机序列 $c(t)$ 同步时，有 $c(t) = c'(t)$，则 $c(t) \cdot c'(t) = 1$。这样，信号分量 $s_I'(t)$ 为

$$s_I'(t) = a(t) \cos\omega_I t \qquad (2-25)$$

后面所接滤波器的频带正好能让信号通过，因此可以进入解调器进行解调，将有用信号解调出来。

对噪声分量 $n_1(t)$、干扰分量 $J_1(t)$ 和不同网干扰 $s_J(t)$，经解扩处理后，被大大削弱。$n_1(t)$ 分量一般为高斯带限白噪声，因而用 $c'(t)$ 处理后，谱密度基本不变(略有降低)，但相对带宽改变，因而噪声功率降低。$J_1(t)$ 分量是人为干扰引起的。这些干扰可以是第 1 章中描述的干扰中的一种或多种。由于与伪随机码不相关，因此，相乘过程相当于频谱扩展过程，将干扰信号功率分散到一个很宽的频带上，谱密度降低，相乘器后接的滤波器的频带只能让有用信号通过，这样，能够进入到解调器输入端的干扰功率只能是与信号频带相同的那一部分。解扩前后的频带相差甚大，因而解扩后干扰功率大大降低，提高了解调器输入端的信干比，从而提高了系统抗干扰的能力。至于不同网的信号 $s_J(t)$，由于不同网所用的扩频序列也不同，这样对于不同网的扩频信号而言，相当于再次扩展，从而降低了不同网信号的干扰。

图 2 - 6 和图 2 - 7 分别给出了扩频系统的波形和频谱示意图。

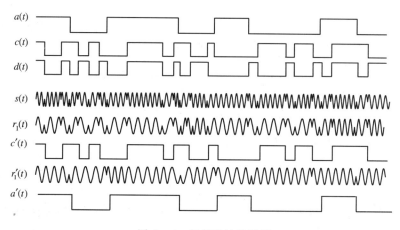

图 2 - 6　扩频系统波形图

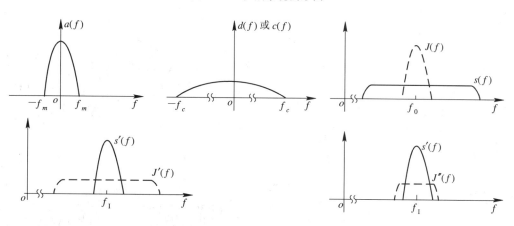

图 2 - 7　扩频系统频谱示意图

下面我们来分析直扩信号的功率谱。发送端发送的信号 $s(t)$ 为

$$s(t) = d(t) \cos\omega_0 t = a(t)c(t) \cos\omega_0 t \qquad (2-26)$$

式中 $a(t)$、$c(t)$ 和 $d(t)$ 分别由式(2-15)、(2-18)和(2-19)确定。分析的方法是先求出 $s(t)$ 的自相关函数 $R_s(\tau)$，再进行傅里叶变换，就可得到 $s(t)$ 的功率谱密度 $G_s(f)$。对 $s(t)$ 求

自相关函数，有

$$R_s(\tau) = \frac{1}{T} \int_{-T/2}^{T/2} s(t)s(t-\tau)\,\mathrm{d}t = \frac{1}{2} R_d(\tau) \cos\omega_0\tau \qquad (2-27)$$

由于 $a(t)$ 与 $c(t)$ 是由两个不同的信号源产生的，因而是相互独立的，则有

$$R_d(\tau) = R_a(\tau) R_c(\tau) \qquad (2-28)$$

式中 $R_a(\tau)$ 和 $R_c(\tau)$ 分别为 $a(t)$ 与 $c(t)$ 的自相关函数，$c(t)$ 是长度为 N 的周期性伪随机序列，故其自相关函数也是周期为 N 的周期性函数，为

$$R_c(\tau) = \begin{cases} 1 & \tau = 0 \\ -1/N & \tau \neq 0 \end{cases} \qquad (2-29)$$

其波形如图 2-8 所示。对 $R_c(\tau)$ 进行傅里叶变换，得到 $c(t)$ 的功率谱密度为

$$G_c(\omega) = \frac{1}{N^2}\delta(\omega) + \frac{N+1}{N^2} \mathrm{Sa}^2\left(\frac{\omega T_c}{2}\right) \sum_{\substack{k=-\infty \\ k \neq 0}}^{\infty} \delta\left(\omega - \frac{2k\pi}{NT_c}\right) \qquad (2-30)$$

由此式可知，伪随机序列的功率谱是以 $\omega_1 = 2\pi/(NT_c)$ 为间隔的离散谱，其幅度由 $\mathrm{Sa}^2(\omega T_c/2)$ 确定，如图 2-9 所示。由傅里叶变换的性质可求出扩频信号 $s(t)$ 的谱密度为

$$G_s(\omega) = \frac{1}{8\pi^2} G_a(\omega) * G_c(\omega) * \pi[\delta(\omega-\omega_0) + \delta(\omega+\omega_0)]$$

$$= \frac{1}{8\pi} G_a(\omega) * [G_c(\omega-\omega_0) + G_c(\omega+\omega_0)] \qquad (2-31)$$

将式(2-30)代入，并且考虑单边谱，则

$$G_s(\omega) = \frac{1}{4\pi N^2} G_a(\omega-\omega_0) + \frac{N+1}{4\pi N^2} \sum_{\substack{k=-\infty \\ k \neq 0}}^{\infty} \mathrm{Sa}^2\left(\frac{\pi k}{N}\right) G_a\left(\omega - \omega_0 - \frac{2k\pi}{NT_c}\right) \qquad (2-32)$$

如图 2-9(b)所示。由图可见，N 越大，$G_c(\omega)$ 谱线越密，T_c 越小，功率谱的带宽越宽，谱密度越低，$c(t)$ 越接近白噪声。

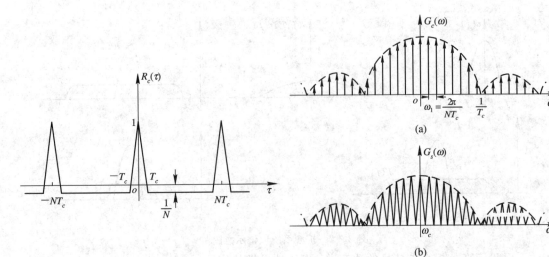

图 2-8　$R_c(\tau)$ 波形图

图 2-9　扩频信号功率谱

(a) $c(t)$ 的功率谱；(b) $s(t)$ 的功率谱

应当注意的是码平衡问题，若不平衡，则存在直流分量，就会引起载漏，这对扩频信号的保密性有一定的影响，而且不平衡越严重载漏越严重。

2.2.3 处理增益与干扰容限

处理增益和干扰容限是扩频系统的两个重要的抗干扰指标，下面分别讨论。

1. 处理增益

在扩频系统中，传输信号在扩频和解扩的处理过程中，扩展频谱系统的抗干扰性能得到提高，这种扩频处理得到的好处，就称之为扩频系统的处理增益，其定义为接收相关处理器输出与输入信噪比的比值，即

$$G_P = \frac{输出信噪比}{输入信噪比} = \frac{S_o/N_o}{S_i/N_i} \tag{2-33}$$

一般用分贝表示，为

$$G_P = 10 \lg \frac{S_o/N_o}{S_i/N_i} \text{ dB} \tag{2-34}$$

对于直扩系统，解扩器的输出信号功率不变，但对于干扰信号而言，由于解扩过程相当于干扰信号的扩展过程，干扰功率被分散到很宽的频带上，进入解调器输入端的干扰功率相对解扩器输入端下降很大，即干扰功率在解扩前后发生了变化。因此，对于直扩系统而言，其处理增益就是干扰功率减小的倍数。

设一个干扰信号与信号的频率关系相同，干扰谱密度为 A，功率为 P_J，经接收机 $c(t)$ 扩展到 $f_0 - f_c \sim f_0 + f_c$ 的频带上，带宽 $B = 2f_c$，干扰功率谱密度为 A'，降低了 N 倍，如图 2-10 所示。

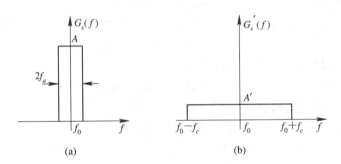

图 2-10 干扰功率谱变化

(a) 扩展前；(b) 扩展后

扩展前后的干扰功率不变，即有

$$P_J = 2f_a A = 2f_c A' \tag{2-35}$$

可得

$$A' = \frac{f_a}{f_c} A = \frac{A}{N} \tag{2-36}$$

进入信号频带 $(f_0 - f_a, f_0 + f_a)$ 内的干扰功率为

$$P_J' = 2f_a A' = \frac{2f_a A}{N} \tag{2-37}$$

则系统的处理增益为

$$G_P = \frac{S_o/P_J'}{S_i/P_J} = \frac{P_J}{P_J'} = N = \frac{f_c}{f_a} = \frac{B_c}{B_a} = \frac{BW_{射频}}{BW_{信息}} \qquad (2-38)$$

由此可见，直扩系统的处理增益为扩频信号射频带宽与传输的信息带宽的比值，或为伪随机码速率 R_c 与信息速率 R_a 的比值，也即直扩系统的扩频倍数。应注意的是，式 (2-38) 给出的处理增益表达式是在特定条件下得到的，对于不同的干扰信号，其处理增益也有所不同。由后面对扩频系统抗干扰性能的分析可以看出，对于不同的干扰，抗干扰性能与式(2-38)所描述的处理增益有关，即均与其扩展倍数成正比。因此，扩频系统的处理增益定义为射频带宽与信息带宽的比值。

一般情况下，发送信息的带宽是不变的，要提高扩频系统的抗干扰能力，就应提高扩频系统的处理增益，也就是要提高扩频用的伪随机码的速率。当码速率增加到一定程度后，会受到许多客观因素的影响。例如，一直扩系统，信息码元速率为 16 kb/s，伪随机码速率为 50 Mc/s，则带宽为 100 MHz，系统的处理增益为

$$G_P = \frac{R_c}{R_a} = \frac{50 \times 10^6}{16 \times 10^3} = 3125 = 34.95 \text{ dB}$$

如果带宽加大到 200 MHz，则伪随机码速率为 100 Mc/s，此时的处理增益为

$$G_P' = \frac{R_c}{R_a} = \frac{100 \times 10^6}{16 \times 10^3} = 6250 = 37.96 \text{ dB}$$

由此可见，伪随机码速率提高一倍时，系统的处理增益只增加 3 dB。如果把 3 dB 的处理增益和当前的条件相比，技术上的难点会更高，也就是说，在系统处理增益达到某一水平后，还要以提高伪随机码速率的方法来提高系统处理增益，付出的代价是昂贵的，将大大增加系统的复杂程度和成本。如上例中的伪随机码速率由 50 Mc/s 增加到 100 Mc/s，伪随机码产生器的速率要提高一倍，对器件的要求更加苛刻，同步精度相应地要提高一倍，要完成这些技术指标是非常困难的。因此，当处理增益提高到一定程度时，不能再靠提高伪随机码速率的方法来提高系统的处理增益，而应考虑用别的方法来提高系统的处理增益，如可以降低信息速率，而且这种方法可能更为有效。目前采用的话音调制多采用 16 kb/s 或 32 kb/s 的增量调制，如果采用语音压缩技术、线性预测编码、矢量量化编码等技术，可降低信息速率。如国外研制出的 2.4 kb/s 的线性预测编码(LPC)器，600 b/s 的矢量量化编码器等，都会使系统的处理增益大大提高。在 JTIDS 系统中，采用线性预测编码，$R_a = 2.4$ kb/s，有

$$G_P' = \frac{R_c}{R_a} = \frac{50 \times 10^6}{2.4 \times 10^3} = 20\,833 = 43.2 \text{ dB}$$

与前面的 100 Mc/s 的伪随机码速率的情况相比较，在不增加伪码速率的条件下，降低信息速率，使处理增益提高了近 8 dB，而系统的难度并不增加或增加不多。

2. 干扰容限

所谓干扰容限，是指在保证系统正常工作的条件下，接收机能够承受的干扰信号比有用信号高出的分贝数，用 M_j 表示，有

$$M_j = G_P - \left[L_S + \left(\frac{S}{N} \right)_o \right] \text{dB} \qquad (2-39)$$

式中：L_S 为系统内部损耗；$(S/N)_0$ 为系统正常工作时要求的最小输出信噪比，即相关器的输出信噪比或解调器的输入信噪比；G_P 为系统的处理增益。

干扰容限直接反映了扩频系统接收机可能抵抗的极限干扰强度，即只有当干扰机的干扰功率超过干扰容限后，才能对扩频系统形成干扰。因而，干扰容限往往比处理增益能更确切地反映系统的抗干扰能力。

如某系统扩频处理增益 $G_P = 30\ dB$，系统损耗 $L_S = 2\ dB$，为了保证信息解调器工作时误码率低于 10^{-5}，要求相关器输出信噪比 $(S/N)_0 = 10\ dB$，由此可得干扰容限为

$$M_j = 30 - (2 + 10) = 18\ dB$$

也就是说，只要接收机前端的干扰功率不超过信号功率 18 dB，系统就能正常工作。

2.2.4 软扩频

在一些系统中，如 TDMA、CDMA、无线局域网等，由于数据率很高，其速率可达每秒数兆比特甚至更高，为了提高系统的抗干扰性能，应采用扩频技术。若采用一般的扩频技术，其伪随机码速率就很高，射频带宽就非常宽，在一些频带受限的情况下难以满足系统的要求，故多采用一种软扩频技术。

所谓的软扩频又称为缓扩频，即进行频谱的某种缓慢扩展变化。与上面讲的直扩技术有如下不同之处：一般的直扩实现是将信息码与伪随机码进行模 2 加来获得扩展后的序列，并且一般的扩频伪随机码的切普速率 R_c 远大于信息码元速率 R_a，$R_c/R_a = N$ 为整数。而软扩频则不然，软扩频一般采用编码的方法来完成频谱的扩展，即用几位信息码元对应一条伪随机码，扩展的倍数不大且不一定是整倍数。图 2-11 为软扩频的实现框图。

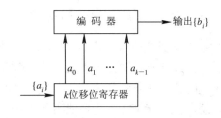

图 2-11 软扩频实现框图

软扩频实际上是一种 (N,k) 的编码，用长为 N 的伪随机码去代表 k 位信息，k 位信息有 2^k 个状态，则需 2^k 条长为 N 的伪随机码代表 k 位信息码的 2^k 个状态，其扩频率为 N/k。如美国的 JTIDS 为 $(32,5)$，扩频系数为 6.4，它是由一条长为 32 chip 的伪随码去对应 5 位信息码。一条长为 32 chip 的伪随机码的 32 条位移序列，正好对应 5 位信息码的 32 个状态，即伪随机码的 32 条位移序列与 5 位信息码的 32 个状态一一对应。由此可见，软扩频就是实现 (N,k) 的编码，用 k 位信息码的状态，去确定这 k 位信息码的状态对应的长为 N 的伪随机码，不同的状态对应于不同的伪随机码，从而完成扩频。所用 2^k 条长为 N 的伪随机码，可以是 2^k 条伪随机码，也可以是一条或多条伪随机码及其位移序列。

设信息码为 $a(t)$，由式（2-15）定义，为

$$a(t) = \sum_{n=0}^{\infty} a_n g_a(t - nT_a) \tag{2-40}$$

将 $a(t)$ 分段，每 k 位为一段，可得

$$a(t) = \sum_{i=0}^{\infty} a_k(t - iT) \tag{2-41}$$

这里

$$a_k(t) = \sum_{l=0}^{k-1} a_l g_a(t - lT_a) \tag{2-42}$$

$T=KT_a=NT_c$ 为一伪随机码的周期，求 $a_k(t)$ 的权值，得

$$m = \sum_{l=0}^{k-1} a_l 2^l \qquad (2-43)$$

则 m 就是对应的 2^k 条伪随机码的编号。若所用伪随机码为 $c_j(t)$，$j=0,1,2,\cdots,2^k-1$，

$$c_j(t) = \sum_{n=0}^{N-1} c_{jn} g_c(t-nT_c) \qquad (2-44)$$

式中：c_{jn} 为伪随机码的码元（切普）；$g_c(t)$ 为门函数。

这样，经扩展后的扩频序列为

$$b(t) = \sum_{i=0}^{\infty} c_m(t-iT) \qquad (2-45)$$

式中 $c_m(t)$ 的下标选择由 $a_K(t-iT)$ 对应的加权值（式(2-43)）确定。

由于采用 (N,k) 编码，共需 2^k 条长为 N 的伪随机码作为扩频码，因此要求用的伪随机码的条数要多，可供选择的余地要大。由于用不同的伪随机码去表示 k 位信息的不同状态，因此所用的 2^k 条伪随机码之间的码距要大，相关特性要好。确切地讲，希望这 2^k 条伪随机码的自相关特性要好、互相关特性以及部分相关特性都要好，这样才能保证在接收端较好地完成扩频信号的解扩或解码。换句话说，要求这 2^k 条伪随机码正交，因此在某些场合，又把这种软扩频称为正交码扩频。

2.2.5 直扩系统的特点和用途

直扩系统的特点主要有以下几个方面：

（1）具有较强的抗干扰能力。扩频系统通过相关接收，将干扰功率扩展到很宽的频带上去，使进入信号频带内的干扰功率大大降低，提高了解调器输入端的信干比，从而提高了系统的抗干扰能力，这种能力的大小与处理增益成正比。

（2）具有很强的隐蔽性和抗侦察、抗窃听、抗测向的能力。扩频信号的谱密度很低，可使信号淹没在噪声之中，不易被敌方截获、侦察、测向和窃听。直扩系统可在 $-15\sim-10$ dB 乃至更低的信噪比条件下工作。

（3）具有选址能力，可实现码分多址。扩频系统本来就是一种码分多址通信系统，用不同的码可以组成不同的网，组网能力强，其频谱利用率并不因占用的频带扩展而降低。采用多址通信后，频带利用率反而比单频单波系统的频带利用率高。

（4）抗衰落，特别是抗频率选择性能好。直扩信号的频谱很宽，一小部分衰落对整个信号的影响不大。

（5）抗多径干扰。直扩系统有较强的抗多径干扰的能力，多径信号到达接收端，由于利用了伪随机码的相关特性，只要多径时延超过伪随机码的一个切普，则通过相关处理后，可消除这种多径干扰的影响，甚至可以利用这些多径干扰的能量，提高系统的信噪比，改善系统的性能。

（6）可进行高分辨率的测向、定位。利用直扩系统伪随机码的相关特性，可完成精度很高的测距和定位。

直扩技术主要用于通信抗干扰、卫星通信、导航、保密通信、测距和定位等方面。

2.3　跳　　频

跳频系统的载频受一伪随机码的控制，不断地、随机地跳变，可看成载频按照一定规律变化的多频频移键控(MFSK)。与直扩系统相比较，跳频系统中的伪随机序列并不直接传输，而是用来选择信道。跳频系统从 20 世纪 60 年代后期开始，发展便非常迅速，已研制出不少适合于战术通信的跳频电台，如美国的 Scimitar - H、Scimitar - V、RF - 3090，英国的 Jaguar - V，以色列的 VHF - 88 系列等，这些跳频电台在实际的使用和实验中，都表现出了较高的抗干扰性能及其它的优良性能，具有取代现有的其它战术通信用的电台的趋势。不少专家预言，未来的战术通信设备非跳频电台莫属。

2.3.1　跳频系统的组成

跳频系统的组成如图 2 - 12 所示。用信源产生的信息流 $a(t)$ 去调制频率合成器产生的载频，得到射频信号。频率合成器产生的载频受伪随机码的控制，按一定规律跳变。跳频系统的解调多采用非相干解调，因而调制方式多用 FSK、ASK 等可进行非相干解调的调制方式。

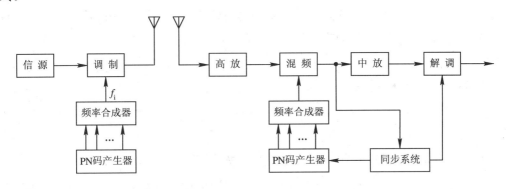

图 2 - 12　跳频系统组成框图

在接收端，接收到的信号与干扰经高放滤波后送至混频器。接收机的本振信号也是一频率跳变信号，跳变规律是相同的，两个合成器产生的频率相对应，但对应的频率有一频差为 f_1，正好为接收机的中频。只要收发双方的伪随机码同步，就可使收发双方的跳频源——频率合成器产生的跳变频率同步，经混频器后，就可得到一不变的中频信号，然后对此中频信号进行解调，就可恢复出发送的信息。而对干扰信号而言，由于不知道跳频频率的变化规律，与本地的频率合成器产生的频率不相关，因此，不能进入混频器后面的中频通道，不能对跳频系统形成干扰，这样就达到了抗干扰的目的。在这里，混频器实际上担当了解跳器的角色，只要收发双方同步，就可将频率跳变信号转换成为一固定频率(中频 f_1)的信号。

2.3.2　跳频系统的信号分析

设信源产生的信号 $a(t)$ 为双极性数字信号，则

$$a(t) = \sum_{n=0}^{\infty} a_n g_a(t - nT_a) \qquad (2-46)$$

式中：a_n 为信息码，取值 $+1$ 或 -1。

$$g_a(t) = \begin{cases} 1 & 0 \leqslant t \leqslant T_a \\ 0 & \text{其它} \end{cases} \qquad (2-47)$$

T_a 为信息码元宽度。

调制采用 PSK 调制。由频率合成器产生的频率为 f_i，则

$$f_i \in \{f_1, f_2, f_3, \cdots, f_N\} \qquad (2-48)$$

即 f_i 在 $(i-1)T_h \leqslant t < iT_h$ 内的取值为频率集 $\{f_1, f_2, \cdots, f_N\}$ 中的一个频率，由伪随机码确定，T_h 为每一频率（每一跳）的持续时间或驻留时间。这样，用 $a(t)$ 去调制频率合成器产生的频率 f_i，可得射频信号为

$$s(t) = a(t) \cos\omega_i t \qquad (2-49)$$

接收端收到的信号为

$$r(t) = s(t) + n(t) + J(t) + s_J(t) \qquad (2-50)$$

式中：$s(t)$ 为信号分量；$n(t)$ 为噪声分量（高斯白噪声）；$J(t)$ 为干扰信号分量；$s_J(t)$ 为不同网的跳频信号。

接收端频率合成器产生的频率受与发端相同的伪随机码产生器的控制，产生的频率 f_j' 为接收频率合成器产生的频率集中的一个，即有

$$f_j' \in \{f_1 + f_I, f_2 + f_I, f_3 + f_I, \cdots, f_N + f_I\} \qquad (2-51)$$

在混频器中，接收到的信号与本振相乘，得

$$r(t) \cos\omega_j' = s(t) \cos\omega_j' + n(t) \cos\omega_j' + J(t) \cos\omega_j' + s_J(t) \cos\omega_j'$$

$$= s'(t) + n'(t) + J'(t) + s_J'(t) \qquad (2-52)$$

下面分别讨论式 $(2-52)$ 中的四个分量。首先看信号分量 $s'(t)$，即

$$s'(t) = s(t) \cos\omega_j' t = a(t) \cos\omega_i t \cdot \cos\omega_j' t \qquad (2-53)$$

现已知收发两端的频率合成器产生的频率是一一对应的，且受相同的伪随机码的控制，控制方式是相同的，只是两个伪随机码的初始相位可能不同。若使两伪随机码的初始相位相同，即同步，就可使收发双方的频率合成器产生的频率同步，即有 $i=j$。这样，收端频率合成器产生的频率正好比发端的频率高出一个中频 f_I（也可低一个中频），经混频，取下边带，可得信号分量为

$$s'(t) = a(t) \cos\omega_i t \cdot \cos\omega_j' t$$

$$= \frac{1}{2} a(t) [\cos(\omega_j' - \omega_i)t + \cos(\omega_j' + \omega_i)t] \qquad (2-54)$$

经滤波后为

$$s''(t) = \frac{1}{2} a(t) \cos(\omega_j' - \omega_i)t = \frac{1}{2} a(t) \cos\omega_I t \qquad (2-55)$$

为一固定中频信号，与非跳频系统送入解调器的信号是相同的，经解调后，可恢复出传送的信息 $a(t)$，从而完成信息的传输。

对 $n'(t)$ 分量，由于 $n(t)$ 为高斯白噪声，经混频后，噪声分量与一般的非跳频系统一

样,没有变化,也就是说,跳频系统对白噪声无处理增益。

对干扰分量 $J'(t)$,由于不知道跳频频率的变化规律,即不能得到跳频系统的信息。经混频后,被搬移到中频频带以外,不能进入解调器,也就不能形成干扰,从而达到了抗干扰的目的。$J(t)$ 要有效地干扰跳频信号 $s(t)$,必须与 $s(t)$ 的频率始终相同,否则是无能为力的。

$s'_J(t)$ 分量是由其它网产生的跳频信号,不同网有不同的跳频图案。在组网时,已考虑到了不同网之间的相互干扰问题,即应使其频率跳变是正交的,互不重叠。不同网的信号由于频率跳变的规律不同,故不能形成干扰。

跳频系统的频率合成器产生的频率的频谱图和跳频系统的射频信号的频谱图如图 2-13 所示。理想的频率合成器产生的频谱图为离散的、等间隔的、等幅的线谱,占用的频带 $B=f_N-f_1$,每个频率之间的间隔为 ΔF。某一时刻的频率是 N 个频率中的一个,由伪随机码确定,如图 2-13(a)。图 2-13(b) 为跳频信号的频谱图,在某一时刻,跳频系统是窄带的,从整个时间看,信号在整个频带内跳变,是宽带的。

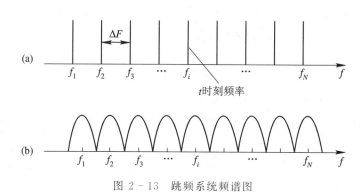

图 2-13　跳频系统频谱图

(a) 频率合成器频谱图;(b) 跳频信号频谱图

跳频系统的抗干扰机理是这样的:发送端的载频受伪随机码的控制,不断地、随机地改变,躲避干扰。在接收端,用与发端相同的伪随机码控制本地频率合成器产生的频率,使之与发端的载频同步跳变,混频后使之进入中频频带内;对于干扰信号,由于不知道跳频系统的载频变化规律,经接收机接收,不能进入中频频带内,也就不能形成干扰。这样,跳频系统就达到了抗干扰的目的。由此可见,跳频系统的抗干扰机理与直扩系统是不同的,跳频系统以躲避干扰的方式抗干扰,可以认为是一种主动式抗干扰方式;而直扩系统用把干扰功率分散的方法来降低干扰功率,提高解调器的输入信干比,以此来达到抗干扰的目的,故可以认为是一种被动式的抗干扰方式。

下面讨论描述跳频系统抗干扰性能的指标——处理增益。

设在一频带 BW 内,等间隔分为 N 个频道,即可用频率数为 N,频率间隔为 ΔF,如图 2-13(a) 所示,信息带宽为 $B_a \leqslant \Delta F$。定义跳频系统的处理增益为射频带宽与信息带宽之比,即

$$G_P = \frac{BW}{B_a} \leqslant N \qquad (2-56)$$

由此可见,跳频系统的抗干扰性能即处理增益是与跳频系统的可用频道数 N 成正比的,N 越大,射频带宽 BW 越宽,抗干扰能力越强。

若在 BW 内有 N 个频道和 J 个固频干扰，这 J 个干扰的频率正好与 N 个频率中的 J 个频率相同，且假设 N 个频率是等概出现的，那么这 J 个干扰频率将形成一定的干扰。我们把干扰频率与信号频率相同，且干扰功率超过信号电平形成的干扰称为"击中"，则"击中"的概率为

$$P = \frac{J}{N} \qquad (2-57)$$

由此可见，为降低"击中"概率，可提高可用频道数，采用纠错编码技术，用几个频率传输 1 比特信息，即要用 (C, W) 分组编码的方法，字的差错概率为

$$P_W = \sum_{m=r}^{C} C_C^m (1-P)^{C-m} P^m \qquad (2-58)$$

式中：P 为总的"击中"概率，$P = J/N$；C 为每比特的频率数；r 为判决门限。这样可大大降低错误概率，提高系统抗干扰性能。

一般跳频系统可根据跳频速率分为快速跳频（FFH）、中速频跳（MFH）和慢速跳频（SFH）。有两种划分方式来确定快、慢速跳频。第一种是将跳速 (R_h) 与信息速率 (R_a) 相比较来划分，若跳频速率 R_h 大于信息速率 R_a，即 $R_h > R_a$，则为快速跳频；反之，$R_h < R_a$ 为慢速跳频。另外一种划分方式是以跳速来划分：

SFH：R_h 的范围是 $10 \sim 100$ h/s，如以色列的 VHF - 88、美国的 Scimitar - H；

MFH：R_h 的范围是 $100 \sim 500$ h/s，如美国的 SINCGARS - V；

FFH：R_h 大于 500 h/s，如美国的 Scimitar - V。

跳频速率不同，抗干扰性能不同，复杂程度和成本也就不同。

跳频系统的频率跳变，受到伪随机码的控制，时间不同，伪随机码的相位不同，对应的频率合成器产生的频率也不同。我们把跳频系统的频率跳变规律称为跳频图案，频率跳变的规律如图 2 - 14 所示。跳频图案或时—频矩阵性能的好坏直接关系到系统性能的优劣，在第 4 章将详细讨论。

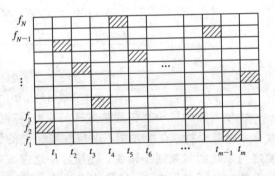

图 2 - 14　跳频图案

2.3.3　跳频系统的特点和用途

跳频系统的主要特点如下：

（1）具有较强的抗干扰能力。跳频系统采用躲避干扰的方法来抗干扰，只有当干扰信号频率与跳频信号频率相同时，才能形成干扰，因而抗干扰能力较强。跳频频率数 N 越大，跳频速率越高，抗干扰性能越强。

（2）易于组网，实现码分多址，频谱率利用高。不同的码，可以得到不同的跳频图案，从而组成不同的网，频谱利用率比直扩系统略高。

（3）易兼容。目前所有的跳频电台兼容性都很强，可在多种模式下工作，如定频和跳频、数字和模拟、话音和数据等。

（4）解决了"远—近"问题。"远—近"问题对直扩系统的影响很大，对跳频系统来说，这种影响就小得多，甚至可以完全克服。

（5）采用快跳频和纠错编码系统用的伪随机码速率比直扩系统的低得多，同步要求比直扩系统的低，因而时间短、入网快。

目前，跳频技术主要用于军事通信，如战术跳频电台、抗干扰等，但也正在迅速地向民用通信渗透，如移动通信、数据传输、计算机无线数据传输、无线局域网等。

2.4　跳　　时

跳时系统是用伪随机码去控制信号发送时刻及发送时间的长短。它和跳频的差别在于一个控制的是频率，而另一个控制的是时间。在时间跳变中，将一个信号分为若干个时隙，由伪随机码控制在哪个时隙发送信码。时隙选择、持续时间的长短也是由伪随机码控制的。因此，信号是在开通的很短的时隙中，以较高的峰值功率传输的，可以看成一种随机的脉位调制(PPM)和脉宽调制(PWM)。跳时系统工作原理如图 2-15 所示，产生的跳时信号如图 2-16 所示。

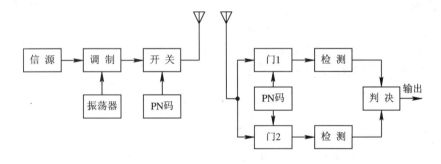

图 2-15　跳时系统原理框图

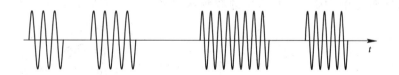

图 2-16　跳时信号波形

在发送端，经调制后的信号送到一开关电路，此开关的启闭受一伪随机码的控制，以脉冲的形式发送出去。在接收端，本地伪随机码产生器与发端的伪随码产生器完全同步，用于控制两个选通门，使传号和空号分别由两个门选通后经检波进行判决，从而恢复出传送的信息。

跳时系统的处理增益为

$$G_P = \frac{1}{\text{占空比}} = \frac{1}{D} \tag{2-59}$$

跳时系统的优点在于能够用时间的合理分配来避开附近发射机的强干扰，是一个理想的多址技术(TDMA)。但当同一信道中有许多跳时信号时，某一时隙可能有几个信号相互重叠，因此跳时系统也和跳频系统一样，必须采用纠错编码，或采用协调方式构成时分多址。从抑制干扰角度看，跳时系统用得很少，一般与其它扩频方式组合，如 FH/TH、TH/DS、FH/TH/DS 等。因为跳时系统抗干扰的办法是减小占空比，对干扰机而言，要有效地对跳时系统实施干扰，因不易侦察跳时系统中所用的伪随机码，就必须连续发射强干扰信号。

2.5 线性调频

线性调频又称为 Chirp 系统，其发射脉冲信号的载频在信息脉冲持续时间 T 内作线性变化，其瞬时频率随时间线性变化，如图 2-17 所示。载波频率在脉冲起始与终了时刻的频差为

$$\Delta f = |f_1 - f_2| = B \qquad (2-60)$$

线性调频信号的频率在信息脉冲持续时间 T 内随时间线性变化，由此可得其瞬时频率与时间的关系为

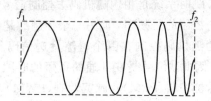

图 2-17 线性调频信号波形

$$\omega(t) = \omega_0 + \mu t \qquad (2-61)$$

式中 ω_0 为载波频率，μ 为一常数，所以线性调频信号的瞬时相位 $\psi(t)$ 和线性调频信号在信息脉冲持续时间 T 内的表达式 $s(t)$ 分别为

$$\psi(t) = \omega_0 t + \frac{1}{2}\mu t^2 \qquad (2-62)$$

和

$$s(t) = \cos(\omega_0 t + \frac{1}{2}\mu t^2) \qquad -\frac{T}{2} \leqslant t \leqslant \frac{T}{2} \qquad (2-63)$$

线性调频信号的产生方法，可由一个锯齿波信号控制压控振荡器(VCO)来实现。振荡频率随锯齿波而变化，因此脉冲信号的载频从原来单一频率展宽为 $\Delta F = B$，如图 2-18 所示。

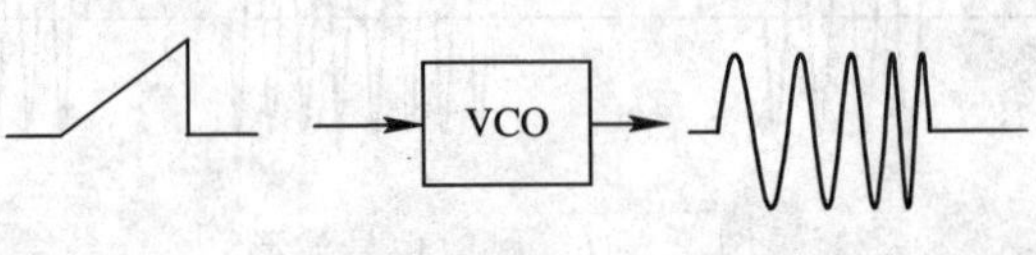

图 2-18 线性调频信号产生方法

线性调频信号不需要用伪随机码控制，由于这种线性调频信号占用的频带比信息带宽大得多，体现了频谱的扩展，从而也有处理增益。其处理增益为信号带宽与信息信号带宽之比，即 G_P 为

$$G_P = \frac{BW}{B_a} = \Delta f \cdot T = BT \qquad (2-64)$$

由式(2-63)，可推得线性调频信号的频谱表达式。首先把 $s(t)$ 用复信号 $\tilde{s}(t)$ 表示

$$\tilde{s}(t) = \mathrm{e}^{\mathrm{j}(\omega_0 t + \frac{1}{2}\mu t^2)} \qquad -\frac{T}{2} \leqslant t \leqslant \frac{T}{2} \qquad (2-65)$$

对 $\tilde{s}(t)$ 进行傅立叶变换，得

$$\tilde{S}(\omega) = \int_{-\infty}^{\infty} \tilde{s}(t) \mathrm{e}^{-\mathrm{j}\omega t} \, \mathrm{d}t = \int_{-T/2}^{T/2} \mathrm{e}^{\mathrm{j}(\omega_0 t + \frac{1}{2}\mu t^2)} \mathrm{e}^{-\mathrm{j}\omega t} \, \mathrm{d}t \qquad (2-66)$$

然后进行变量代换和特殊函数（Fresnet）积分，得

$$\tilde{S}(\omega) = \mathrm{e}^{-\mathrm{j}\frac{8}{\mu}(\omega - \omega_0)^2} \sqrt{\frac{\pi}{\mu}} \left[c_1(\alpha) + \mathrm{j}\, d_1(\alpha) \right] \qquad (2-67)$$

式中：

$$c_1(\alpha) = c \left[\alpha_2 \sqrt{\frac{\pi}{2}} - c \left[\alpha_1 \sqrt{\frac{\pi}{2}} \right] \right]$$

$$d_1(\alpha) = c \left[\alpha_2 \sqrt{\frac{\pi}{2}} - d \left[\alpha_1 \sqrt{\frac{\pi}{2}} \right] \right]$$

$$\alpha_1 = -\sqrt{\frac{BT}{2}} + \sqrt{\frac{1}{\mu\pi}}(\omega_0 - \omega)$$

$$\alpha_2 = \sqrt{\frac{BT}{2}} + \sqrt{\frac{1}{\mu\pi}}(\omega_0 - \omega)$$

频谱的模为

$$|\tilde{S}(\omega)| = \sqrt{\frac{\pi}{\mu}} \left[c_1^2(\alpha) + d_1^2(\alpha) \right]^{\frac{1}{2}} \qquad (2-68)$$

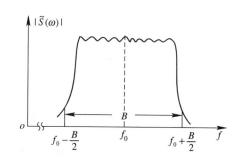

图 2 - 19　线性调频信号频谱

频谱如图 2 - 19 所示。由图可见，信号能量的 90% 以上集中在带宽 B 内，而且是均匀分布的。

线性调频技术主要用于雷达中，短波通信中也有应用。线性调频系统的工作原理如下：

发射端用一锯齿波信号控制压控振荡器，就可产生随锯齿波斜率变化的线性调频信号，如图 2 - 18 所示。线性调频信号的接收解调器由匹配滤波器来完成。匹配滤波器由色散延迟线（DDL）构成，这种延迟线对高频成分延时长，对低频成分延时短。因此，频率由高变低的载波信号通过

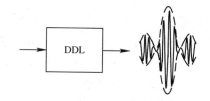

图 2 - 20　线性调频信号的接收

匹配滤波器后，各种频率几乎同时到达输出端，这些信号成分叠加在一起，形成对脉冲时间的压缩，使输出信号的幅度增加，能量集中，形成一相关峰，如图 2 - 20 所示，通过对相关峰的检测，就可把信号检测出来。

由匹配滤波器理论知，匹配滤波器的冲激响应 $h(t)$ 与信号 $s(t)$ 之间的关系为

$$h(t) = s(T - t) \qquad (2-69)$$

则匹配滤波器的冲激响应 $h(t)$ 为

$$h(t) = \cos\left(\omega_0 t - \frac{1}{2}\mu t^2\right) \qquad -\frac{T}{2} \leqslant t \leqslant \frac{T}{2} \tag{2-70}$$

正好与 $s(t)$ 的频率变化相反，随时间线性减小，减小的速率与 $s(t)$ 的增加速率相同，即 $h(t)$ 与 $s(t)$ 的频率变化关系是互补关系。下面我们来推导色散延迟线的输出信号表达式。线性调频信号 $s(t)$ 可表示为

$$s(t) = g(t)\cos\left(\omega_0 t + \frac{1}{2}\mu t^2\right) \tag{2-71}$$

式中：

$$g(t) = \begin{cases} 1 & -\dfrac{T}{2} \leqslant t \leqslant \dfrac{T}{2} \\ 0 & \text{其它} \end{cases} \tag{2-72}$$

用复信号表示

$$\tilde{s}(t) = g(t)e^{j(\omega_0 t + \frac{1}{2}\mu t^2)} \tag{2-73}$$

$$\tilde{h}(t) = g(t)e^{j(\omega_0 t - \frac{1}{2}\mu t^2)} \tag{2-74}$$

输出复信号

$$\tilde{y}(t) = \tilde{h}(t) * \tilde{s}(t) = \sqrt{BT}\, \text{Sa}\left(\frac{\mu T}{2}t\right)e^{j(\omega_0 t - \frac{1}{2}\mu t^2)} \tag{2-75}$$

其实部为

$$y(t) = \sqrt{BT}\, \text{Sa}\left(\frac{\mu T}{2}t\right)\cos\left(\omega_0 t - \frac{1}{2}\mu t^2\right) \tag{2-76}$$

式中 $\text{Sa}\left(\dfrac{\mu T}{2}t\right)$ 为抽样函数，如图 2-21 所示。由式(2-76)可知，输出信号的包络为一抽样函数，$s(t)$ 通过 $h(t)$ 后，信号带宽被压缩，能量集中，相关峰的大小与时间带宽积 BT 有密切的关系，通过对相关峰的检测，就可恢复出传送的信息。

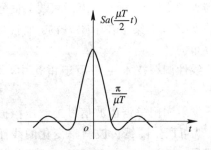

图 2-21 $\text{Sa}(\mu Tt/2)$ 波形

雷达系统工作时，发射出线性调频信号，当碰到目标后反射回来。雷达接收机中的匹配滤波器对接收到的信号进行检测，出现相关峰后，就表明目标被发现，测量出传输所用时间，就可计算出目标的距离。由于采用相关处理，脉冲压缩，这使系统有较强的抗干扰能力和较高的测量精度。

2.6　混合扩频系统

前面几节介绍了四种基本的扩频方式，由于它们的扩频方式不同，抗干扰的机理也不同。虽然这几种方式都具有较强的抗干扰性能，但也有它们各自的不足之处。在实际中，有时单一的扩频方式很难满足实际需要，若将两种或多种扩频方式结合起来，扬长避短，就能达到任何单一扩频方式难以达到的指标，甚至还可能降低系统的复杂程度和成本。最常用的混合扩频方式有 FH/DS、TH/DS、FH/TH 等，现分别叙述如下：

2.6.1　FH/DS 系统

跳频和直扩系统都具有很强的抗干扰能力，是用得最多的两种扩频技术。由前面的分析可知，这两种方式都有自己的独到之处，但也存在着各自的不足，将两者有机地结合起来，可以大大改善系统性能，提高抗干扰能力。FH/DS 和 FH、DS 一样，是用得最多的扩频方式之一，其原理如图 2 - 22 所示。

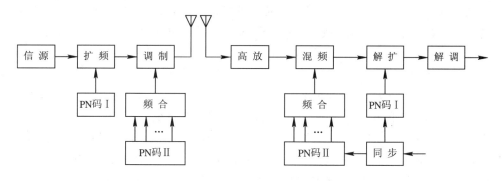

图 2 - 22　FH/DS 信号频谱图

需要发送的信号首先被伪随机码 I 扩频，然后去调制由伪随机码 II 控制的频率合成器产生的跳变频率，被放大后发送出去。接收端首先进行解跳，得到一固定中频的直扩信号，然后进行解扩，送至解调器，将传送的信号恢复出来。在这里用了两个伪随机码，一个用于直扩，一个用于控制频率合成器。一般用于直扩的伪随机码的速率比用于跳频的伪随机码的速率要高得多。FH/DS 信号频谱如图 2 - 23 所示。占有一定带宽的直扩信号按照跳频图案伪随机地出现，每个直扩信号在瞬间只覆盖系统总带宽的一部分。

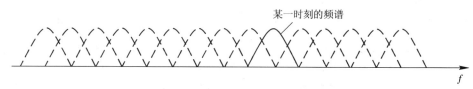

图 2 - 23　FH/DS 信号频谱

采用 FH/DS 混合扩频技术，有利于提高系统的抗干扰性能。干扰机要有效地干扰 FH/DS 混合扩频系统，需要同时满足两个条件：a. 干扰频率要跟上跳变频率的变化；b. 干扰电平必须超过直扩系统的干扰容限。否则，就不能对系统构成威胁。这样，就加大了干扰机的干扰难度，从而达到更有效地抗干扰的目的。混合系统的处理增益为直扩和跳频的处理增益的乘积，即

$$G_{\mathrm{P}} = \frac{BW_{射频}}{B_{信号}} = N \cdot \frac{B_{\mathrm{DS}}}{B_{\mathrm{S}}} \qquad (2 - 77)$$

或

$$G_{\mathrm{P}}(\mathrm{dB}) = 10\lg N + 10\lg \frac{B_{\mathrm{DS}}}{B_{\mathrm{S}}} \qquad (2 - 78)$$

式中：B_{DS} 为直扩信号带宽；B_{S} 为信号带宽；N 为跳频的可用频道数。

由此可见，采用 FH/DS 混合扩频系统后，提高了系统的抗干扰能力，更能满足系统抗干扰的要求，而且将跳频系统和直扩系统的优点集中起来，克服了单一扩频方式的不足。如直扩系统对同步的要求高，"远一近"效应影响大，这些不足正是跳频系统的优点；跳频系统在抗选择性衰落、抗多径等方面的能力不强，直扩技术正好弥补了它的不足。这样，把直扩和跳频相结合，使系统更加完善、功能更强，提高了系统的保密程度，给敌方的窃听、截获设置了更多的障碍。

在 FH/DS 混合扩频系统的实现方面，虽然采用混合扩频体制后，势必会增加系统的复杂程度，增加成本。但在一定的条件下，采用混合扩频方式，不仅不会增加系统的复杂程度和成本，反而会简化系统，降低成本。例如，若一个系统需要处理增益 50 dB 以上时，对一信码速率 16 kb/s 的系统来讲，直扩系统需伪随机码速率为 $R_c=10^5\times16\times10^3$ c/s$=1.6\times10^9$ c/s$=1.6$ Gc/s，射频带宽达 3.2 GHz，在目前的技术条件下是无法得到的，即使得到了，其复杂程度和价格也是非常高的。若采用跳频系统，则其频率点数至少为 10^5 个，采用 25 kHz 的频率间隔，则射频带宽将达 5 GHz，这几乎是不可能的。但是，若采用 FH/DS 混合系统，情况就不同了。用直扩系统取得 30 dB 的处理增益，需要的伪随机码速率为 16 Mc/s；再用跳频系统取得 20 dB 的处理增益，需要的跳频点数为 100 个，这样，总的处理增益仍为 50 dB，相对于单一扩频方式来实现，这种混合扩频方式就容易实现得多了。因此，在实际使用中，性能要求较高的扩频通信系统，大都采用混合扩频方式。

2.6.2 TH/DS 系统

这种系统是时分复用加上直接序列扩频，可以增加多址通信的地址数。由于直扩系统中收发两端之间已有准确的时间同步(码元同步)，即已经有很好的定时，足以保证时分复用正常工作，这就为增加跳时技术带来了方便。因此在直扩中增加跳时功能时，只需要加一个通断开关及有关的控制电路即可，图 2-24 给出了这种系统的原理框图。

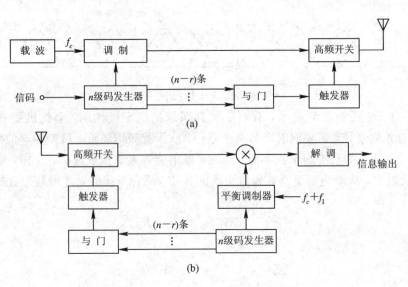

图 2-24 TH/DS 系统原理框图
(a) 发射；(b) 接收

对于跳时工作来说，启闭判决可以很容易地从直扩伪随机码发生器中得到。发射机的 n 级伪随机码发生器输出时供给直扩作载波平衡调制外，还从 n 级伪随机码发生器中另选 $n-r$ 级的状态并行输出到一与门。当它们都处于"1"状态时，控制射频开关发出脉冲载波信号。在伪随机码一个周期中 $n-r$ 级出现"1"的状态为 2^r 次，也就是说，发射机在一个伪随机码周期中发射 2^r 次，而且全"1"状态是伪随机的，则发射也就是伪随机的。

接收机工作状态与发射机类似，只要用与所接收的发射机信号同步的控制信号去启闭接收机的前级即可。

这种混合方式多址能力很强，实际上具有 TDMA 和 CDMA 多址功能，因而可以容纳更多的用户。

2.6.3　TH/FH 系统

这种系统是解决"远—近"问题的几种富有生命力的方法之一。对于在同一条射频链路上距离和发射功率有很大变化的双工、无线电话交换网，如果以随机选呼离散地址作为基本的通信方式，则比较适合采用 TH/FH 系统。

首先看通信中的"远—近"问题，如图 2-25 所示。有两对收发信机，接收机 1 正常接收发射机 1 的信号。另有一对收发信机，接收机 2 接收发射机 2 的信号。现接收机 1 移到 A 点，受到附近发射机 2 的强干扰，由于发射机 2 距离接收机 1 近，而接收机 1 距发射机 1 很远，这样接收机 1 收到的干扰信号电平远远大于有用信号电平。如果只靠扩频处理增益，将难以克服"远—近"干扰的影响。直扩系统受"远—近"效应的影响严重，而跳频系统由于载频随机跳变，可以在频率上躲开这种干扰，因而不受"远—近"效应的影响。跳时信号可以在时间上错开这种干扰。因此，TH/FH 系统可以使各发射机的发送频率和时间都错开，这样不仅容许多个电台同时工作，而且更适用于远近不定的移动通信。

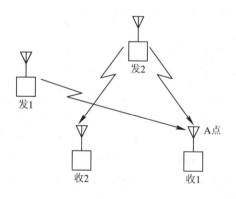

图 2-25　"远—近"效应

2.7　各种扩频方式的比较

扩频技术的最大优点在于具有较强的抗干扰能力，但由于各种扩频方式的抗干扰机理不同，因而各有其长处与不足，很难笼统地断言某一种扩频方式比其它的扩频方式更优。

因此，对扩频方式的比较只能是在一定条件下，对各种扩频方式综合考虑，从而得出某种结论，以供人们在扩频方式的选择上进行参考。

2.7.1　FH 与 DS 的比较

在通信中，用得最多的扩频方式是直扩和跳频，将这两种系统进行较为全面的比较，分别指出优劣，不失为一项有益的工作。由于这两种系统的抗干扰机理不同，直扩系统靠伪随机码的相关处理，降低进入解调器的干扰功率来达到抗干扰的目的；而跳频系统是靠载频的随机跳变，将干扰排斥在接收通道之外来达到抗干扰的目的。因而它们各有自己的长处与不足，现就在抗干扰的条件下，对跳频和直扩进行比较。

（1）抗强的固频干扰。虽然直扩系统具有一定的处理增益，但对超过干扰容限的干扰就显得无能为力了；而跳频系统是采用躲避的方法抗干扰，因而在抗强的固频干扰信号时，跳频优于直扩。

（2）抗衰落特别是抗选择性衰落时直扩优于跳频，这是由于直扩系统的射频带宽很宽，小部分频谱衰落不会使信号产生严重畸变，而跳频系统将导致部分频率受到影响。

（3）抗多径。由于直扩系统要用伪随机码的相关接收，只要多径时延大于一个伪随机码的切普宽度，这种多径不会对直扩系统形成干扰，甚至还可以利用这些多径能量来提高系统性能；而跳频系统由于没有像直扩系统那样的保护措施，因而对多径显得无能为力，抗多径的惟一办法是提高跳频速率，但这又加大了系统的难度。如多径时延 $1\ \mu s$，则跳频速率必须大于 $10^6\ h/s$，才不受其影响，而直扩系统只需伪随机码的速率大于 $1\ Mc/s$ 即可。故直扩优于跳频。

（4）"远—近"效应。"远—近"效应对直扩系统影响很大，而对跳频系统的影响就小得多。这是因为虽然直扩有一定的处理增益，但由于有用信号的路径衰减很大，接收机由于距离的关系，干扰信号可能比有用信号要强得多，如果其超过干扰容限就会干扰到接收机的正常工作。而跳频采用躲避的方法，不在同一频率工作，接收机前端电路对干扰衰减很大，因而构成的威胁就小得多。

（5）同步。由于直扩系统的伪随机码速率比跳频的伪随机码速率要高得多，而且码也长得多，因此，直扩系统的同步精度要求高，因而同步时间也长，入网慢。直扩同步时间一般在秒级，而跳频可以在毫秒级完成，因此，跳频优于直扩。

（6）信号处理。直扩系统一般采用相干检测，而跳频系统由于频率不断变化，频率的跳变需要一定的时间，因而多采用非相干检测。从性能上看，直扩系统利用了频率和相位信息，性能优于跳频；但从实现来看，相干检测需要恢复载波，必然增加系统的复杂程度，恢复载波的频率和相位的偏差，又会降低系统性能，在一些对设备要求严格的场合，如移动通信等，就难以满足要求。

（7）多网工作。直扩和跳频都具有很强的多址能力，频谱利用率相对于单载波系统而言，可能还要高些。就跳频和直扩而言，跳频的组网能力较直扩强，频谱利用率较直扩高。

（8）兼容。兼容是现代通信必须考虑的问题，而且是对系统提出的一个重要的性能指标，在这个问题上，跳频比直扩更为灵活。

（9）通信安全保密。扩频系统本身就具有很好的保密功能，但就直扩和跳频而言，直扩信号谱密度低，信号淹没在噪声之中，可防窃听、防测向，是不可见的。而跳频系统虽然在很宽的频带上跳变，但其瞬时功率谱是较大的，是可见的，因而性能不如直扩。

（10）语言可懂度。跳频在频率转换时需调谐时间，不能传输信息。在相同的信息速率情况下，直扩优于跳频。

由上可知，直扩和跳频各有千秋，二者的部分优缺点正好是互补的。

2.7.2 特性分析

下面就直扩、跳频和跳时的特性进行比较，结果如表 2－1。

表 2－1 三种扩频体制的比较

扩频方式	优　　点	缺　　点
DS	＊通信隐蔽性好 ＊信号易产生，易实现数字加密 ＊能达到 1～100 MHz 带宽	＊同步要求严格 ＊"远—近"特性不好
FH	＊可达到非常宽的通信带宽 ＊有良好的"远—近"特性 ＊快跳可避免瞄准干扰 ＊模拟或数字调制灵活性大	＊快跳时设备复杂 ＊多址时对脉冲波形要求高 ＊慢跳隐蔽性差，快跳频率合成器难做
TH	＊与 TDMA 自然衔接，各路信号按时隙排列 ＊良好的"远—近"特性 ＊数字、模拟兼容	＊需要高峰值功率 ＊需要准确的时间同步 ＊对连续波干扰无抵抗能力

2.7.3 处理增益

各种扩频体制的处理增益均可表示为

$$G_P = \frac{射频带宽}{信息带宽} \qquad (2-79)$$

表 2－2 给出了各种扩频体制的处理增益。

表 2－2 各种扩频体制的处理增益

扩频方式	DS	FH	TH	FH/DS	TH/DS	TH/FH	Chirp
处理增益	R_c/R_a	N	$1/D$	NR_c/R_a	R_c/R_aD	N/D	BT

2.7.4 综合比较

类似于本节第一部分对直扩与跳频的比较，现在对直扩、慢跳频、快跳频、线性调频进行综合比较。比较的方法采用打分排名次的方法，在某一指标下，对这几种体制进行排队打分，分值越低性能越好，然后将所有指标下的分值相加，排定名次，以总分少者为优，详细比较见表 2－3。

表 2 - 3　各种扩频体制综合指标比较表

指 标 参 数	扩 频 体 制			
	DS	SFH	FFH	Chirp
价格	2	1	4	3
语言可懂度	1	2	3	4
频谱利用率	4	1	2	3
干扰威胁	1	3	2	4
多网工作	4	1	2	3
中继工作	2	1	4	3
通信安全兼容性	1	2	3	4
网同步	2	1	4	3
快速入网	1	2	4	3
与其它业务共存性	4	1	2	3
总分	22	15	30	33
名次	2	1	3	4

本章参考文献

[1]　R. C. 狄克逊. 扩展频谱系统. 王守仁等译. 北京：国防工业出版社，1982

[2]　樊昌信等著. 通信原理. 北京：国防工业出版社，1979

[3]　李振玉，卢玉民. 扩频选址通信. 北京：国防工业出版社，1988

[4]　AD - 766914. Spread Spectrum Communication

[5]　钟义信. 伪噪声编码通信. 北京：人民邮电出版社，1979

[6]　J. Kholmes. Coherent Spread Spectrum Systems. New York：John Wiley& sons. Inc. 1982

[7]　Don J. Torrieri，Artech. Principles of Military Communication System

[8]　R. E. Ziemer，R. L. Peterson. Digital Communications And Spread Spectrum Systems. Macmillance Pub. Comp. 1985

[9]　Morc Spellman. A Comparison Between Frequency Hopping And Direct Spread PN As Antijam Technique. 1982 IEEE Military Communications Conference

思考与练习题

2 - 1　在高斯白噪声干扰的信道中，信号传输带宽为 8 kHz，信噪比为 3，求此时对应的信道容量。在信道容量不变的情况下，分别将带宽增大一倍和降低一半，求这两种情况下的信号功率变化量。

2 - 2　直接序列扩频信号具有 $Sa^2(x)$ 型功率谱，信号的 3 dB 带宽是多少？与主瓣峰值比较，第一个旁瓣的峰值功率电平是多少？

2-3　在直接序列扩频信号频谱的主瓣中所包含的总信号功率百分比是多少？

2-4　一个伪随机码速率为 5 Mc/s，信息速率为 16 kb/s，射频带宽和处理增益各为多少？

2-5　要求系统在干扰信号是所要信号 250 倍的环境下工作，输出信噪比为 10 dB，系统内部损耗为 2 dB，则要求系统的处理增益至少为何值？

2-6　跳频系统的频率排列是相邻的，数据率为 1 kb/s，每一比特发射三个频率，那么这个系统应该用多大的射频带宽？

2-7　伪随机码速率为 20 Mc/s，频率数为 100，数据率为 3 kb/s 的跳频/直扩系统的处理增益为多少？

第 3 章 扩频系统的伪随机序列

在扩展频谱系统中,伪随机序列起着很重要的作用。在直扩系统中,用伪随机序列将传输信息扩展,在接收时又用它将信号压缩,并使干扰信号功率扩散,提高了系统的抗干扰能力;在跳频系统中,用伪随机序列控制频率合成器产生的频率随机地跳变,躲避干扰;在跳时系统中,用伪随机序列控制脉冲发送的时间和持续时间。由此可见,伪随机序列性能的好坏,直接关系到整个系统性能的好坏,是一个至关重要的问题。本章将对伪随机序列的概念、产生方法及各种特性进行讨论,以便掌握产生适合系统要求的伪随机序列和分析它们性能的方法。

3.1 伪随机码的概念

Shannon 编码定理指出:只要信息速率 R_a 小于信道容量 C,则总可以找到某种编码方法,使在码字相当长的条件下,能够几乎无差错地从遭受到高斯白噪声干扰的信号中复制出原发送信息。

这里有两个条件:一是 $R_a \leqslant C$;二是编码字足够长。Shannon 在证明编码定理的时候,提出了用具有白噪声统计特性的信号来编码。白噪声是一种随机过程,它的瞬时值服从正态分布,功率谱在很宽的频带内都是均匀的,它有极其优良的相关特性。高斯白噪声的理想特性为

$$R_n(\tau) = \frac{n_0}{2}\delta(\tau) \qquad (3-1)$$

和

$$G_n(\omega) = \frac{n_0}{2} \qquad (3-2)$$

式中 $n_0/2$ 为白噪声的双边噪声谱密度。但是至今无法实现对白噪声的放大、调制、检测、同步及控制等,而只能用具有类似于带限白噪声统计特性的伪随机码来逼近它,并作为扩频系统的扩频码。

3.1.1 移位寄存器序列

在工程中用得最多的是二进制序列,序列中的元素只有两个取值"0"或"1"。对应的波形如图 3-1 所示。由此可见,二进制序列中的两个取值分别对应于电信号的两个电平,正电平和负电平,而且是一一对

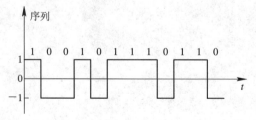

图 3-1 二进制序列及其波形

应的关系。

二进制序列一般可由移位寄存器产生，故由移位寄存器产生的序列就称之为移位寄存器序列。移位寄存器序列产生器的结构如图 3-2 所示，这种结构称为简单型移位寄存器(SSRG，Simple Shift Register Generator)。另外一类移位寄存器序列发生器称为模件抽头码序列发生器(MSRG，Multi-return Shift Register Generator)。图 3-3 给出了一个 MSRG 的例子。SSRG 中每位寄存器的状态在一个时钟周期到来时向右位移一位，第一位的状态由各寄存器的状态反馈经模 2 加后的状态来确定。如在图 3-2 中，由于只有第 5 位和第 6 位反馈。故将第 5 位与第 6 位的此时状态进行模 2 加后作为下一状态。而 2、3、4、5、6 位寄存器的下一状态正好是 1、2、3、4、5 位寄存器的此时状态。来一时钟脉冲，寄存器的第一位将更新，其它位向右移，这样就得到一移位寄存器序列。由于移位寄存器的级数是有限的，则其状态也是有限的，因而产生的序列是周期性的。

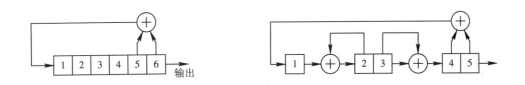

图 3-2 移位寄存器序列产生器　　　　　图 3-3 MSRG 的例子

模 2 加的运算规则如图 3-4 所示，由此可得图 3-2 所示 SSRG 产生的序列为：
10 00 00 10 00 01 10 00 10 10 01 11 10 10 00 11 10 01 00 10 11 01 11 01 10 01 10 10
10 11 11 1

共 63 位，即其周期为 63。

图 3-4 模 2 加法表

3.1.2 序列的相关特性

在扩频系统中，对伪随机序列而言，最关心的问题就是其相关特性，包括自相关特性、互相关特性及部分相关特性。下面分别给出这些相关函数的定义。

设有两条长为 N 的序列 $\{a\}$ 和 $\{b\}$，序列中的元素分别为 a_i 和 b_i，$i=0，1，2，3，4，\cdots，N-1$，则序列的自相关函数 $R_a(j)$ 定义为

$$R_a(j) = \sum_{i=0}^{N-1} a_i a_{i+j} \tag{3-3}$$

由于 $\{a\}$ 为周期性序列，故有 $a_{N+1}=a_i$。其自相关系数 $\rho_a(j)$ 定义为

$$\rho_a(j) = \frac{1}{N} \sum_{i=0}^{N-1} a_i a_{i+j} \tag{3-4}$$

序列$\{a\}$和序列$\{b\}$的互相关函数$R_{ab}(j)$定义为

$$R_{ab}(j) = \sum_{i=0}^{N-1} a_i b_{i+j} \tag{3-5}$$

互相关系数定义为

$$\rho_{ab}(j) = \frac{1}{N} \sum_{i=0}^{N-1} a_i b_{i+j} \tag{3-6}$$

对于二进制序列，可以表示为

$$\rho_{ab}(j) = \frac{A - D}{N} \tag{3-7}$$

式中：A 为$\{a\}$和$\{b\}$的对应码元相同数目；D 为$\{a\}$和$\{b\}$的对应码元不相同数目。

若 $\rho_{ab}(j) = 0$，则定义序列$\{a\}$与序列$\{b\}$正交。

定义序列$\{a\}$的部分相关函数和部分相关系数分别为

$$R_{aP}(j) = \sum_{i=t}^{P+t-1} a_i a_{i+j} \qquad P \leqslant N \tag{3-8}$$

$$\rho_{aP}(j) = \frac{1}{N} \sum_{i=t}^{P+t-1} a_i a_{i+j} \qquad P \leqslant N \tag{3-9}$$

式中 t 为某一常数。

定义序列$\{a\}$与序列$\{b\}$的部分互相关函数和部分互相关系数分别为

$$R_{abP}(j) = \sum_{i=t}^{P+t-1} a_i b_{i+j} \qquad P \leqslant N \tag{3-10}$$

$$\rho_{abP}(j) = \frac{1}{N} \sum_{i=t}^{P+t-1} a_i b_{i+j} \qquad P \leqslant N \tag{3-11}$$

3.1.3　伪噪声码的定义

白噪声是一种随机过程，瞬时值服从正态分布，自相关函数和功率谱密度如式（3-1）和式（3-2）所示，有极好的相关特性。伪随机序列是针对白噪声演化出来的。采用编码结构，只有"0"和"1"两种电平。因此，伪噪声编码概率分布不具备正态分布形式。但当码足够长时，由中心极限定理可知，它趋近于正态分布。由此伪随机码定义如下：

（1）凡自相关系数具有

$$\rho_a(j) = \begin{cases} \dfrac{1}{N} \sum_{i=0}^{N-1} a_i^2 = 1 & j = 0 \\[2mm] \dfrac{1}{N} \sum_{i=0}^{N-1} a_i a_{i+j} = -\dfrac{1}{N} & j \neq 0 \end{cases} \tag{3-12}$$

形式的码，称为狭义伪随机码。

（2）凡自相关系数具有

$$\rho_a(j) = \begin{cases} \dfrac{1}{N} \sum_{i=0}^{N-1} a_i^2 = 1 & j = 0 \\[2mm] \dfrac{1}{N} \sum_{i=0}^{N-1} a_i a_{i+j} = c < 1 & j \neq 0 \end{cases} \tag{3-13}$$

形式的码，称为第一类广义伪随机码。

（3）凡互相关系数具有

$$\rho_{ab}(j) \approx 0 \qquad\qquad (3-14)$$

形式的码，称为第二类广义伪随机码。

（4）凡相关函数满足（1）、（2）、（3）三者之一的码，统称为伪随机码。

由上面的四种定义可以看出，狭义伪随机码是第一类广义伪随机序列的一种特例。

3.2 m 序列的产生方法

m 序列是最长线性移位寄存器序列，是伪随机序列中最重要的序列中的一种，这种序列易于产生，有优良的自相关特性。在直扩系统中 m 序列用于扩展要传递的信号，在跳频系统中 m 序列用来控制跳频系统的频率合成器，组成随机跳频图案。本节讨论 m 序列产生的方法。

3.2.1 反馈移位寄存器

m 序列是最长线性移位寄存器序列，是由移位寄存器加反馈后形成的。其结构如图 3-5 所示。图中 $a_{n-i}(i=1,2,3,\cdots,r)$ 为移位寄存器中每位寄存器的状态；$c_i(i=1,2,3,\cdots,r)$ 为第 i 位寄存器的反馈系数。当 $c_i=0$ 时，表示无反馈，将反馈线断开；当 $c_i=1$ 时，表示在反馈，将反馈线连接起来。在此结构中 $c_0=c_r=1$，c_0 不能为 0，c_0 为 0 就不能构成周期性的序列，因为 $c_0=0$ 意味着无反馈，为静态移位寄存器。c_r 也不能为 0，即第 r 位寄存器一定要参加反馈，否则，r 级的反馈移位寄存器将减化为 $r-1$ 级的或更低的反馈移位寄存器。不同的反馈的逻辑，即 $c_i(i=1,2,\cdots,r-1)$ 取不同的值，将产生不同的移位寄存序列。

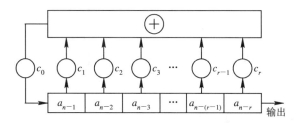

图 3-5 反馈移位寄存器结构

3.2.2 循环序列发生器

最长线性移位寄存器序列可以由反馈逻辑的递推关系求得。

1. 序列多项式

一个以二元有限域的元素 $a_n(n=0,1,\cdots)$ 为系数的多项式

$$G(x) = a_0 + a_1 x + a_2 x^2 + \cdots + a_n x^n + \cdots = \sum_{n=0}^{\infty} a_n x^n \qquad (3-15)$$

称之为序列的生成多项式，简称序列多项式。

由上式可以看出，序列 $\{a_n\}$ 与生成多项式 $G(x)$ 是一一对应的。

对于一个反馈移位寄存器来说，反馈逻辑一确定，产生的序列就确定了。那么，序列与反馈逻辑之间满足什么关系呢？由图 3-5 可以看出，移位寄存器第一位的下一时刻的状态是由此时的 r 个移位寄存器的状态反馈后共同确定的，即有

$$a_n = c_1 a_{n-1} + c_2 a_{n-2} + c_3 a_{n-3} + \cdots + c_r a_{n-r} = \sum_{i=1}^{r} c_i a_{n-i} \qquad (3-16)$$

由此可见，序列满足线性递归关系。

把 a_n 移到等式的右边并考虑到 $c_0 = 1$，则 (3-16) 式可变为

$$c_0 a_n + \sum_{i=1}^{r} c_i a_{n-i} = \sum_{i=0}^{r} c_i a_{n-i} \qquad (3-17)$$

2. 特征多项式

下面我们来推导出与移位寄存器序列直接相关的特征多项式。

首先考虑一个矩阵 $\boldsymbol{A}$。对反馈移位寄存器可用一个矩阵来描述它，即 $\boldsymbol{A}$ 矩阵，称为状态转移矩阵。$\boldsymbol{A}$ 矩阵为 $r \times r$ 阶矩阵，其结构为

$$\boldsymbol{A} = \begin{bmatrix} c_1 & c_2 & c_3 & \cdots & c_{r-1} & 1 \\ 1 & 0 & 0 & \cdots & 0 & 0 \\ 0 & 1 & 0 & \cdots & 0 & 0 \\ \vdots & \vdots & \vdots & & \vdots & \vdots \\ 0 & 0 & 0 & \cdots & 1 & 0 \end{bmatrix} \qquad (3-18)$$

由式 (3-18) 可以看出，$\boldsymbol{A}$ 的第一行元素正是移位寄存器的反馈逻辑。其中 $c_r = 1$，除了第一行和第 r 列以外的子矩阵为一 $(r-1) \times (r-1)$ 的单位矩阵。由此可见，$\boldsymbol{A}$ 矩阵与移位寄存器的结构是一一对应的。$\boldsymbol{A}$ 矩阵可以将移位寄存器的下一状态与现状态联系起来。

令移位寄存器的现状态和下一状态分别由矢量 a_n 和 a_{n+1} 表示，分别为

$$\boldsymbol{a}_n = \begin{bmatrix} a_{n-1} \\ a_{n-2} \\ a_{n-3} \\ \vdots \\ a_{n-r} \end{bmatrix} \quad \text{及} \quad \boldsymbol{a}_{n+1} = \begin{bmatrix} a_{(n+1)-1} \\ a_{(n+1)-2} \\ a_{(n+1)-3} \\ \vdots \\ a_{(n+1)-r} \end{bmatrix} \qquad (3-19)$$

则有

$$\boldsymbol{a}_{n+1} = \boldsymbol{A} \cdot \boldsymbol{a}_n \qquad (3-20)$$

如图 3-6 所示的反馈移位寄存器，其 $\boldsymbol{A}$ 矩阵为

$$\boldsymbol{A} = \begin{bmatrix} 1 & 0 & 1 & 1 \\ 1 & 0 & 0 & 0 \\ 0 & 1 & 0 & 0 \\ 0 & 0 & 1 & 0 \end{bmatrix} \qquad (3-21)$$

$$\begin{bmatrix} a_{(n+1)-1} \\ a_{(n+1)-2} \\ a_{(n+1)-3} \\ a_{(n+1)-4} \end{bmatrix} = \begin{bmatrix} 1 & 0 & 1 & 1 \\ 1 & 0 & 0 & 0 \\ 0 & 1 & 0 & 0 \\ 0 & 0 & 1 & 0 \end{bmatrix} \begin{bmatrix} a_{n-1} \\ a_{n-2} \\ a_{n-3} \\ a_{n-4} \end{bmatrix} \qquad (3-22)$$

即

$$
\left.\begin{array}{l}
a_{(n+1)-1} = a_{n-1} + a_{n-3} + a_{n-4} \\
a_{(n+1)-2} = a_{n-1} \\
a_{(n+1)-3} = a_{n-2} \\
a_{(n+1)-4} = a_{n-3}
\end{array}\right\} \tag{3-23}
$$

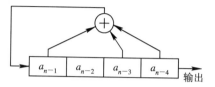

图 3 - 6 反馈移位寄存器例子

由此可见，矩阵 A 将反馈移位寄存器的下一状态与现状态联系起来了。知道反馈移位寄存器的结构，就可推出现状态，甚至后几个时刻的状态。由式(3 - 20)，利用递推的方法，可得后 m 时刻的状态与现状态之间的关系为

$$
a_{n+m} = [A]^m \cdot a_n \tag{3-24}
$$

当

$$
[A]^m = I \tag{3-25}
$$

时，必有

$$
a_{n+m} = a_n \tag{3-26}
$$

这表示反馈移位寄存器的状态与移位 m 次后的状态相同。由此可见，此反馈移位寄存器序列的周期为 m，若 $m = 2^r - 1$，则产生的序列必定是 m 序列。

通过 A 矩阵不仅可以推得后 m 个时刻与现状态的关系，而且可以找到前 k 个时刻移位寄存器的状态。

由(3 - 20)式，两边左乘一 A 矩阵的逆矩阵 A^{-1} 可得

$$
A^{-1} a_{n+1} = A^{-1} A a_n = a_n
$$

即

$$
a_n = A^{-1} a_{n+1} \tag{3-27}
$$

利用递推方法可得

$$
a_{n-k} = A^{-k} a_n \tag{3-28}
$$

相对于式(3 - 18)的 A 矩阵的逆矩阵为

$$
A^{-1} = \begin{bmatrix}
0 & 1 & 0 & 0 & \cdots & 0 & 0 \\
0 & 0 & 1 & 0 & \cdots & 0 & 0 \\
0 & 0 & 0 & 1 & \cdots & 0 & 0 \\
\vdots & \vdots & \vdots & \vdots & & \vdots & \vdots \\
1 & c_1 & c_2 & c_3 & \cdots & c_{r-2} & c_{r-1}
\end{bmatrix} \tag{3-29}
$$

如

$$A = \begin{bmatrix} c_1 & c_2 & c_3 & 1 \\ 1 & 0 & 0 & 0 \\ 0 & 1 & 0 & 0 \\ 0 & 0 & 1 & 0 \end{bmatrix} \quad 可得 \quad A^{-1} = \begin{bmatrix} 0 & 1 & 0 & 0 \\ 0 & 0 & 1 & 0 \\ 0 & 0 & 0 & 1 \\ 1 & c_1 & c_2 & c_3 \end{bmatrix} \quad (3-30)$$

$$A^{-1}A = \begin{bmatrix} 1 & 0 & 0 & 0 \\ 0 & 1 & 0 & 0 \\ 0 & 0 & 1 & 0 \\ 2c_1 & 2c_2 & 2c_3 & 1 \end{bmatrix} = I \quad (3-31)$$

式中 $2c_i = 0$ 是经模 2 运算后得到的。

　　A 矩阵与反馈移位寄存器的结构是一一对应的。那么，A 矩阵与序列之间必有某种联系。这种关系如何呢？下面从 A 矩阵的特征方程出发求出序列的特征多项式。由 A 矩阵，可以得到 A 矩阵的特征方程，即

$$F(x) = |A - xI| = 0 \quad (3-32)$$

由此可得

$$F(x) = \begin{vmatrix} c_1 - x & c_2 & c_3 & \cdots & 0 & 1 \\ 1 & -x & 0 & \cdots & 0 & 0 \\ 0 & 1 & -x & \cdots & 0 & 0 \\ \vdots & \vdots & \vdots & & \vdots & \vdots \\ 0 & 0 & 0 & \cdots & 1 & -x \end{vmatrix} = 0 \quad (3-33)$$

或

$$F(x) = (c_1 - x)(-x)^{r-1} + c_2(-x)^{r-2} + c_3(-x)^{r-3} + \cdots + (-1)^r = 0 \quad (3-34)$$

经整理后可得

$$F(x) = x^r + c_1 x^{r-1} + c_2 x^{r-2} + \cdots + 1 = \sum_{i=0}^{r} c_i x^{r-i} = 0 \quad (3-35)$$

上式已假定 $c_0 = c_r = 1$。式 $(3-35)$ 就是 A 矩阵的特征方程。

　　Caley - Hamiton 定理：一个 $r \times r$ 矩阵满足它自己的特征方程，即

$$F(A) = 0 \quad (3-36)$$

　　例如图 3 - 7 所示反馈移位寄存器，其中

$$A = \begin{bmatrix} 1 & 0 & 0 & 1 \\ 1 & 0 & 0 & 0 \\ 0 & 1 & 0 & 0 \\ 0 & 0 & 1 & 0 \end{bmatrix} \quad F(x) = \begin{vmatrix} 1-x & 0 & 0 & 1 \\ 1 & -x & 0 & 0 \\ 0 & 1 & -x & 0 \\ 0 & 0 & 1 & -x \end{vmatrix}$$

可得 $F(x) = x^4 + x^3 + 1 = 0$。用 A 代替 x，则有 $A^4 + A^3 + I = 0$。

　　由 A 矩阵的特征方程式，我们可以定义特征多项式 $f(x)$[①]为

---

　　① 有的书上定义特征多项式为

$$f(x) = \sum_{i=0}^{r} c_i x^{r-i}$$

$$f(x) = \sum_{i=0}^{r} c_i x^i \qquad c_0 = c_r = 1 \tag{3-37}$$

如图 3-7 所示的序列的特征多项式为

$$f(x) = x^3 + x + 1 \tag{3-38}$$

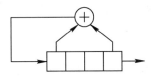

图 3-7 反馈移位寄存器

3. 特征多项式与序列多项式的关系

设线性移位寄存器序列为

$$\{a_n\} = a_0, a_1, a_2, \cdots, a_n \cdots$$

相应的序列多项式为

$$G(x) = \sum_{n=0}^{\infty} a_n x^n \tag{3-39}$$

$\{a_n\}$ 的线性递归反馈函数为

$$a_n = \sum_{i=1}^{r} c_i a_{n-i} \tag{3-40}$$

则

$$G(x) = \sum_{n=0}^{\infty} \Big[\sum_{i=1}^{r} c_i a_{n-i} \Big] x^n \tag{3-41}$$

交换求和次序并进行变量代换，可得

$$G(x) = \sum_{n=0}^{\infty} c_i \Big[\sum_{i=1}^{r} a_{n-i} x^n \Big]$$

$$= \sum_{i=1}^{r} c_i x^i \Big[\sum_{n=0}^{\infty} a_{n-i} x^{n-i} \Big]$$

$$= \sum_{i=1}^{r} c_i x^i \Big[\sum_{m=-i}^{\infty} a_m x^m \Big]$$

$$= \sum_{i=1}^{r} c_i x^i \Big[\sum_{m=0}^{\infty} a_m x^m + \sum_{m=-i}^{-1} a_m x^m \Big]$$

$$= \sum_{i=1}^{r} c_i x^i \Big[G(x) + \sum_{m=-i}^{-1} a_m x^m \Big] \tag{3-42}$$

经整理后，并考虑 $c_0 = 1$，则有

$$G(x) = \frac{\sum\limits_{i=1}^{r} c_i x^i \Big[\sum\limits_{m=-i}^{-1} a_m x^m \Big]}{\sum\limits_{i=1}^{r} c_i x^i + 1} = \frac{\sum\limits_{i=1}^{r} c_i x^i \Big[\sum\limits_{m=-i}^{-1} a_m x^m \Big]}{\sum\limits_{i=0}^{r} c_i x^i} \tag{3-43}$$

选择移位寄存器的初始状态为 $a_{-r} = 1$，$a_{-r+1} = \cdots = a_{-2} = a_{-1} = 0$，则式(3-43)的分子

$$\sum_{i=1}^{r} c_i x^i \Big[\sum_{m=-i}^{-1} a_m x^m \Big] = c_r \tag{3-44}$$

由此可得

$$G(x) = \frac{c_r}{\sum_{i=0}^{r} c_i x^i} = \frac{c_r}{f(x)} \qquad (3-45)$$

c_r 只有取 1 时才有意义。故可得序列多项式与特征多项式之间的关系为

$$G(x) = \frac{1}{f(x)} \qquad (3-46)$$

由于 $G(x)$ 与序列 $\{a_n\}$ 一一对应，这样就找到了产生序列的方法。对 $f(x)$ 进行长除，得到序列多项式，序列多项式的系数就是所求序列。

【例 3 - 1】 一个三级移位寄存器如图 3 - 8 所示，求该反馈移位寄存器序列。

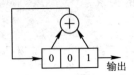

图 3 - 8 $r=3$ 的移位寄存器

解 由图可求得特征多项式 $f(x)=x^3+x+1$，由图中可看出移位寄存器的初始状态为 100，故有 $G(x)=1/f(x)$，进行长除，按升幂形式排列，有

$$
\begin{array}{r}
1+x+x^2 \quad\ +x^4 \quad\ +x^7+x^8+x^9 \quad +x^{11} \quad\quad +x^{14}+\cdots \\
1+x+x^3 \,\overline{\big)\,1 } \\
\underline{1+x \quad +x^3} \\
x \quad +x^3 \\
\underline{x+x^2 \quad +x^4} \\
x^2+x^3+x^4 \\
\underline{x^2+x^3 \quad +x^5} \\
x^4+x^5 \\
\underline{x^4+x^5 \quad +x^7} \\
x^7 \\
\underline{x^7+x^8 \quad +x^{10}} \\
x^8 \quad +x^{10} \\
\underline{x^8+x^9 \quad +x^{11}} \\
x^9+x^{10}+x^{11} \\
\underline{x^9+x^{10} \quad +x^{12}} \\
x^{11}+x^{12} \\
\underline{x^{11}+x^{12} \quad +x^{14}} \\
x^{14}
\end{array}
$$

$$G(x)=1+x+x^2+x^4+x^7+x^8+x^9+x^{11}+x^{14}+\cdots$$

对应的序列为

$$a_0 \quad a_1 \quad a_2 \quad a_3 \quad a_4 \quad a_5 \quad a_6 \quad a_7 \quad a_8 \quad a_9 \quad a_{10} \quad a_{11} \quad a_{12} \quad a_{13} \quad a_{14} \quad \cdots$$
$$1 \quad 1 \quad 1 \quad 0 \quad 1 \quad 0 \quad 0 \quad 1 \quad 1 \quad 1 \quad 0 \quad 1 \quad 0 \quad 0 \quad 1 \quad \cdots$$

从上面可以看出 $a_0 \sim a_6$ 与 $a_7 \sim a_{13}$ 完全一样。因而该序列的周期为 7，正好为 3 级最长线性移位寄存器序列，即 m 序列。

应注意的是，如果初始条件不是前述条件，则

$$G(x) = \frac{g(x)}{f(x)} \tag{3-47}$$

式中

$$g(x) = \sum_{i=1}^{r} c_i x^i \Big[\sum_{m=-i}^{-1} a_m x^m \Big] \tag{3-48}$$

只要 $a_m (m = -r, -r+1, \cdots, -1)$ 不全为零，$g(x)$ 就不会为零，产生的序列是相同的，不同的是相位偏移即位移。如图 3-8 的移位寄存器，初始条件为 $a_{-3} = 0$，$a_{-2} = 1$，$a_{-1} = 0$ 可得 $g(x) = x$，这样序列多项式与特征多项式的关系为

$$G(x) = \frac{x}{f(x)}$$

长除后得到的序列多项式为

$$G(x) = x + x^2 + x^3 + x^5 + x^8 + x^9 + x^{10} + x^{12} + x^{15} + \cdots$$

对应的序列为 0 1 1 1 0 1 0，与前求序列相比，是原序列右移一位后的结果。

下面我们来看看序列的特征多项式与序列周期的关系。

定理 3-1　如果序列 $\{a_n\}$ 的周期为 N，则 $f(x)$ 可整除 $1 + x^N$，即有

$$f(x) | (1 + x^N)$$

证　考虑 r 阶反馈移位寄存器，且初始条件为 $a_{-r} = 1$，$a_{-r+1} = a_{-r+2} = \cdots = a_{-1} = 0$，则有

$$G(x) = \frac{1}{f(x)} = \sum_{n=0}^{\infty} a_n x^n$$

$$= a_0 + a_1 x + a_2 x^2 + \cdots + a_{N-1} x^{N-1}$$
$$+ a_N x^N + a_{N+1} x^{N+1} + a_{N+2} x^{N+2} + \cdots + a_{2N-1} x^{2N-1}$$
$$+ a_{2N} x^{2N} + a_{2N+1} x^{2N+1} + a_{2N+2} x^{2N+2} + \cdots + a_{3N-1} x^{3N-1} + \cdots$$

$$= (a_0 + a_1 x + a_2 x^2 + \cdots + a_{N-1} x^{N-1})$$
$$+ (a_0 + a_1 x + a_2 x^2 + \cdots + a_{N-1} x^{N-1}) x^N$$
$$+ (a_0 + a_1 x + a_2 x^2 + \cdots + a_{N-1} x^{N-1}) x^{2N}$$
$$+ (a_0 + a_1 x + a_2 x^2 + \cdots + a_{N-1} x^{N-1}) x^{3N} + \cdots$$

$$= (a_0 + a_1 x + a_2 x^2 + \cdots + a_{N-1} x^{N-1})(1 + x^N + x^{2N} + x^{3N} + \cdots)$$

$$= \frac{a_0 + a_1 x + a_2 x^2 + \cdots + a_{N-1} x^{N-1}}{1 + x^N}$$

$$= \frac{a_N(x)}{1 + x^N}$$

即有

$$\frac{1}{f(x)} = \frac{a_N(x)}{1+x^N} \tag{3-49}$$

或

$$\frac{1+x^N}{f(x)} = a_N(x) \tag{3-50}$$

由此可见 $1+x^N$ 可被 $f(x)$ 整除，得到的商正好是所求移位寄存器序列。

对(3-50)式进行变换，可得

$$G(x) = \frac{1}{f(x)} = a_N(x) + \frac{x^N}{f(x)} \tag{3-51}$$

上式表明，用 $f(x)$ 去除 1，当运算到余式为 x^N 时得到的商便是所求序列 $a_N(x)$，而余式 x^N 的幂 N 为该序列的周期。

3.2.3　m 序列发生器

下面给出产生 m 序列的条件：

(1) r 级移位寄存器产生的码，周期 $N=2^r-1$，其特征多项式必然是不可约的，即不能再因式分解而产生最长序列。因此，反馈抽头不能随便决定，否则将会产生短码。

证　采用反证法来证明。

设 $f(x)$ 为一长为 $N=2^r-1$ 的 m 序列的特征多项式，而 $f(x)$ 可以分解，有

$$f(x) = f_1(x)f_2(x) \tag{3-52}$$

这样，由序列多项式与特征多项式的关系，有

$$g(x) = \frac{1}{f(x)} = \frac{1}{f_1(x)f_2(x)} \tag{3-53}$$

利用部分分式可得

$$G(x) = \frac{\alpha(x)}{f_1(x)} + \frac{\beta(x)}{f_2(x)} = G_1(x) + G_2(x) \tag{3-54}$$

设 $f_1(x)$ 的阶数为 r_1，$f_2(x)$ 的阶数为 r_2，则 $r=r_1+r_2$，$\alpha(x)$ 与 $\beta(x)$ 的阶数分别小于等于 r_1 与 r_2。由(3-54)式可见，产生的序列是由两个子序列组合而成的，这两个子序列的特征多项式分别为 $f_1(x)$ 和 $f_2(x)$。假设这两个特征多项式产生的序列也为 m 序列，则其周期分别为 $N_1=2^{r_1}-1$ 和 $N_2=2^{r_2}-1$，组合序列的最大长度为两个序列的长度的乘积。即有组合序列的为 $N=N_1 \cdot N_2$，有

$$N = (2^{r_1}-1)(2^{r_2}-1) = 2^{r_1+r_2} - 2^{r_1} - 2^{r_2} + 1$$

$$= 2^r - (2^{r_1} + 2^{r_2}) + 1 \leqslant 2^r - 3 < 2^r - 1 = N$$

前已假设 $f(x)$ 产生的序列的长度为 $N=2^r-1$，但 $f(x)$ 可约，产生的复合序列的长度最长为 $N=2^r-3$，因此假设不成立。由此可知 $f(x)$ 不可约。

【例 3-2】　由图 3-9(a)所示的反馈移位寄存器，求该序列产生器产生的序列 $\{a\}$。

解　由图 3-9(a)可得序列的特征多项式

$$f(x) = 1 + x + x^5$$

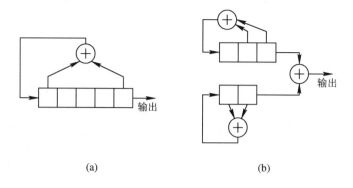

(a)   (b)

图 3-9 反馈移位寄存器例子

假设初始条件为 10000，则对 $f(x)$ 进行长除，可得到该移位寄存器产生的序列，其状态如图 3-10(a)所示，长度为 21。而当初始状态分别为 11100，00000 及 10110 时，分别得到长度为 7、1、3 的序列，如图 3-10(b)、(c)、(d)所示。检查其特征多项式 $f(x)$ 可约，即

$$f(x) = 1 + x + x^5 = (1 + x + x^2)(1 + x + x^3) = f_1(x)f_2(x)$$

$f(x)$ 可以看成由 $f_1(x)$ 和 $f_2(x)$ 产生的序列复合而成。$f_1(x)$ 产生的序列长度为 3，$f_2(x)$ 产生的序列长度为 7，故复合序列的长度为 21。复合序列的结构如图 3-9(b)所示，由此可得在初始条件 10000 时产生的序列为 100001111101010011000，它不是 m 序列。

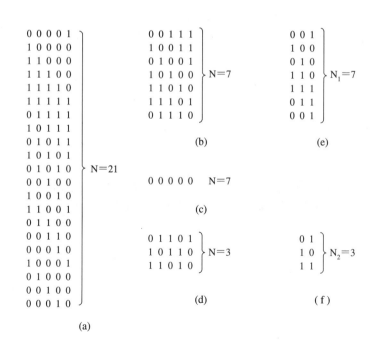

(a)

图 3-10 $r=5$ 移位寄存器状态转移表

（2）所有的次数 $r > 1$ 的不可约多项式 $f(x)$ 必然能除尽 $1 + x^N$，因为 $a_N(x) = (1 + x^N)/f(x)$。

如 $r=3$，$N=7$

$$1 + x^7 = (1+x)(1+x+x^3)(1+x^2+x^3)$$

令

$$f_1(x) = 1+x+x^3 \qquad f_2(x) = 1+x^2+x^3$$

则 $f_1(x)$ 和 $f_2(x)$ 均为不可约多项式，都可以产生 $N=7$ 的序列，产生的序列分别为 1110100 和 1011100。这样也为我们找到产生 m 序列的特征多项式提供了方便。

(3) 如果 2^r-1 是一个素数，则所有 r 次不可约多项式产生的线性移位寄存器序列，一定是 m 序列，产生这个 m 序列的不可约多项式称为本原多项式。

由此可见，对于长度为 $N=2^r-1$ 的 m 序列，如果 N 为素数，则由(2)可知，对 $1+x^N$ 进行因式分解，分解出来的次数为 r 的不可约因式一定为 m 序列的特征多项式，由此可产生一条 m 序列，能分解出多少个 r 阶的不可约因式，就可产生多少条 m 序列。反之，若 N 不为素数，则因式分解后阶数为 r 的不可约多项式不一定都能成为 m 序列的特征多项式。例如 $r=4$，则 $N=2^r-1=15$，N 不是素数。$1+x^N$ 因式分解可得

$$1 + x^{15} = (1+x)(1+x+x^2)(1+x+x^4)(1+x^3+x^4)(1+x+x^2+x^3+x^4)$$

有 3 个 4 阶不可约多项式，但产生 m 序列的特征多项式只有 $(1+x+x^4)$ 和 $(1+x^3+x^4)$，$(1+x+x^2+x^3+x^4)$ 不能产生 m 序列，由它产生的序列的长度小于 15。如初始条件为 $a_{-4}=1$，$a_{-3}=a_{-2}=a_{-1}=0$，产生的序列为 110001100011000$\cdots$，长度为 5。

(4) 除了第 r 阶以外，如果还有偶数个抽头的反馈结构，则产生的序列就不是最长线性移位寄存器序列。

证 m 序列为最长线性移位寄存器序列，经历了除全"0"以外的所有的移位寄存器状态。若反馈结构的抽头包括 r 级，共有奇数个的话，那么当移位寄存器处于全"1"状态时，经反馈模 2 加后，仍然为"1"，这样移位寄存器就停留在全"1"状态。若要得到最长线性移位寄存器序列就必须扣除全"1"状态，这样剩下的状态数为 $2^r-2 < 2^r-1$，不再是 m 序列。

由此可见，从移位寄存器的结构看，其总的反馈抽头数必为偶数。

3.2.4 不可约多项式的个数 N_1 和 m 序列条数 N_m

由上面的分析可知道，当 $N=2^r-1$ 为素数时，由 $1+x^N$ 分解出的所有的阶数为 r 的不可约多项式均为 m 序列的特征多项式。在这一部分，我们将给出由 $1+x^N$ 分解出的阶数 r 的不可约多项式的条数 N_1 和能产生 m 序列的特征多项式的条数 N_m。

由惟一分解定理可知，任一个大于 1 的正整数 n，都可以表示为素数的乘积，即

$$n = \prod_{i=1}^{k} p_i^{\alpha_i} \qquad (3-55)$$

式中：p_i 为素数；α_i 是正的幂数。如 $n=56=7\times8=7\times2^3$，$p_1=7$，$\alpha_1=1$，$p_2=2$，$\alpha_2=3$。

定义 Euler Φ 函数为

$$\Phi(n) = \begin{cases} 1 & n=1 \\ \prod_{i=1}^{k} p_i^{\alpha_i-1}(p_i-1) & n>1 \\ p-1 & n=p，为一素数 \end{cases} \qquad (3-56)$$

由定义可以直接得到以下结论：

如果 p 和 q 为两个不同的素数，则有

$$\left.\begin{array}{l} \Phi(pq) = (p-1)(q-1) \\ \Phi(p^2) = p(p-1) \\ \Phi(\prod_{i=1}^{k} p_i) = \prod_{i=1}^{k} (p_i - 1) \end{array}\right\} \tag{3-57}$$

定义 Mobius μ 函数为

$$\mu(n) = \begin{cases} 1 & n = 1 \\ 0 & \prod_{i=1}^{k} \alpha_i > 1 \\ (-1)^k & n \text{ 是 } k \text{ 个不同素数的乘积} \end{cases} \tag{3-58}$$

由定义可以得到如下结论：

如果 p 和 q 是两个不同的素数，则有

$$\left.\begin{array}{l} \mu(p) = -1 \\ \mu(pq) = 1 \\ \mu(p^2) = 0 \end{array}\right\} \tag{3-59}$$

由此可得，r 级移位寄存器序列的 r 阶不可约多项式的个数为

$$N_I = \frac{1}{r} \sum_{d|r} 2^d \mu\left(\frac{r}{d}\right) \tag{3-60}$$

这里的求和是对所有能整除 r 的正整数 d 的求和，包括 1 在内。

如 $r = 6$，则 $d = 1, 2, 3, 6$，因此

$$N_I = \frac{1}{6}\left[2\mu(6) + 2^2\mu(3) + 2^3\mu(2) + 2^6\mu(1)\right]$$

$$= \frac{1}{6}\left[2 - 4 - 8 + 64\right] = 9$$

即 $r = 6$ 的移位寄存器的不可约多项式有 9 条，但 $N = 2^6 - 1 = 63$ 不是素数。故这 9 条 6 阶的不可约多项式不一定都能成为 m 序列的特征多项式。下式给出了能产生 m 序列的特征多项式的条数，即

$$N_m = \frac{\Phi(2^r - 1)}{r} \tag{3-61}$$

由上面的例子，如 $r = 6$，可得

$$N_m = \frac{\Phi(2^6 - 1)}{6} = \frac{\Phi(63)}{6} = \frac{\Phi(7 \times 3^2)}{6} = \frac{36}{6} = 6$$

即 9 条 6 阶不可约多项式中，只有 6 条能作为 m 序列的特征多项式。换句话说，$r = 6$ 的移位寄存器只能产生 6 条 m 序列。

对 $r = 5$，由于 $N = 2^5 - 1 = 31$ 为一素数，则其不可约多项式的条数 N_I 和本原多项式 N_m 分别为

$$N_I = \frac{1}{5}\left[2\mu(5) + 2^5\mu(1)\right] = \frac{1}{5}\left[-2 + 32\right] = 6$$

$$N_m = \frac{\Phi(2^5 - 1)}{5} = \frac{\Phi(31)}{5} = \frac{30}{5} = 6$$

即所有的 5 阶不可约多项式都是 m 序列的本原多项式。表 3-1 列出了 r 从 1 到 24 所对应的码长（$N = 2^r - 1$），r 阶不可约多项式的个数和产生的 m 序列的条数。

表 3-1　m 序列长度、不可约多项式个数和 m 序列的条数

r	2^r-1	N_{m}	N_{I}
1	1	1	2
2	3^a	1	1
3	7^a	2	2
4	15	2	3
5	31^a	6	6
6	63	6	9
7	127	18	18
8	255	16	30
9	511	48	56
10	1023	60	99
11	2047	176	186
12	4095	144	335
13	8191^a	630	630
14	16 383	756	1161
15	32 767	1800	2182
16	65 535	2048	4080
17	$131\,071^a$	7710	7710
18	262 143	8064	14 532
19	$524\,287^a$	27 594	27 594
20	1 048 575	24 000	52 377
21	2 098 151	84 672	99 858
22	4 194 303	120 032	190 557
23	8 388 607	356 960	364 722
24	16 777 215	276 480	698 870

注：a 表示 Mexsenne 素数

3.2.5　m 序列的反馈系数

一个线性反馈移位寄存器能否产生 m 序列，决定于它的电路反馈系数 c_i，也就是它的递归关系式。不同的反馈系数，产生不同的移位寄存器序列。表 3-2 列出了不同级数的最长线性移位寄存器序列的反馈系数。$r \geqslant 9$ 时，由于 m 序列的条数很多，不可能在此一一列出，故只列出了一部分，详细的请查阅本章参考文献[6]。表中的反馈系数的数字为八进制数。将其转换为二进制数后，就可得到对应的反馈系数。如 $r=9$，反馈系数为 1157，转换成二进制数，并与移位寄存器相对应，可得

$$
\begin{array}{cccccccccc}
c_9 & c_8 & c_7 & c_6 & c_5 & c_4 & c_3 & c_2 & c_1 & c_0 \\
1 & 0 & 0 & 1 & 1 & 0 & 1 & 1 & 1 & 1
\end{array}
$$

即 $c_9=c_6=c_5=c_3=c_2=c_1=c_0=1$ 有反馈，$c_8=c_7=c_4=0$ 无反馈。同时可以得到产生 m 序列的特征多项式相对于 1157 的反馈系数。特征多项式为

$$f(x)=x^9+x^6+x^5+x^3+x^2+x+1$$

表 3 – 2　m 序列的反馈系数表

级数 r	长度 N	反 馈 系 数
3	7	13
4	15	23
5	31	45,67,75
6	63	103,147,155
7	127	203,211,217,235,277,313,325,345,367
8	225	435,453,537,543,545,551,703,747
9	511	1021,1055,1131,1157,1167,1175
10	1023	2011,2033,2157,2443,2745,3471
11	2047	4005,4445,5023,5263,6211,7363
12	4095	10123,11417,12515,13505,14127,15053
13	8191	20033,23261,24633,30741,32535,37505
14	16 383	42103,51761,55753,60153,71147,67401
15	32 767	100003,110013,120265,133663,142305,164705
16	65 535	210013,233303,307572,311405,347433,375213
17	131 071	400011,411335,444257,527427,646775,714303
18	262 143	10000201,1002241,1025711,1703601
19	524 287	2000047,2020471,2227023,2331067,2570103,3610353
20	1 048 575	4000011,4001151,4004515,442235,6000031

表中的 m 序列的反馈系数只列出了一部分。通过这些反馈系数，还可以求出对应的镜像序列的反馈抽头和特征多项式。所谓的镜像序列是与原序列相反的序列。如 $r=3$ 的序列为 1110100，镜像序列为 0010111。可以通过下式，由原序列的特征多项式 $f(x)$ 求镜像序列的特征多项式 $f^{(R)}(x)$，即

$$f^{(R)}(x) = x^r f\left(\frac{1}{x}\right) \qquad (3-62)$$

如 $r=7$，反馈系数为 235 的序列，对应的特征多项式为

$$f(x) = x^7 + x^4 + x^3 + x^2 + 1$$

镜像序列的特征多项式为

$$f^{(R)} = x^7 f\left(\frac{1}{x}\right) = x^7(x^{-7} + x^{-4} + x^{-3} + x^{-2} + 1) = x^7 + x^5 + x^4 + x^3 + 1$$

对应的反馈系数为 271。这两种序列的结构如图 3 – 11 所示。

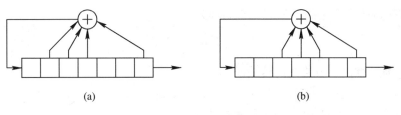

(a)　　　　　　　　　　　　　(b)

图 3 – 11　$r=7$ 的原序列与镜像序列的结构

(a) 原序列；(b) 镜像序列

3.2.6 m 序列发生器结构

m 序列发生器的结构一般有两种形式，简单型(SSRG)和模件抽头型(MSRG)。

1. SSRG

SSRG 的结构如图 3-12 所示。这种结构的反馈逻辑由特征多项式确定，这种结构的缺点在于反馈支路中的器件时延是叠加的，即等于反馈支路中所有模 2 加法器时延的总和。因此限制了伪随机序列的工作速度。提高 SSRG 工作速率的办法之一是选用抽头数目少的 m 序列，这样，还可简化序列产生器的结构。

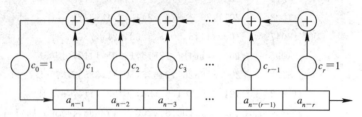

图 3-12 SSRG 结构

2. MSRG

提高伪随机序列工作速率的另一办法，就是采用 MSRG 型结构，图 3-13 给出了这种序列产生器的结构。这种结构的特点是：在它的每一级触发器和它相邻一级触发器之间，接入一个模 2 加法器，反馈路径上无任何延时部件。这种类型的序列发生器已被模件化。这种结构的反馈总延时，只是一个模 2 加法器的延时时间，故能提高发生器的工作速度。SSRG 型序列产生器的最高工作频率为

$$f_{\max} = \frac{1}{T_R + \sum T_M} \tag{3-63}$$

式中：T_R 为一级移位寄存器的传输时延；$\sum T_M$ 为反馈网络中模 2 加时延的总和。

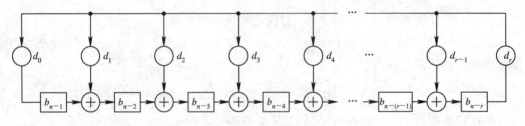

图 3-13 MSRG 结构

MSRG 型序列产生器的最高工作频率为

$$f_{\max} = \frac{1}{T_R + T_M}$$

式中：T_M 为一级模 2 加法器的传输时延。

例如，一个 $r=7$ 的序列发生器，$T_R = 50 \text{ ns}$，$T_M = 30 \text{ ns}$。对 SSRG 结构，有 4 个反馈抽头，3 个模 2 加法器，则其最高工作频率为

$$f_{\max} = \frac{1}{50 + 3 \times 30} = 7.1 \text{ MHz}$$

而采用 MSRG 结构，最高工作频率可为

$$f_{\max} = \frac{1}{50 + 30} = 12.5 \text{ MHz}$$

由此可见，采用 MSRG 结构其工作频率比 SSRG 结构高得多，更能满足高速码的要求。

SSRG 与 MSRG 的结构不同，但这两种类型是可以互换的。只要知道了 SSRG 的序列特征多项式或反馈系数，就可得到 MSRG 的反馈抽头。下面推导这种关系。

由图 3-12 可知

$$a_n = c_0(c_1 a_{n-1} \oplus c_2 a_{n-2} \oplus c_3 a_{n-3} \oplus \cdots \oplus c_{r-1} a_{n-r+1} \oplus c_r a_{n-r}) \tag{3-64}$$

令 x 为移位因子，x^i 为第 i 次位移，则 $a_{n-i} = a_{n-1} x^{i-1}$，代入上式可得

$$a_n = c_0 a_{n-1}(c_1 \oplus c_2 x \oplus c_3 x^2 \oplus \cdots \oplus c_{r-1} x^{r-2} \oplus c_r x^{r-1}) \tag{3-65}$$

由图 3-12 可知

$$b_n = b_{n-r+1} \oplus d_{r-1} \cdot b_{n-r} \cdot d_r \tag{3-66}$$

令 x 为位移因子，则

$$b_{n-r+1} = (b_{n-r+i+1} \oplus d_{r-i-1} \cdot b_{n-r} \cdot d_r)x \tag{3-67}$$

代入上式可得

$$\begin{aligned} b_n &= (b_{n-r+2} \oplus d_{r-2} \cdot b_{n-r} \cdot d_r)x \oplus d_{r-1} \cdot b_{n-r} \cdot d_r \\ &= b_{n-r+2} \cdot x \oplus (d_{r-2} \cdot x \oplus d_{r-1})b_{n-r} \cdot d_r \\ &= (b_{n-r+3} \oplus d_{r-3} \cdot b_{n-r} \cdot d_r)x^2 \oplus (d_{r-2} \cdot x \oplus d_{r-1})b_{n-r} \cdot d_r \\ &= b_{n-r+3} \cdot x^2 \oplus (d_{r-3} \cdot x^2 \oplus d_{r-2} \cdot x \oplus d_{r-1})b_{n-r} \cdot d_r \end{aligned}$$

不断地利用式(3-67)进行替代，最后可得

$$b_n = d_r \cdot b_{n-r}(d_{r-1} \oplus d_{r-2} \cdot x \oplus d_{r-3} \cdot x^2 \oplus \cdots \oplus d_2 \cdot x^{r-2} \oplus d_0 \cdot x^{r-1}) \tag{3-68}$$

比较式(3-65)与式(3-68)，要使两结构产生的序列相同，则应使 a_{n-1} 与 b_{n-1} 对应。$c_0 = c_r = d_0 = d_r = 1$，则两式括号中对应的各 x 的幂次对应项的系数也应相等。即

$$c_1 = d_{r-1}, \quad c_2 = d_{r-2}, \quad \cdots, \quad c_{r-2} = d_2, \quad c_{r-1} = d_1$$

由此可得 SSRG 的反馈系数与 MSRG 的反馈系数之间的相互关系为

$$c_i = d_{r-i} \tag{3-69}$$

例如，已知 $r = 5$，SSRG 的特征多项式为

$$f(x) = 1 + x^2 + x^3 + x^4 + x^5$$

反馈系数为 $c_0 = c_2 = c_3 = c_4 = c_5 = 1$，$c_1 = 0$ 则对应的 MSRG 结构的反馈系数为 $d_0 = d_1 = d_2 = d_3 = d_5 = 1$，$d_4 = 0$。这两种序列产生器如图 3-14 所示。

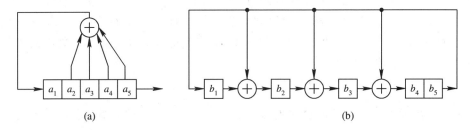

图 3-14 $r=5$ 序列产生器

(a) SSRG 结构；(b) MSRG 结构

从 SSRG 和 MSRG 的结构可以看出，两种结构的状态转移不一样。表 3 – 3 给出了上例中两种结构的状态转移表。从表中可以看出，两种结构产生的伪随机序列是相同的。但对应的移位寄存器的状态是不一样的。

表 3 – 3 SSRG 和 MSRG 两种结构的状态转移表

	a_1	a_2	a_3	a_4	a_5	输出	b_1	b_2	b_3	b_4	b_5	输出		a_1	a_2	a_3	a_4	a_5	输出	b_1	b_2	b_3	b_4	b_5	输出
1	1	1	1	1	1	1	1	1	1	1	1	1	17	0	1	1	0	1	0	0	1	0	0	0	0
2	0	1	1	1	1	1	1	0	0	0	1	1	18	1	0	1	1	0	0	0	0	1	0	0	0
3	0	0	1	1	1	1	1	0	1	1	0	0	19	0	1	0	1	1	1	0	0	0	1	0	0
4	1	0	0	1	1	1	0	1	0	1	1	1	20	1	0	1	0	1	1	0	0	0	0	1	1
5	0	1	0	0	1	1	1	1	0	1	1	1	21	0	1	0	1	0	0	1	1	1	1	0	0
6	0	0	1	0	0	0	1	0	0	1	1	1	22	0	0	1	0	1	1	0	1	1	1	1	1
7	1	0	0	1	0	0	1	0	1	1	1	1	23	0	0	0	1	0	0	1	1	0	0	1	1
8	1	1	0	0	1	1	1	0	1	0	1	1	24	1	0	0	0	1	1	1	0	0	1	0	0
9	0	1	1	0	0	0	1	0	1	0	0	0	25	1	1	0	0	0	0	0	1	0	0	1	1
10	0	0	1	1	0	0	0	1	0	1	0	0	26	1	1	1	0	0	0	1	1	0	1	0	0
11	0	0	0	1	1	1	0	0	1	0	1	1	27	0	1	1	1	0	0	0	1	1	0	1	1
12	0	0	0	0	1	1	1	1	1	0	0	0	28	1	0	1	1	1	1	1	1	0	0	0	0
13	1	0	0	0	0	0	0	1	1	1	0	0	29	1	1	0	1	1	1	0	1	1	0	0	0
14	0	1	0	0	0	0	0	0	1	1	1	1	30	1	1	1	0	1	1	0	0	1	1	0	0
15	1	0	1	0	0	0	1	1	1	0	1	1	31	1	1	1	1	0	0	0	0	0	1	1	1
16	1	1	0	1	0	0	1	0	0	0	0	0	32	1	1	1	1	1	1	1	1	1	1	1	1

3.3 m 序列的性质

3.3.1 m 序列的性质

1. 均衡性

在 m 序列的一个周期内，"1"和"0"的数目基本相等。准确地说，"1"的个数比"0"的个数多一个。

这是由 m 序列经历了 r 级移位寄存器的除全"0"以外的所有 2^r-1 个状态，排除了输出序列中的 r 个连"0"。因而输出序列的"1"比"0"多一个。如 $r=3$，反馈系数为 15，序列为 0101110，其中 4 个"1"，3 个"0"，"1"比"0"多一个。由此可见，在输出序列的 2^r-1 个元素中，"1"的个数为 2^{r-1}，"0"的个数为 $2^{r-1}-1$。m 序列的均衡性可减小调制后的载漏，使得信号更加隐蔽，更能满足系统要求。

2. 游程分布

把一个序列中取值相同的那些相继元素合称一个游程。在一个游程中，元素的个数称为游程长度。如 $N=15$ 的 m 序列 10001111010110010 共有 8 个游程，其中长度为 4 的游程有一个，即"1111"；长度为 3 的游程有一个，即"000"；长度为 2 的游程有两个即"11"与

"00"；长度为 1 的游程有 4 个，即两个"1"与两个"0"。

一般来说，在 m 序列中，游程数为 2^{r-1} 个，其中长度为 1 的游程占游程总数的 1/2；长度为 2 的游程占游程总数的 1/4；长度为 3 的占 1/8；…即长度为 k 的游程数占游程总数的 2^{-k}，其中 $1 \leqslant k \leqslant (r-2)$。而且在长度为 k 的游程中($1 \leqslant k \leqslant r-2$)连"1"和连"0"的游程各占一半，$r-1$ 个连"0"和 r 个连"1"的游程各一个。

3. 移位相加性

一个序列 $\{a_n\}$ 与其经 m 次迟延移位产生的另一不同序列 $\{a_{n+m}\}$ 模 2 加，得到的仍然是 $\{a_n\}$ 的某次迟延移位序列 $\{a_{n+k}\}$，即

$$\{a_n\} + \{a_{n+m}\} = \{a_{n+k}\} \tag{3-70}$$

证明 产生 m 序列的 r 级反馈移位寄存器的递归方程为

$$a_n = c_1 a_{n-1} + c_2 a_{n-2} + \cdots + c_r a_{n-r} \tag{3-71}$$

将 a_n 位移 m 次可得

$$a_{n+m} = c_1 a_{n+m-1} + c_2 a_{n+m-2} + \cdots + c_r a_{n+m-r} \tag{3-72}$$

将上两式模 2 加得

$$a_n + a_{n+m} = c_1(a_{n-1} + a_{n+m-1}) + c_2(a_{n-2} + a_{n+m-2}) + \cdots + c_r(a_{n-r} + a_{n+m-r})$$
$$\tag{3-73}$$

上式中括号里的两元素相加的结果一定是移位寄存器中的某一状态。设相加结果为 a_{n+k-1}，a_{n+k-2}，…，a_{n+k-r}，则(3-73)式变为

$$a_n + a_{n+m} = c_1 a_{n+k-1} + c_2 a_{n+k-2} + \cdots + c_r a_{n+k-r} \tag{3-74}$$

仍为原 r 级反馈移位寄存器按另一初始状态(a_{n+k-1}，a_{n+k-2}，…，a_{n+k-r})产生的输出，而反馈系数没有改变，则产生的序列不会改变，不同的只是初始条件改变了。移位相加性得以证明。

4. 周期性

m 序列的周期为 $N = 2^r - 1$，r 为反馈移位寄存器的级数。

5. 伪随机性

如果对一正态分布白噪声取样，若取样值为正，记为"＋"。若取样值为负，记为"－"，则将每次取样所得极性排成序列，可以写成

$$\cdots + + - + - - + - - - + - + - - + + + - - \cdots$$

这是一个随机序列，具有如下基本性质：

(1) 序列中"＋"和"－"的出现概率相等。

(2) 序列中长度为 1 的游程约占 1/2，长度为 2 的游程约占 1/4，长度为 3 的游程约占 1/8。一般说来，长度为 k 的游程约占 $1/2^k$，在长度为 k 的游程中，"＋"和"－"的游程约各占一半。

(3) 由于白噪声的功率谱为常数，自相关函数为一冲激函数 $\delta(\tau)$。

由于 m 序列的均衡性、游程分布、自相关函数及功率谱与上述随机序列的基本性质很相似，所以通常认为 m 序列属于伪随机序列，是一种常见的伪随机序列。

3.3.2　m序列的相关特性

周期函数 $s(t)$ 的自相关函数定义为

$$R_s(\tau) = \frac{1}{T} \int_{-T/2}^{T/2} s(t)s(t+\tau) \, \mathrm{d}\tau \tag{3-75}$$

T 是 $s(t)$ 的周期。

对于取值为"1"和"0"的二进制码序列 $\{a_n\}$，自相关函数值为

$$R(j) = \sum_{i=0}^{N-1} a_i a_{i+j} \tag{3-76}$$

其相关系数为

$$\rho(j) = \frac{1}{N} \sum_{i=0}^{N-1} a_i a_{i+j} = \frac{A-D}{N} \tag{3-77}$$

式中：A 为序列 $\{a_n\}$ 与移位序列 $\{a_{n+i}\}$ 在一个周期内对应元素相同的数目；D 为序列 $\{a_n\}$ 与移位序列 $\{a_{n+i}\}$ 在一个周期内对应元素不相同的数目；N 为序列 $\{a_n\}$ 的周期。

上式中的 A 相当于两个序列中对应位模 2 加为"0"的个数 $(a_i \oplus a_{i+j}=0)$，D 相当于"1"的个数 $(a_i \oplus a_{i+j}=1)$，则式(3-77)可改写为

$$\rho(j) = \frac{1}{N}\big[(a_i \oplus a_{i+j} = 0 \text{ 的个数}) - (a_i \oplus a_{i+j} = 1 \text{ 的个数})\big] \tag{3-78}$$

由 m 序列的移位相加特性，$\{a_n\}$ 与 $\{a_{n+j}\}$ 相加后仍然为 m 序列，只不过其初始相位不同，得 $\{a_{n+1}\}$。故上式分子就等于 m 序列一个周期内"0"的个数与"1"的个数的差值，由均衡性可知"1"比"0"多一个。故有

$$\rho(j) = -\frac{1}{N} \qquad j = 1, 2, 3, \cdots, N-1$$

当 $j=0$ 时，显然 $\rho(0)=1$。所以，m 序列的自相关系数为

$$\rho(j) = \begin{cases} 1 & j = 0 \\ -\dfrac{1}{N} & j \neq 0 \end{cases} \tag{3-79}$$

由于 m 序列是周期性的，故其自相关系数也是周期性的且周期与序列周期相同，有

$$\rho(j - kN) = \rho(j) \tag{3-80}$$

而且 $\rho(j)$ 为偶函数，即有

$$\rho(-j) = \rho(j) \tag{3-81}$$

由此可见，m 序列的自相关函数只有两种取值 $(1$ 和 $-1/N)$。我们把这类自相关函数只有两个取值的序列称为双值自相关序列。

虽然上面序列的自相关函数 $\rho(j)$ 只是在离散的点上取值 $(j$ 只取整数)，对应序列的时间波形用式(3-75)，可求出 m 序列波形的连续相关函数 $R(\tau)$，即

$$R(\tau) = \begin{cases} 1 - \dfrac{N+1}{NT_c}|\tau| & |\tau| \leqslant T_c \\ -\dfrac{1}{N} & |\tau| > T_c \end{cases} \tag{3-82}$$

图 3-15 给出了 $R(\tau)$ 的波形图。当周期 NT_c 很长及码元宽度 T_c 很小时，$R(\tau)$ 近似于冲激函数 $\delta(\tau)$ 的形状。

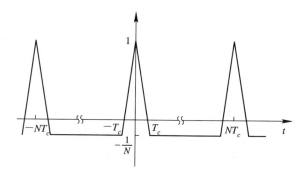

图 3 - 15　m 序列的自相关函数

3.3.3　m 序列的功率谱

信号的自相关函数和功率谱之间形成一傅里叶变换对，即

$$\begin{cases} G(\omega) = \displaystyle\int_{-\infty}^{\infty} R(\tau)\mathrm{e}^{-\mathrm{j}\omega\tau}\,\mathrm{d}\tau \\ R(\tau) = \dfrac{1}{2\pi}\displaystyle\int_{-\infty}^{+\infty} G(\omega)\mathrm{e}^{\mathrm{j}\omega\tau}\,\mathrm{d}\omega \end{cases} \tag{3-83}$$

由于 m 序列的自相关函数是周期性的，则对应的频谱是离散的。自相关函数的波形是三角波，对应的离散谱的包络为 $\mathrm{Sa}^2(x)$。由此可得 m 序列的功率谱 $G(\omega)$ 为

$$G(\omega) = \frac{1}{N^2}\delta(\omega) + \frac{N+1}{N^2}\mathrm{Sa}^2\left(\frac{\omega T_c}{2}\right)\sum_{\substack{k=-\infty \\ k\neq 0}}^{\infty}\delta\left(\omega - \frac{2k\pi}{NT_c}\right) \tag{3-84}$$

图 3 - 16 给出 $G(\omega)$ 的频谱图，T_c 为伪码 chip 的持续时间。

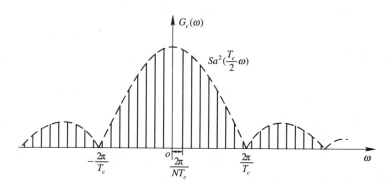

图 3 - 16　m 序列的功率谱

由此可得：

（1）m 序列的功率谱为离散谱，谱线间隔 $\omega_1 = 2\pi/(NT_c)$；

（2）功率谱的包络为 $\mathrm{Sa}^2(T_c\omega/2N)$，每个分量的功率与周期 N 成反比；

（3）直流分量与 N^2 成反比，N 越大，直流分量越小，载漏越小；

（4）带宽由码元宽度 T_c 决定，T_c 越小，即码元速率越高，带宽越宽；

（5）第一个零点出现在 $2\pi/T_c$；

(6) 增加 m 序列的长度 N，减小码元宽度 T_c，将使谱线加密，谱密度降低，更接近于理想噪声特性。

3.4　Gold　码

在扩频系统中，不仅要求伪随机序列的随机性好、周期长，不易被敌方检测等特性，而且要求可用的伪随机序列数要多，因为扩频通信本身具有码分多址的特点。可用伪码数越多，组网的能力就越强，抗干扰、抗窃听的能力也就越强。m 序列具有很好的伪随机性和相关特性，但 m 序列的条数相对较少，很难满足作为系统地址码要求。本节介绍的 Gold 码，继承了 m 序列的许多优点，而可用的码的条数又远大于 m 序列，是作为地址码的一种良好的码型。

3.4.1　地址码的选择

码分多址在于信号波形的分割。扩频通信就是用码的形状差异来区分通信地址的一种选址通信方式。故地址码性能的好坏，直接关系到系统性能的优劣。一般来说，对于不同的网其地址码是不同的，不同网的地址码的互相关值应为零即地址码正交，有

$$\int_T c_i(t)c_j(t)\,\mathrm{d}t = \begin{cases} 1 & i = j \\ 0 & i \neq j \end{cases} \tag{3-85}$$

式中 $c_i(t)$ 为地址码的波形。式(3-85)表明，正交码型就是不同的码的互相关值很小的码型。这类码就是第二类广义伪随机码。

码分多址通信的重要问题是：可用的地址码数量要多；互相关值要小；有一定的抗干扰能力；码发生器的结构简单等。由此可见，m 序列的抗干扰能力较强；有优良的相关特性；易产生。但不足的是 m 序列的数目少，为 $\Phi(2^r-1)/r$ 条，不能满足作为地址码的要求。Gold 码是在 m 序列的基础上得到的，但它的条数远远超过了 m 序列。目前多采用 Gold 码作为地址码。

对地址码的一般要求有：

(1) 有良好的自相关、互相关和部分相关特性。即要求码的自相关旁瓣、互相关和部分相关值要尽可能的小，以便在检测地址码时有最大的分辨率。

(2) 码序列要多。可用的码序列的多少，直接关系到系统的组网能力及频谱利用率的高低。在保证第一个要求的基础上，这样的码序列越多越好。

(3) 有一定的长度。码序列越长，越接近于随机序列，因而抗干扰的性能越强。

(4) 易于实现系统的同步，捕捉时间要快。

(5) 易于实现、设备简单、成本低。

3.4.2　Gold 码的产生

Gold 码是基于 m 序列优选对产生的，首先来看看 m 序列的优选对。

1. m 序列优选对

m 序列优选对，是指在 m 序列集中，其互相关函数最大值的绝对值 $|R_{ab}|_{\max}$ 小于某个

值的两条 m 序列。

设序列 $\{a\}$ 是对应于 r 阶本原多项式 $f(x)$ 产生的 m 序列；序列 $\{b\}$ 是对应于 r 阶本原多项式 $g(x)$ 产生的 m 序列；当它们的互相关函数值 $R_{ab}(\tau)$ 满足不等式

$$|R_{ab}(\tau)| \leqslant \begin{cases} 2^{\frac{r+1}{2}}+1 & r \text{ 为奇数} \\ 2^{\frac{r+2}{2}}+1 & r \text{ 为偶数，但不被 4 整除} \end{cases} \qquad (3-86)$$

则 $f(x)$ 和 $g(x)$ 产生的 m 序列 $\{a\}$ 和 $\{b\}$ 构成一优选对。

例如，$r=6$ 的本原多项式 103 和 147，对应的多项式为

$$103 \quad f(x)=1+x+x^6$$
$$147 \quad g(x)=1+x+x^2+x^5+x^6$$

分别产生出 m 序列 $\{a\}$ 和 $\{b\}$，经计算它们的互相关特性得

$$|R_{ab}(\tau)|_{\max}=17$$

由式 (3-86) 计算出 $r=6$ 时，$2^{(6+2)/2}+1=17$，满足条件，因而产生 m 序列 $\{a\}$ 和 $\{b\}$ 构成一 m 序列优选对。而 103 和 155 产生的序列 $\{a\}$ 和 $\{b\}$，其互相关函数的最大值 $|R_{ab}(\tau)|_{\max}=23>17$，不满足式 (3-86) 的条件，故不能构成 m 序列优选对。

表 3-4 列出了不同码长的 m 序列的最大互相关值，表 3-5 给出了部分 m 序列优选对。

表 3-4 不同码长的 m 序列优选对的最大互相关值

移位寄存器级数	码 长	互相关函数值	归一化
3	7	≤5	5/7
5	31	≤9	9/31
6	63	≤17	17/63
7	127	≤17	17/127
9	511	≤33	33/511
10	1023	≤65	65/1023
11	2047	≤65	65/2047

表 3-5 部分优选对码表

级数	基准本原多项式	配对本原多项式
7	211	217,235,277,325,203,357,301,323
	217	211,235,277,325,213,271,357,323
	235	211,217,277,325,313,221,361,357
	236	277,203,313,345,221,361,271,375
9	1021	1131,1333
	1131	1021,1055,1225,1725
	1461	1743,1541,1853
10	2415	2011,3515,3177
	2641	2517,2218,3045
11	4445	4005,5205,5337,5263
	4215	4577,5747,6765,4563

2. Gold 码的产生方法

Gold 码是 m 序列的组合码，是由两个长度相同、速率相同，但码字不同的 m 序列优选对模 2 加后得到的，具有良好的自、互相关特性，且地址码数远远大于 m 序列。一对 m 序列优选对可产生 2^r+1 条 Gold 码。这种码发生器结构简单，易于实现，工程中应用广泛。

设序列 $\{a\}$ 和序列 $\{b\}$ 为长 $N=2^r-1$ 的 m 序列优选对。以 $\{a\}$ 序列为参考序列，对 $\{b\}$ 序列进行移位 i 次，得到 $\{b\}$ 的移位序列 $\{b_i\}(i=0,1,\cdots,N-1)$，然后与 $\{a\}$ 序列模 2 加后得到一新的长度为 N 的序列 $\{c_i\}$。则此序列就是 Gold 序列，即

$$\{c_i\}=\{a\}+\{b_i\} \qquad i=0,1,\cdots,N \qquad (3-87)$$

对不同的 i，得到不同的 Gold 序列，这样可得 2^r-1 条 Gold 码，加上 $\{a\}$ 序列和 $\{b\}$ 序列，共得到 2^r+1 条 Gold。把这 2^r+1 条 Gold 码称为一 Gold 码族。

Gold 码的产生方法有两种形式，一种是串联成 $2r$ 级线性移位寄存器，另一种是两个 r 级移位寄存器并联而成。

例如 $r=6$，m 序列的本原多项式为

$$f(x)=1+x+x^6$$

和

$$g(x)=1+x+x^2+x^5+x^6$$

采用第一种形式，串联成 12 级线性移位寄存器，将两序列的本原多项式相乘，可得阶数为 12 的多项式

$$f(x)g(x)=x^{12}+x^{11}+x^8+x^6+x^5+x^3+1 \qquad (3-88)$$

由此可得 $r=12$ 的线性移位寄存器如图 3-17(a)所示。图 3-17(b)给出了 Gold 码发生器的并联结构。由式(3-88)可知，虽然多项式的阶数为 $2r$，但由于是可约的，故可能产生 $2^{2r}-1$ 长的 m 序列。又因 $f(x)$ 和 $g(x)$ 产生的序列均为 2^r-1，故产生的序列的长度也为 2^r-1。在图 3-16 中，不同的初始状态，产生 Gold 码是不同的，共产生 $2^6+1=65$ 条 Gold 码序列。在这 65 条 Gold 码中，每一对序列都满足互相关值 $|R_{ab}(\tau)|_{max}\leqslant17$，归一化后为 17/63。

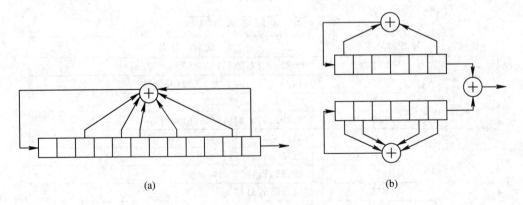

(a)   (b)

图 3-17 Gold 码发生器

(a) 串联结构；(b) 并联结构

3.4.3 Gold 码的相关特性

由 m 序列优选对模 2 加产生的 Gold 码族中的 2^r-1 条 Gold 码序列已不再是 m 序列，也不具有 m 序列的游程特性和二值相关特性。但 Gold 码族中任意两序列之间互相关函数都满足

$$|R_{ab}(\tau)| \leqslant \begin{cases} 2^{\frac{r+1}{2}} + 1 & r \text{ 为奇数} \\ 2^{\frac{r+2}{2}} + 1 & r \text{ 为偶数，但不被 4 整除} \end{cases} \qquad (3-89)$$

由于 Gold 码的这一特性，使得 Gold 码族中任一码都可作为地址码，这样就大大超过了用 m 序列作地址码的数量，因此 Gold 序列在多址技术中得到广泛应用。

Gold 码序列具有三值互相关特性，表 3-6 给出互相关值和出现某种相关值的概率。由表中可以看出，由于码序列的互相关值可以看成两个序列对应位的元素的相同和不同的码元数的差值。因而得到的 Gold 码族中的码序列出现了平衡与非平衡码。r 为奇数时，平衡码（序列"1"和"0"之间差为 1）数量占 50%，非平衡的数量占 50%。而 r 为偶数但不被 4 整除时，平衡码数量占码族中码的 75%，非平衡码为 25%。由于 r 为 4 整数倍的码序列没有理想的三值互相关函数值，因而没有 Gold 码序列。由此可见，r 为偶数时，平衡码的数量达 75%，但其最大的互相关值差不多是比其高一级的 Gold 码族的两倍。

表 3-6 Gold 序列的互相关函数

寄存器长度	码　　长	归一化互相关函数值	出现概率
r 为奇数	$N=2^r-1$	$-\dfrac{1}{N}$	0.50
		$-\dfrac{2^{\frac{r+1}{2}}+1}{N}$	0.25
		$\dfrac{2^{\frac{r+1}{2}}-1}{N}$	0.25
r 为偶数，但不被 4 整除	$N=2^r-1$	$-\dfrac{1}{N}$	0.75
		$-\dfrac{2^{\frac{r+2}{2}}+1}{N}$	0.125
		$\dfrac{2^{\frac{r+2}{2}}-1}{N}$	0.125

Gold 码的自相关函数同互相关函数一样，也是三值函数，只是出现的概率是不同的。Gold 码族之间互相关函数尚无理论结果，其互相关值已不再是三值而是多值，且大大超过优选对的互相关函数值。

3.4.4 平衡 Gold 码

平衡 Gold 码是指在码序列中"1"的个数比"0"的个数多一个的码。平衡码有优良的自相关特性。表 3-7 列出了 r 为奇数的平衡码与非平衡码的数量。由表中可见，第一类的码序列中"1"的个数为 2^{r-1} 个，则"0"的个数为 $2^{r-1}-1$ 个。"1"的个数比"0"的个数多 1 个，因此为平衡码。这种平衡码有 $2^{r-1}+1$ 条。第 2 类，第 3 类为非平衡码。

表 3-7 Gold 码平衡与非平衡码数量表

类　别	码序列中"1"的个数	码族中这种序列数
1	2^{r-1}	$2^{r-1}+1$
2	$2^{r-1}+2^{\frac{r-1}{2}}$	$2^{r-2}-2^{\frac{r-3}{2}}$
3	$2^{r-1}-2^{\frac{r-1}{2}}$	$2^{r-2}+2^{\frac{r-3}{2}}$

注：r 为奇数

例如：$r=9$，平衡码为 136 条。共有非平衡码 256 条，基本上各占 50%。

在扩频通信系统中，对系统质量影响因素之一就是码的平衡性。平衡码具有更好的频谱特性。在直扩系统中，码的平衡性与载波抑制度有密切的关系。码的不平衡，直扩系统的载漏增大，将破坏扩频系统保密性、抗干扰和抗侦破的能力。表 3-8 列出了 r 为奇数时码的平衡性对载波抑制的关系。由此可见，码的平衡与否对载波抑制有很大关系。如 $r=11$，采用平衡码和采用非平衡码，载波抑制之差达 16 dB 之多。

表 3-8　码平衡性与载波抑制的关系

级数 r	码　长	码中"1"与"0"个数差值		载波抑制/dB	
		平　衡	非平衡	平　衡	非平衡
3	7	1	5	8.45	1.46
5	31	1	9	14.9	5.37
7	127	1	17	21.04	8.73
9	511	1	33	27.08	11.9
11	2047	1	65	33.11	15
13	8191	1	129	39.13	18.03
15	32,767	1	257	45.15	21.06
17	13,1,071	1	513	51.18	24.07

3.4.5　产生平衡 Gold 码的方法

1. 特征相位

为了寻找平衡 Gold 码，首先确定特征相位。每一条最长线性移位寄存器序列都具有特征相位。当序列处于特征相位时，序列每隔一位抽样后得到的序列与原序列完全一样，这是序列处于特征相位的特征。

设序列的特征多项式 $f(x)$，为一 r 级线性移位寄存器产生 m 序列的本原多项式。序列的特征相位由 $g(x)/f(x)$ 的比值确定。$g(x)$ 为生成函数，为一阶数等于或小于 r 的多项式。$g(x)$ 的计算方法如下：

$$g(x) = \frac{\mathrm{d}[xf(x)]}{\mathrm{d}x} \qquad r \text{ 为奇数} \qquad (3-90)$$

$$g(x) = f(x) + \frac{\mathrm{d}[xf(x)]}{\mathrm{d}x} \qquad r\text{ 为偶数} \tag{3-91}$$

序列多项式为

$$G(x) = \frac{g(x)}{f(x)} \tag{3-92}$$

长除后就可得到处于特征相位的 m 序列。

例如 $r=3$ 的 m 序列的特征多项式为

$$f(x) = 1 + x + x^3$$

由此可得出生成多项式 $g(x)$ 为

$$g(x) = \frac{\mathrm{d}[xf(x)]}{\mathrm{d}x} = \frac{\mathrm{d}[x + x^2 + x^4]}{\mathrm{d}x} = 1 + 2x + 4x^2$$

经模 2 处理后，可得

$$g(x) = 1$$

$$G(x) = \frac{g(x)}{f(x)} = \frac{1}{1 + x + x^3}$$

$$= 1 + x + x^2 + x^4 + x^7 + x^8 + x^9 + \cdots$$

可得产生的序列为 111010011101001…，则序列的特征相位为 111。下面我们对产生的序列隔位抽样，得到抽样序列。

1 1 1 0 1 0 0 1 1 1 0 1 0 0 1 1 1 0 1 …
1   1   1   0   1   0   0   1   1   1

由此可见，抽样序列与原序列完全一样，故原序列处于特征相位上，其特征相位 111 即为产生 m 序列的初始相位，即 $a_1 = a_2 = a_3 = 1$。

2. 相对相位

现在我们来讨论由 m 序列优选对产生平衡 Gold 码的移位序列的相对相位。

令序列 $\{a\}$ 和序列 $\{b\}$ 为处于特征相位的 m 序列优选对。当 r 为奇数时，其序列生成多项式可表示为

$$G(x) = \frac{1 + c(x)}{1 + d(x)} \tag{3-93}$$

这里 $d(x)$ 的阶数为 r，$c(x)$ 的阶数小于 r。进行长除后的结果将是 $1 + \cdots$，这样处于特征相位的序列的第一位必定是"1"。

因此，处于特征相位上的序列 $\{a\}$ 和 $\{b\}$ 序列，以 $\{a\}$ 序列为参考序列，移动 $\{b\}$ 序列，使之第一位为"0"，对应于 $\{a\}$ 序列第一位"1"。两序列相加后得到的序列必定是平衡 Gold 码。那么，移动序列 $\{b\}$ 的第一位为"0"的序列的前 r 位，就是产生平衡 Gold 码的相对相位。

例如 $r=3$，m 序列优选对的本原多项式分别为

$$f_1(x) = 1 + x + x^3$$

$$f_2(x) = 1 + x^2 + x^3$$

则

$$g_1(x) = \frac{\mathrm{d}[xf_1(x)]}{\mathrm{d}x} = 1$$

$$g_2(x) = \frac{\mathrm{d}[xf_2(x)]}{\mathrm{d}x} = 1 + x^2$$

可得序列$\{a\}$和序列$\{b\}$为

$$\{a\} = 1110100 \quad 和 \quad \{b\} = 1001011$$

将$\{b\}$序列分别左移 1、2、5 位，使$\{b\}$序列的第一位为"0"。然后与$\{a\}$序列模 2 加。

$$
\begin{array}{r}
1110100 \\
\oplus\ 0010111 \\
\hline
1100011
\end{array}
\qquad
\begin{array}{r}
1110100 \\
\oplus\ 0101110 \\
\hline
1011010
\end{array}
\qquad
\begin{array}{r}
1110100 \\
\oplus\ 0111001 \\
\hline
1001101
\end{array}
$$

得到了平衡 Gold 码。对于其它的位移，即位移后第一位不为"0"时，产生的 Gold 序列为

$$
\begin{array}{r}
1110100 \\
\oplus\ 1001011 \\
\hline
0111111
\end{array}
\qquad
\begin{array}{r}
1110100 \\
\oplus\ 1011100 \\
\hline
0101000
\end{array}
\qquad
\begin{array}{r}
1110100 \\
\oplus\ 1110010 \\
\hline
0000110
\end{array}
\qquad
\begin{array}{r}
1110100 \\
\oplus\ 1100101 \\
\hline
0010001
\end{array}
$$

由此可以看出，产生平衡 Gold 码的相对相位为 001、010、011，其它的相位不能产生平衡 Gold 码。$r=3$ 的 Gold 码共有 9 条。平衡码 5 条（3 条由$\{a\}$与$\{b\}$的位移产生，2 条为$\{a\}$与$\{b\}$自身）和非平衡码 4 条，如表 3 - 9 所列。

表 3 - 9　$r=3$ 的 Gold 平衡码与非平衡码

类　　别	"1"的个数	序列数
1	4	5
2	6	1
3	2	3

由此我们可以总结出产生平衡 Gold 码的一般步骤为：

(1) 选一参考序列，其本原多项式为 $f_a(x)$，求出生成多项式 $g_a(x)$。

(2) 由 $G(x) = g_a(x)/f_a(x)$ 求出序列多项式，使得序列$\{a\}$处于特征相位上。

(3) 求位移序列$\{b\}$，使位移序列的初始状态的第一位为"0"，即处于相对相位，对应于$\{a\}$的第一位"1"。

(4) 将处于特征相位的$\{a\}$序列与处于相位的$\{b\}$序列模 2 加，就可得到平衡 Gold 码序列。

【例 3 - 3】构成 $r=11$ 的 Gold 码序列产生器，已知 m 序列的优选对为 4005 和 7335。

解　首先求出两序列的本原多项式为

$$4005 \quad f_a(x) = 1 + x^2 + x^{11}$$
$$7335 \quad f_b(x) = 1 + x^2 + x^3 + x^4 + x^6 + x^7 + x^9 + x^{10} + x^{11}$$

以序列$\{a\}$作为参考序列，其生成函数 $g_a(x)$ 为

$$g_a(x) = \frac{\mathrm{d}[xf_a(x)]}{\mathrm{d}x} = 1 + x^2$$

则

$$G(x) = \frac{g_a(x)}{f_a(x)} = 1 + x^{11} + \cdots$$

故序列的特征相位为 10000000000，由此可得 $r=11$ 的 Gold 码序列发生器如图 3 - 18 所

示。图中上面的线性移位寄存器产生参考序列{a}，下面的产生位移序列{b}。在序列产生器中，其初始条件如图中所示，处于特征相位，而{b}序列产生器处于相对相位。如图中所示，右边第一位寄存器的状态为"0"，其余10位任意，只要不全为"0"。由此可见，$r=11$ 的相对相位共有 $2^{10}-1=1023$ 个，可产生 1023 条平衡 Gold 条平衡 Gold 码序列。加上{a}和{b}序列，共得 1025 条平衡 Gold 码序列。

在某些应用场合，需同时产生两条 Gold 码序列，且是同族的。一般采用两个 Gold 码序列发生器。如美国国家航空和宇宙航空局（NASA）研制的跟踪和数据中继卫星系统（TDRSS）的正交信号发生器就是一例，如图 3-19 所示。$r=11$ 产生的 Gold 序列长为2047，m 序列优选对为 4445 和 4005。两个移位序列发生器的相对相位不同，因而产生的Gold 码序列不同，但又同为一族。

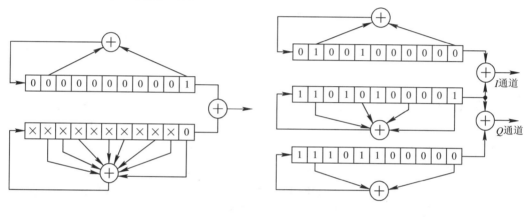

图 3-18　$r=11$ 的 Gold 码序列发生器　　　　图 3-19　Gold 码序列对发生器

3.5　M　序　列

前面我们讨论的 m 序列是最长的线性移位寄存器序列，其长度为 2^r-1，r 为移位寄存器的级数。r 级移位寄存器的状态有 2^r 个，能否有这样的序列，包含了 r 级移位寄存器序列的所有 2^r 个状态，使得产生的序列的长度为 2^r？本节讨论的 M 序列就是满足这一条件的序列，称为最长非线性移位寄存器序列，简称为 M 序列。其码长为 2^r，达到了 r 级移位寄存器所能达到的最长周期，故又称为全长序列。M 序列不仅比 m 序列的在相同级数移位寄存器的长度多一位，而且产生的序列数远远超过了 m 序列，故 M 序列在实际中应用较广。目前对非线性移位寄存器的研究尚未找到足够有效的数学工具及系统的研究方法，随着科学技术的发展，这个科学难题将会得以解决。

3.5.1　M 序列的构成方法

M 序列的构造方法很多，可在 m 序列的基础上增加全"0"状态获得。也可用搜索的方法获得。无论何种方法，只要满足对 r 级移位寄存器所有的 2^r 个状态都要经历一次，而且仅经历一次，同时要满足移位寄存的关系即可。

1. 由 m 序列构成 M 序列

由于 m 序列已包含了 2^r-1 个非零的状态，缺少由 r 个"0"组成的一个全"0"状态。因此由 m 序列构成 M 序列时，只要在适当的位置插入一个零状态(r 个"0")，即可使码长为 2^r-1 的 m 序列增长至码长为 2^r 的 M 序列。显然全零状态插入应在状态 $100\cdots0$ 之后，使之出现全零状态，同时还必须使全零状态的后继状态为 $00\cdots01$，即状态的转移过程为

$$(000\cdots01) \rightarrow (000\cdots00) \rightarrow (100\cdots00) \tag{3-94}$$

只要增加一检测全"0"的小项，就可由 m 序列的反馈逻辑得到 M 序列的反馈逻辑。

设 m 序列的反馈逻辑函数为 $f_0(x_1, x_2, x_3, \cdots, x_r)$，由式(3-94)可知，只要移位寄存器的第 1 位到第 $r-1$ 位出现全"0"时，下一状态就要转移到全"0"状态。对这 $r-1$ 位全"0"进行检测，加入反馈，就可得到全"0"状态。同时还要保证从全"0"状态转到 $(000\cdots01)$ 状态。故可以得 M 序列的反馈逻辑函数 $f(x_1, x_2, \cdots, x_r)$ 为

$$f(x_1, x_2, \cdots, x_r) = f_0(x_1, x_2, \cdots, x_r) + \bar{x}_1 \bar{x}_2 \cdots \bar{x}_{r-1} \tag{3-95}$$

例如，$r=4$ 的 m 序列的本原多项式为

$$f_0(x) = 1 + x^3 + x^4$$

或

$$f_0(x_1, x_2, x_3, x_4) = x_3 + x_4 \tag{3-96}$$

则构成的 M 序列的反馈逻辑函数为

$$f(x_1, x_2, x_3, x_4) = x_4 + x_3 + \bar{x}_1 \bar{x}_2 \bar{x}_3 \tag{3-97}$$

M 序列发生器电路如图 3-20 所示。

设初始状态为 1111，则其状态过程如表 3-10 所示。由此可见，全"0"检测电路的作用只是在两个状态有效：一是在(1000)时，检测出 $x_1 = x_2 = x_3 = 0$，则输出一个"1"，与第 4 位 $x_4 = 1$ 模 2 加后得到下一状态，即变为全"0"状态；二是在全"0"状态，使下一状态的 $x_1 = 1$。而对其它状态，由于 m 序列只有一个 $r-1$ 长的"0"游程，全"0"检测电路不起作用。产生的序列为 1111000010011010。

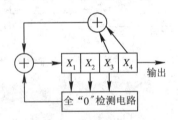

图 3-20　4 级 M 序列发生器

表 3-10　四级 M 序列状态转移表

时序	x_1	x_2	x_3	x_4	时序	x_1	x_2	x_3	x_4
0	1	1	1	1	9	1	1	0	0
1	0	1	1	1	10	0	1	1	0
2	0	0	1	1	11	1	0	1	1
3	0	0	0	1	12	0	1	0	1
4	0	0	0	0	13	1	0	1	0
5	1	0	0	0	14	1	1	0	1
6	0	1	0	0	15	1	1	1	0
7	0	0	1	0	16	1	1	1	1
8	1	0	0	1					

利用这种方法产生 M 序列是有限的。因为 m 序列本身的条数并不多，为 $\Phi(2^r-1)/r$ 条，比 M 序列的条数要少得多，所以有必要通过另外的途径找出 M 序列，以供选择。

2. 搜索法

M 序列的长度为 2^r，它经历了 r 级移位寄存器所有的 2^r 个状态，而且每个状态只能经历一次，考虑移位寄存器的移位寄存功能，可以从 r 级移位寄存器的某一个状态出发，进行状态的转移，转移过程中的状态没有重复。经过 2^r 次转移后，又回到了出发的状态上，就可得到一个闭环，称为 Hamiton 回路。该环的状态数为 2^r 个，由此可得一条 M 序列。不同的路径，可以得到不同的 M 序列。如 $r=3$ 的情况，其状态转移过程如图 3-21 所示。由此方法可产生出所有的 r 级移位寄存器产生的 M 序列。由图可见，只有两条通路组成一个 $2^r=8$ 的闭环，即

$$(111) \to (011) \to (001) \to (000) \to (100) \to (010) \to (101) \to (110) \to (111)$$

和

$$(111) \to (011) \to (101) \to (010) \to (001) \to (000) \to (100) \to (110) \to (111)$$

可得相应的 M 序列为 11100010 和 11101000。用此方法，我们得出了 $r=4$ 的全部 16 条 M 序列，其状态转移过程如表 3-11 所示。表中状态是以十进制表示的。表 3-12 给出了用二进制表示的第 5 号 M 序列的状态转移情况，由此可得对应的 M 序列为 1111001000011010。

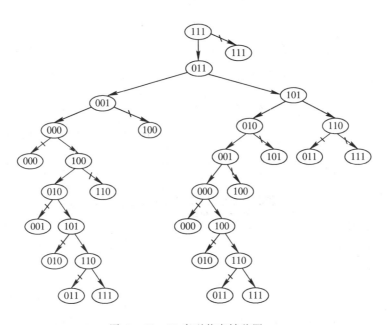

图 3-21　M 序列状态转移图

当 r 较大时，M 序列条数剧烈增加，用计算机来搜索，可在较短的时间内获得所需的 M 序列。

还有许多产生 M 序列的其它方法，如已知 M 序列的反馈通过添加适当的小项而得到新的 M 序列的反馈；利用迪布瑞思——古德图 G_n 的自构及反自同构等；由已知 M 序列的反馈求得新的 M 序列的反馈等。

表 3 - 11 $r=4$ 的全部 M 序列状态转移表

时序＼状态 ＼编号	1	2	3	4	5	6	7	8	9	10	11	12	13	14	15	16
1	15	15	15	15	15	15	15	15	15	15	15	15	15	15	15	15
2	7	7	7	7	7	7	7	7	7	7	7	7	7	7	7	7
3	3	3	3	3	3	3	3	3	11	11	11	11	11	11	11	11
4	1	1	1	1	9	9	9	9	5	5	5	5	5	13	13	5
5	0	0	0	0	4	4	4	12	2	2	2	10	10	6	6	2
6	8	8	8	8	2	10	10	6	1	9	9	13	13	3	3	1
7	4	4	4	12	1	5	13	11	0	4	12	6	6	1	9	0
8	2	10	10	6	0	2	6	5	8	10	6	3	3	0	4	8
9	9	5	13	11	8	1	11	2	4	13	3	1	9	8	10	12
10	12	2	6	5	12	0	5	1	10	6	1	0	4	4	5	6
11	6	9	11	2	6	8	2	0	13	3	0	8	2	10	2	3
12	11	12	5	9	11	12	1	8	6	1	8	4	1	5	1	9
13	5	6	2	4	5	6	0	4	3	0	4	2	0	2	0	4
14	10	11	9	10	10	11	8	10	9	8	10	9	8	9	8	10
15	13	13	12	13	13	13	12	13	12	12	13	12	12	12	12	13
16	14	14	14	14	14	14	14	14	14	14	14	14	14	14	14	14
17	15	15	15	15	15	15	15	15	15	15	15	15	15	15	15	15

表 3 - 12 M 序列的状态转移表

时序	x_1	x_2	x_3	x_4	输出	时序	x_1	x_2	x_3	x_4	输出
1	1	1	1	1	1	8	1	0	0	0	0
2	0	1	1	1	1	9	1	1	0	0	0
3	0	0	1	1	1	10	0	1	1	0	0
4	0	1	0	0	0	11	1	0	1	1	1
5	0	0	1	0	0	12	0	1	0	1	1
6	0	0	0	1	1	13	1	0	1	0	0
7	0	0	0	0	0	14	1	1	0	1	1
						15	1	1	1	0	0

3.5.2 M序列的性质

1. M序列的随机特性

（1）M序列的周期为2^r，这里，r是移位寄存器的级数。M序列的长度比m序列多1。

（2）在长为$N=2^r$的M序列中，"0"与"1"的个数相同，即各占一半为2^{r-1}。这是因为M序列经历了r级移位寄存器的所有状态。从M序列的构成法中，由m序列到M序列的过程中也可以清楚地看出这一点，M序列的载漏比m序列小得多。

（3）在长为2^r的M序列中，游程总数为2^{r-1}，其中"0"和"1"的游程个数相同。且当$1 \leqslant k \leqslant r-2$时，长为$i$的游程数占总游程数的$2^{-k}$，长为$r-1$的游程不存在。长为$r$的游程有两个，即长为$r$的"0"和"1"的游程各一个。

2. M序列的条数

M序列的条数比m序列的条数多得多。M序列的条数（不包括平移等价序列）为

$$N_M = 2^{2^{r-1}-r} \tag{3-98}$$

表3-13给出了不同级数r的m序列与M序列条数的比较。由表可以看出，当$r \geqslant 4$时，M序列比m序列多得多。当$r=5$时，m序列为6条，而M序列有2048条，是m序列的341倍。当$r=8$时，M序列是m序列的1.66×10^{35}倍。故M序列作为地址码可以满足CDMA的要求。

表3-13 m序列与M序列的条数

类 别	公 式	2	3	4	5	6	7	8	9
m序列	$\dfrac{\phi(2^r-1)}{2}$	1	2	2	6	6	18	16	48
M序列	$2^{2^{r-1}-r}$	1	2	16	2048	2^{26}	2^{57}	2^{121}	2^{248}

3. M序列的相关特性

对于任意给定的r级M序列，其自相关函数$R(\tau)$为：

（1）$R(0) = 2^r$

（2）$R(\pm\tau) = 0 \qquad 1 \leqslant \tau \leqslant r-1$

（3）$R(\pm\tau) = 2^r - 4\omega(f_0) \qquad \tau \geqslant r$

其中$\omega(f_0)$是产生M序列的反馈函数$f(x_1, x_2, \cdots, x_r) = x_1 + f_0(x_2, x_3, \cdots, x_r)$中$f_0$的重量。

由此可见，M序列的自相关函数为多值函数，其旁瓣为4的整倍数，远不如m序列的二值特征。m序列的相关函数是确定的，但对M序列来说，当$r \leqslant |\tau| \leqslant 2^r$时，目前尚无计算$R(\tau)$的一般公式，而只能针对具体序列通过移位比较将其自相关的值一一计算出来。不同的序列，其相关特性是不同的。图3-22示出了$r=4$的两条M序列相关特性。

M序列的互相关特性与自相关函数一样为多值函数，其值也为4的整倍数。

例如$r=5$的M序列共2048条，其自相关函数值旁瓣小于等于12的有882条；小于等于8的有772条；小于等于4的有12条。对互相关函数值，挑选了自相关函数小于等于

8 的 M 序列共计算了六万多对，最大值 $R_{abmax} = 28$，最小值 $R_{abmin} = -32$，没有找到 $|R_{ab}| \leqslant 4$ 的 M 序列对。满足 $|R_{ab}| \leqslant 8$ 条件的有三百多对，满足 $|R_{ab}| \leqslant 12$ 有三万多对。

与 m 序列相比，M 序列没有如 m 序列那样的移位相加特性。

虽然 M 序列的相关特性不如 m 序列好，但 M 序列的长度比 m 序列多 1。更为可观的是 M 序列的数目，是作为多址通信地址码的良好选择，因而 M 序列被广泛应用于扩频通信系统和其它系统之中。

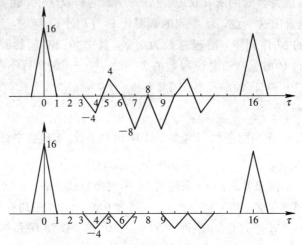

图 3-22 $r = 4$ 的 M 序列的相关特性

3.6 R-S 码

3.6.1 R-S 码的概念

R-S(Reed-Solomon)码，是在域 $GF(q) = GF(p^r)$ 上的一种特殊的 BCH 码，或者说是一种特殊的循环码。域 $GF(q) = GF(p^r)$ 是一个伽罗华域，域中元素个数 $q = p^r$，其中 p 是一任意素数，r 是一任意非负整数。这里只讨论 $p = 2$ 的情况下的 R-S 码，即 $GF(q) = GF(2^r)$，$r > 1$。设 α 为 $GF(q)$ 的一个本原元素，那么，该域中全部非零元素可由 r 个元素 1，α，α^2，…，α^{r-1} 的线性组合来表示。若把 1，α，α^2，…，α^{r-1} 看成矢量 r 个基矢量，则域 $GF(q)$ 中的全部元素都可以用一个 r 维矢量来表示，每个元素的相应分量有 0，1 两种取值，r 维矢量的 2^r 个取值恰好对应 $GF(q)$ 中的 q 元素。

R-S 码的每个元素取自 $GF(q)$ 域中的 q 个元素之一，每位码都可以用模 2 域中的 r 维矢量来表示。其主要有：

元素总数	2^r
元素表示	r 维矢量
码序列长度	$N = q - 1 = 2^r - 1$
码距	$d = N - k + 1$
信息位数	$k = N - d + 1$
码序列总数	2^{kr}

R-S 码也是一种纠错码，它的码距是按纠错码定义的，码距 d 和纠正错误个数 t 之间的关系为

$$d = 2t + 1 \qquad\qquad (3-99)$$

R-S 码也是一种循环码，循环移位后得到另一个 R-S 码序列。例如，$\{a\} = \{a_0, a_1, a_2, \cdots, a_{N-1}\}$ 是一 R-S 码，则 $(a_{N-1}, a_0, a_1, \cdots)$ 也是 $\{a_n\}$ 中的码字。若将其中循环位移相同的归并为一个等价类，相应的 R-S 码序列的总数会减少。

表征 R-S 码的最主要的是码长 N，信息位数 k 和码距 d，所以又常将 R-S 码记为 R-S$[N, k, d]$，我们讨论的 R-S 码型为 R-S$[2^r-1, k, d]$ 码。

R-S$[2^r-1, k, d]$ 码是 GF(q) = GF(2^r) 域上的 BCH 码。设 α 是 GF(q) 的一个本原根，则其生成多项为

$$g(x) = (x - \alpha)(x - \alpha^2)\cdots(x - \alpha^{d-1}) \qquad\qquad (3-100)$$

该多项式的运算是在 GF(q) = GF(2^r) 域上的加法和乘法运算。

R-S$[2^r-1, k, d]$ 码的信息多项式为

$$P(x) = \alpha_0 + \alpha_1 x + \alpha_2 x^2 + \cdots + \alpha_{k-1} x^{k-1} \qquad\qquad (3-101)$$

式中 $\alpha_i (i = 0, 1, 2, \cdots, k-1)$ 是 GF(q) 域中的元素，它们可以表示成 r 维矢量，加法和乘法依 GF(q) 域的运算规则进行，即加法按 r 维矢量加法进行，但乘法要按 GF(q) 域的本原元方幂规则进行。

(N, k) 线性码，它的最小距离 d_0 达到最大值 $N-k+1$ 时，就说线性码是最大距离可分码。R-S 码就是一种最大距离可分码，它的最小距离 d_0 可达到最大值 $N-k+1$。

3.6.2　R-S 码的性质

R-S 码具有许多性质，在此仅就其中几个予以介绍：

(1) R-S 码是一种最佳的近似正交码。有限域 GF(q) 上一个具有 N 个分量的序列 X 的模 $|X|$ 定义为非零分量的数目，如果两个序列 X、Y 有 b 个量相同（又称重合），它们的代数差 $X-Y$ 有 b 个分量为 0，这样 $X-Y$ 的模 $|X-Y|$ 就是序列 X 与 Y 中不同分量的数目。这个模称为 X 与 Y 之间的汉明距离。

若 d 是长度为 N 的两序列间的最小距离，且该两序列属于码 E，则 E 中任何两序列间的最大重合数

$$b = N - d \qquad\qquad (3-102)$$

那么，称 E 为 b 次近似正交码。

码长为 N，信息码元数为 k 的线性分组码 (N, k)，它的码字间最小距离 d_0 的最大值为 $N-k+1$，这种最佳的分组码是 $b=k-1$ 次近似正交码。或者说，如果 k 个信息码元的某种分组码，当 $b=k-1$ 时，这种码是最佳 b 次近似正交码。

R-S 码也是一种最佳的 b 次近似正交码。每个 R-S$[N, k, d]$ 码是一个 $b=k-1$ 次近似正交码，该码的任何两序列间的重合数最多为 $k-1$。

(2) R-S 码是一种循环码，任何码字的循环位移仍在码集合中。

(3) R-S$[N, k, d]$ 码集中的任一码字的自相关旁瓣不大于 $(k-2)/N$。

设 R-S 码向量 $\{p_i\}$ 是由信息码多项式 $P(x)=\sum\limits_{j=1}^{k-1}c_jx^j$ 生成的，$p_i=P(\alpha^i)$。码向量 $\{p_i\}$ 循环移位一次，变为向量 $\{p_{i+1}\}$，它由 $P(\alpha x)=\sum\limits_{j=0}^{k-1}c_j\alpha^jx^j$ 生成。依此类推，码向量 $\{p_i\}$ 循环移位 s 次，变为向量 $\{p_{i+s}\}$，它是由 $P(\alpha^s x)=\sum\limits_{j=0}^{k-1}c_j\alpha^{sj}x^j$ 生成的。向量 $\{p_i\}$ 与 $\{p_{i+s}\}$ 的重合数就是多项式 $P(\alpha^s x)$ 的根数目。

$$P(x)-P(\alpha^s x)=\sum_{j=0}^{k-1}c_j(1-\alpha^{sj})x^j=\sum_{j=1}^{k-1}c_j(1-\alpha^{sj})x^j \tag{3-103}$$

令 $l=j-1$，带入上式，则

$$P(x)-P(\alpha^s x)=x\sum_{l=0}^{k-1}c_{l+1}(1-\alpha^{s(l+1)})x^l \tag{3-104}$$

当上式左边等于零时，$x=0$ 为一个根，但它不是有限域 GF(q) 的乘法交换群 $\{1,\alpha,\cdots,\alpha^{N-1}\}$ 中的元素，所以这个根没有码向量的某个分量与之对应。式(3-104)右边是一个 x 的 $k-2$ 次多项式，它至多有 $k-2$ 个根。所以向量 $\{p_i\}$ 与它的平移向量 $\{p_{i+s}\}$ 的重合数最多有 $k-2$ 个，因此，自相关系数不大于 $(k-2)/N$。

(4) R-S$[N,k,d]$ 码集中的任何两个码字任何时延下的互相关系数不大于 $(k-1)/N$。

设两个信息码多项式

$$P(x)=\sum_{j=0}^{k-1}c_jx^j \tag{3-105}$$

$$Q(x)=\sum_{j=0}^{k-1}c_j'x^j \tag{3-106}$$

分别产生两个 R-S 码向量 $\{p_i\}$ 和 $\{q_i\}$，$i=0,1,\cdots,N-1$，其中

$$p_i=P(\alpha^i) \tag{3-107}$$

$$q_i=Q(\alpha^i) \tag{3-108}$$

如果式(3-107)和式(3-108)两个向量中第 j 个分量相等，即

$$p_j=q_j \tag{3-109}$$

则

$$P(\alpha^j)=Q(\alpha^j) \tag{3-110}$$

也就是说，当 $x=\alpha^j$ 时，$P(x)-Q(x)=0$，那么 $x=\alpha^j$ 就是 $P(x)-Q(x)=0$ 的一个根，而

$$P(x)-Q(x)=\sum_{j=1}^{k-1}(c_j-c_j')x^j \tag{3-111}$$

是 $k-1$ 次多项式，它最多有 $k-1$ 个根，因此最多重合 $k-1$ 次，所以两码字间的互相关系数不大于 $(k-1)/N$。

(5) 与同样长度的 m 序列相比，R-S 码可供选取的码数最多。

码长 $N=2^r-1$ 的 m 序列可提供的码序列数为 $\varPhi(2^r-1)/r$，而码长 $N=q-1$ 的 R-S 码可提供的码序列为

$$M_N\geqslant q^{b+1}-q^{\tau(b,q-1)} \tag{3-112}$$

式中 b 为重合数，$\tau(b,q-1)$ 是在小于 $b+1$ 的整数中与 $q-1$ 不互素的整数数目。

与 m 序列相比较，R-S 码的数目要多得多，例如，移位寄存器级数 $r=5$ 时，R-S 码所

能提供的码序列多达 930 个，远远超过 m 序列。

3.6.3 R-S 码的产生

由前已知，R-S 码是根域与元素域一致的 BCH 码，所以给定生成多项式 $g(x)$ 后，可按循环编码方法找出典型的 **G** 或 **H** 矩阵，然后进行编码而得到 R-S 码，也可用生成矩阵 **G** 和校验矩阵 **H** 来定义 q 元 R-S 码。

例如，若码组元素取自 GF(q)＝GF(2^r) 中，求构造 $d=5$ 的 R-S 码。设本原多项式 $f(x)=1+x+x^3$。

根据以 $f(x)$ 为模求出的剩余类及 x^7+1 的根与三重矢量表示之间对应关系如表 3－14 所示。

表 3－14 $f(x)=x^3+x+1$ 为模的剩余类及 x^7+1 的根与三重表示的对应关系

剩余类	三重表示	根
0	0 0 0	
1	0 0 1	$\alpha^0=1$
x	0 1 0	α
x^2	1 0 0	α^2
$x+1$	0 1 1	α^3
x^2+x	1 1 0	α^4
x^2+x+1	1 1 1	α^5
x^2+1	1 0 1	α^6

设 GF(2^3) 中本原元素为 α，其阶为 $2^3-1=7$，令码以 $(1,\alpha,\alpha^2,\alpha^3,\alpha^4)$ 作为根，根据式 (3－100)，码的生成多项式

$$g(x) = (x-\alpha)(x-\alpha^2)(x-\alpha^3)(x-\alpha^4) = x^4 + \alpha^3 x^3 + x^2 + \alpha x + \alpha^3$$

对应表 3－14 得 $g(x)$ 为一个 4 次式，其监督元为 4，最小距离为 5，有 3 个信息元的非二进制（八进制）的 (7，3) 码，能纠正 2 个随机错误。每个 R-S 码码组码元 α^j 都用二进制三重表示，因此从二进制来看是一个 (21，9) 码，得到 $g(x)$ 后，可写出生成矩阵为

$$\boldsymbol{G} = \begin{bmatrix} x^2 g(x) \\ x g(x) \\ g(x) \end{bmatrix} = \begin{bmatrix} 1 & \alpha^3 & 1 & \alpha & \alpha^3 & 0 & 0 \\ 0 & 1 & \alpha^3 & 1 & \alpha & \alpha^3 & 0 \\ 0 & 0 & 1 & \alpha^3 & 1 & \alpha & \alpha^3 \end{bmatrix}$$

对其进行变换后，得

$$\boldsymbol{G} = \begin{bmatrix} 1 & 0 & 0 & \alpha^4 & 1 & \alpha^4 & \alpha^5 \\ 0 & 1 & 0 & \alpha^2 & 1 & \alpha^6 & \alpha^6 \\ 0 & 0 & 1 & \alpha^3 & 1 & \alpha & \alpha^3 \end{bmatrix}$$

若信息码元为 $\alpha0\alpha$，则输出码组为

$$\alpha \quad 0 \quad \alpha^3 \quad \alpha \quad 1 \quad 1 \quad 0$$

其二进制表示为

$$010000011010001001000$$

因此，此 R-S 码可以纠长为 3 的两个二元定段的独立突发错误，或者当两个八元（用 3 位

二元数字表示)独立错误相邻时变成长为 6 的一个定段突发错误。要纠正错误，以长为 21 的二元码来完成通常是很难做到的。

本章参考文献

[1] J. K. Holmes. Coherent Spread Spectrum Systems. New York：John Wiley & Sons, Ins. 1982

[2] R. E. Ziener, R. L. Peterson. Digital communications And Spread Spectrum Systems. Macmilan Pub, Comp. 1985

[3] 肖国镇，梁传甲，王育民. 伪随机序列及其应用. 北京：国防工业出版社，1985

[4] R. C. Dixson. Spread Spectrum Systems (Second Edition). New York：John Wiley & Sons, Ins. 1984

[5] 王新梅，肖国镇. 纠错码——原理与方法. 西安：西安电子科技大学出版社，1991

[6] 钟义信. 伪噪声编码通信. 北京：人民邮电出版社，1979

[7] Peterson. W. W. Error Correcting Codes. New York：Wiley-Interscience，1976

[8] 林可祥. 伪随机码及其应用. 北京：国防工业出版社，1977

[9] 樊昌信等. 通信原理(第二版). 北京：国防工业出版社，1984

[10] 查光明，熊贤祚. 扩频通信. 西安：西安电子科技大学出版社，1990

[11] 王秉均等. 扩频通信. 天津：天津大学出版社，1993

思考与练习题

3-1 给定一个 23 级的移位寄存器，可能产生的最长码序列有多长？

3-2 若 m 序列的特征多项式 $f(x)=x^5+x^2+1$，试求出该 m 序列及其自相关函数。

3-3 判断下列多项式是否为 m 序列的本原多项式：

(1) $f(x)=x^5+x^4+x^3+1$

(2) $f(x)=x^4+x^2+1$

(3) $f(x)=x^3+x^2+1$

(4) $f(x)=x^9+x^6+x^3+x^2+1$

3-4 17 级序列发生器能产生多少 m 序列？

3-5 试求 14 级移位寄存器的阶数为 14 的不可约多项式的条数和本原多项式的条数。

3-6 如果使用的两个基本移位寄存器是 11 级，则 Gold 码序列发生器能产生多少条 Gold 码？

3-7 由表 3-2 查出级数 $r=9$ 的反馈系数为 1131 和 1175，试分别画出 m 序列发生器的结构图。

3-8 求级数 $r=9$，反馈系数为 1853 的 m 序列的特征相位。

3-9 已知级数 $r=11$ 的 m 序列优选对的反馈系数为 4445 和 5263，以 4445 对应的序列为参考序列，以 5263 对应的序列为位移序列，试画出产生平衡 Gold 码的结构图。

3-10 试求出级数 $r=7$ 的 M 序列的长度、条数及其各游程数。

3-11 试把 GF(q) 域上的 $q=15$ 的全部元素用 $GF(2^m)$ 的 m 重二进制来表示。

第 4 章　扩频信号的相关接收

扩频信号的接收一般分为两步进行，即解扩与解调，这是关系到系统性能优劣的关键。解扩是在伪随机码同步的情况下，通过对接收信号的相关处理从而获得处理增益，提高解调器输入端的信噪比(或信干比)，使系统的误码性能得以改善。

解扩与解调的顺序一般是不能颠倒的，通常是先进行解扩后再进行解调，这是因为在未解扩之前的信噪比是很低的，一般的解调方法很难实现(如载波提取、门限效应等)。

本章讨论扩频信号的相关接收，主要讨论直扩和跳频系统的相关接收原理，并且分析它们的性能。这些讨论都是在系统同步的基础上，即在伪随机序列同步、载波同步、码同步、位同步等均已获得的基础上进行的。至于同步问题，将在下一章讨论。

4.1　相关接收的最佳接收机

扩频通信系统与一般通信系统一样，通常采用信号的相干性来检测淹没在噪声中的有用信号。所谓信号的相干性，就是指信号的某个特定标记(如振幅、频率、相位等)在时间坐标上有规定的时间关系，我们把具有这种性质的信号称为相干信号。由于相干信号具有这样的特性，就可以对相干信号与噪声(或干扰)的混合波形进行某种时域的运算，然后再根据某种法则进行判别，从而把原来的相干信号与噪声(或干扰)加以分离。上述处理称为相干检测，实现相干检测的常用方法是相关接收。在本节中，我们只讨论相关接收机的一般问题，以便为以后的扩频信号的相关接收打下基础。

4.1.1　相关接收机

设发送端发送的信号为 $s_1(t)$ 和 $s_2(t)$，持续时间为 $(0, T)$，且具有相等的能量，即

$$E = \int_0^T s_1^2(t)\, \mathrm{d}t = \int_0^T s_2^2(t)\, \mathrm{d}t \tag{4-1}$$

接收机输入端的噪声 $n(t)$ 为高斯白噪声，单边功率谱为 n_0。我们的目的是要设计一个接收机，能在噪声干扰下以最小错误概率检测信号。

接收机接收到的信号为

$$r(t) = \begin{cases} s_1(t) + n(t) \\ \text{或} \qquad\qquad 0 \leqslant t \leqslant T \\ s_2(t) + n(t) \end{cases} \tag{4-2}$$

由此可以得到发射 $s_1(t)$ 或 $s_2(t)$ 时出现 $r(t)$ 的概率密度 $f_{s_1}(r)$ 和 $f_{s_2}(r)$ 分别为

$$f_{s_1}(r) = F \exp\left\{ -\frac{1}{n_0} \int_0^T [r(t) - s_1(t)]^2\, \mathrm{d}t \right\} \tag{4-3}$$

和

$$f_{s_2}(r) = F \exp\left\{-\frac{1}{n_0} \int_0^T [r(t) - s_2(t)]^2 \, \mathrm{d}t\right\} \tag{4-4}$$

式中 F 为一常数，如图 4-1 所示。

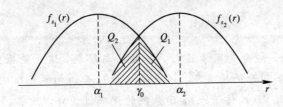

图 4-1　$f_{s_1}(r)$ 和 $f_{s_2}(r)$ 示意图

判决法则为

$$\begin{array}{ll} r > r_0 & \text{判为 } s_2(t) \\ r < r_0 & \text{判为 } s_1(t) \end{array} \right\} \tag{4-5}$$

由此可见，当发射 $s_1(t)$ 而判为 $s_2(t)$ 的错误概率 Q_1 和发射 $s_2(t)$ 而判为 $s_1(t)$ 的错误概率 Q_2 分别为

$$Q_1 = \int_{r_0}^{\infty} f_{s_1}(r) \, \mathrm{d}r \tag{4-6}$$

$$Q_2 = \int_{-\infty}^{r_0} f_{s_2}(r) \, \mathrm{d}r \tag{4-7}$$

总的判错概率为

$$P_e = P(s_1)Q_1 + P(s_2)Q_2 \tag{4-8}$$

式中 $P(s_1)$ 和 $P(s_2)$ 分别为发送 $s_1(t)$ 和 $s_2(t)$ 的先验概率。由上式可知，P_e 是判决门限值 r_0 的函数，求其极限

$$\frac{\partial P_e}{\partial r_0} = -P(s_1)f_{s_1}(r_0) + P(s_2)f_{s_2}(r_0) = 0 \tag{4-9}$$

故最佳门限值应满足

$$\frac{f_{s_1}(r_0)}{f_{s_2}(r_0)} = \frac{P(s_2)}{P(s_1)} \tag{4-10}$$

最佳判决为

$$\begin{array}{ll} \dfrac{f_{s_1}(r)}{f_{s_2}(r)} > \dfrac{P(s_2)}{P(s_1)} & \text{判为 } s_1(t) \\[3mm] \dfrac{f_{s_1}(r)}{f_{s_2}(r)} < \dfrac{P(s_2)}{P(s_1)} & \text{判为 } s_2(t) \end{array} \right\} \tag{4-11}$$

如果 $P(s_1) = P(s_2) = 1/2$，则式（4-11）可化为

$$\begin{array}{ll} f_{s_1}(r) > f_{s_2}(r) & \text{判为 } s_1(t) \\ f_{s_1}(r) < f_{s_2}(r) & \text{判为 } s_2(t) \end{array} \right\} \tag{4-12}$$

式（4-12）称为最大似然判决准则，$f_{s_1}(r)$ 和 $f_{s_2}(r)$ 称为似然概率密度函数。

由式(4-11)可得

$$P(s_1) \exp\left\{-\frac{1}{n_0}\int_0^T [r(t)-s_1(t)]^2\,\mathrm{d}t\right\} > P(s_2)\exp\left\{-\frac{1}{n_0}\int_0^T[r(t)-s_2(t)]^2\,\mathrm{d}t\right\}$$

$$(4-13)$$

判为$s_1(t)$；若不等式符号相反，则判为$s_2(t)$。对式子两边取对数，有

$$n_0\ln\frac{1}{P(s_1)}+\int_0^T[r(t)-s_1(t)]^2\,\mathrm{d}t < n_0\ln\frac{1}{P(s_2)}+\int_0^T[r(t)-s_2(t)]^2\,\mathrm{d}t \quad (4-14)$$

判为$s_1(t)$；若不等式符号相反，则判为$s_2(t)$。对上式进一步简化，并考虑

$$E=\int_0^T s_1^2(t)\,\mathrm{d}t=\int_0^T s_2^2(t)\,\mathrm{d}t$$

可得

$$U_1+\int_0^T r(t)s_1(t)\,\mathrm{d}t > U_2+\int_0^T r(t)s_2(t)\,\mathrm{d}t \quad (4-15)$$

判为$s_1(t)$；若不等式符号相反，则判为$s_2(t)$。式中

$$\begin{cases} U_1=\dfrac{n_0}{2}\ln P(s_1) \\[2mm] U_2=\dfrac{n_0}{2}\ln P(s_2) \end{cases} \quad (4-16)$$

若$P(s_1)=P(s_2)=1/2$，则$U_1=U_2$，式(4-16)可变为

$$\int_0^T r(t)s_1(t)\,\mathrm{d}t > \int_0^T r(t)s_2(t)\,\mathrm{d}t \quad (4-17)$$

判为$s_1(t)$，否则判为$s_2(t)$。由此得到的接收机为最佳接收机，如图4-2所示。图中的比较器是在$t=T$时刻进行比较的，即可理解为一抽样判决电路。

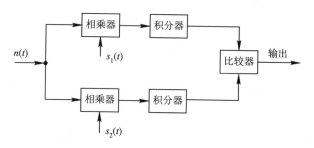

图4-2 最佳接收机结构

由此可见，完成$\int_0^T r(t)s_1(t)\,\mathrm{d}t$和$\int_0^T r(t)s_2(t)\,\mathrm{d}t$运算的部件是最佳接收机的关键部件。由于它们可看成$r(t)$与$s_1(t)$或$s_2(t)$的互相关函数

$$R_{rs_1}(\tau)=\int_0^T r(t)s_1(\tau-t)\,\mathrm{d}t \quad (4-18)$$

$$R_{rs_2}(\tau)=\int_0^T r(t)s_2(\tau-t)\,\mathrm{d}t \quad (4-19)$$

故称之为相关器，得到的接收机也称为相关接收机。

如果$r(t)$是$s_1(t)$或$s_2(t)$，则上述两式正好是$s_1(t)$或$s_2(t)$的自相关函数。

4.1.2 匹配滤波器实现

上述最佳接收机的判决准则是最小差错概率，但最终归结为两个检测统计量

$$G_1 = \int_0^T r(t)s_1(t)\,\mathrm{d}t \tag{4-20}$$

和

$$G_2 = \int_0^T r(t)s_2(t)\,\mathrm{d}t \tag{4-21}$$

的比较。而这两个检测统计量是由接收信号 $r(t)$ 经线性变换得到的。因此，把 $r(t)$ 输入到一线性滤波器，在其输出端就可以得到统计量 G_1 和 G_2，从而得到另一种与上述结构等效的最佳接收机，只不过以最大输出信噪比为判决准则罢了。

设线性滤波器的时域冲击响应为 $h(t)$，频域的传输函数为 $H(\omega)$，则 $h(t)$ 与 $H(\omega)$ 为一傅氏变换对。根据线性叠加原理，线性滤波器的输出可分为两部分，即信号部分和噪声部分，用公式表示为

$$g(t) = s_0(t) + n_0(t) \tag{4-22}$$

式中

$$s_0(t) = s_i(t) * h(t) = \frac{1}{2\pi} \int_{-\infty}^{\infty} H(\omega)S_i(\omega)\mathrm{e}^{j\omega t}\,\mathrm{d}\omega \qquad i = 1,2 \tag{4-23}$$

$n_0(t)$ 的平均功率 N_0 为

$$N_0 = \frac{1}{2\pi} \int_{-\infty}^{\infty} |H(\omega)|^2 \cdot \frac{n_0}{2}\,\mathrm{d}\omega = \frac{n_0}{4\pi} \int_{-\infty}^{\infty} |H(\omega)|^2\,\mathrm{d}\omega \tag{4-24}$$

令 t_0 为某一指定时刻，则滤波器输出的瞬时信号功率与噪声平均功率之比为

$$\gamma_0 = \frac{|s_0(t)|^2}{N_0} = \frac{\left| \dfrac{1}{2\pi} \displaystyle\int_{-\infty}^{\infty} H(\omega)S_i(\omega)\,\mathrm{e}^{j\omega t}\,\mathrm{d}\omega \right|^2}{\dfrac{n_0}{4\pi} \displaystyle\int_{-\infty}^{\infty} |H(\omega)|^2\,\mathrm{d}\omega} \tag{4-25}$$

如果

$$H(\omega) = kS_i^*(\omega)\,\mathrm{e}^{-j\omega t_0} \tag{4-26}$$

则有

$$\gamma_0 \leqslant \frac{\dfrac{1}{4\pi^2} \displaystyle\int_{-\infty}^{\infty} |H(\omega)|^2\,\mathrm{d}\omega \cdot \displaystyle\int_{-\infty}^{\infty} |S_i(\omega)|^2\,\mathrm{d}\omega}{\dfrac{n_0}{4\pi} \displaystyle\int_{-\infty}^{\infty} |H(\omega)|^2\,\mathrm{d}\omega} = \frac{2E}{n_0} \tag{4-27}$$

即线性滤波器的最大输出信噪比为 $\gamma_{0\max} = 2E/n_0$。

由此可知，在白噪声情况下，按式(4-27)设计的线性滤波器将能在给定时刻 t_0 上获得最大输出信噪比 $2E/n_0$。由于其传输特性与信号的复共轭一致，故称之为匹配滤波器。对式(4-27)进行傅氏变换，可得匹配滤波器的冲击响应为

$$h(t) = ks_i(t_0 - t) \tag{4-28}$$

即 $h(t)$ 为信号 $s_i(t)$ 的镜像信号 $s_i(-t)$ 在时间上平移 t_0。

匹配滤波器与相关器在 $t = T$ 时刻是等效的，换句话说，在每一个数字信号码元的结

束时刻才给出最佳的判决结果。对应于图 4-2 相关接收机的匹配滤波器最佳接收机如图 4-3 所示。

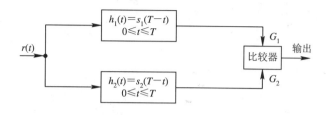

图 4-3 匹配滤波器接收机

4.2 扩频相关接收机的结构

扩频通信中的接收机的功能与普通无线通信中的接收机的功能是相似的，即在强干扰和噪声存在的情况下，可成功地解调所需信号。只不过扩频接收机要多一个相关解扩的过程。有关相关解扩所用相关器的内容将在下一节中介绍，这里着重讨论扩频接收机的结构。

总的来说，扩频接收机的结构与普通接收机的没有什么不同，只是由于 DSP 技术、MCM（Multi-Chip Module）技术和专用集成电路（ASIC）等技术的高速发展，使得近年来出现了各种各样的接收机拓扑结构，如数字中频（Digital IF）接收机、直接变换（Direct Conversion）接收机和零中频（Zero-IF）接收机等，将它们应用于扩频接收机中比较合适。

4.2.1 超外差接收机与数字中频接收机

传统的接收机结构一般都用超外差（Super Heterodyne）式。所谓超外差接收机，就是通过变频（一次或多次）将射频已调信号变频到易处理的中频上，最终对中频已调信号进行处理——放大、滤波与解调。超外差体系结构被认为是最可靠的接收机拓扑结构，因为通过适当地选择中频和滤波器可以获得极佳的选择性和灵敏度。由于有多个变频级，DC 补偿和泄漏问题对接收机的性能影响不大。然而，需要付出一些成本以获得充分的性能。镜像干扰抑制和信道选择所需要的外部高 Q 值带通滤波器增大了成本和尺寸。由于在第一中频分级实现信道选择，所以本机振荡器（LO）要求一个外部缓冲器以得到良好的相位噪声性能。所有这些权衡使得在单芯片上集成收发器变得很困难。

超外差体系结构自从 1917 年由 Armstrong 发明以来，已被广泛采用。超外差结构固然可进行详细的增益控制，可改善噪声性能并可实现高选择性和高灵敏度，但其结构复杂、调整困难、体积和功耗大以及运用不灵活等是它固有的缺点。

数字中频接收机又称数字变换接收机，其典型的接收机结构仍是超外差型，只不过是由模拟频率变换把 RF 频谱变到较低的中频上，然后在此低 IF 上进行数字化，用 DSP 技术来实现信号提取和解调，如图 4-4 所示。用于数字中频接收机的 DSP 技术主要有直接数字式合成器（DDS）、数字下变换（DDC）、高速数字滤波（DF）以及多速率（Multi-Rate）技术等。

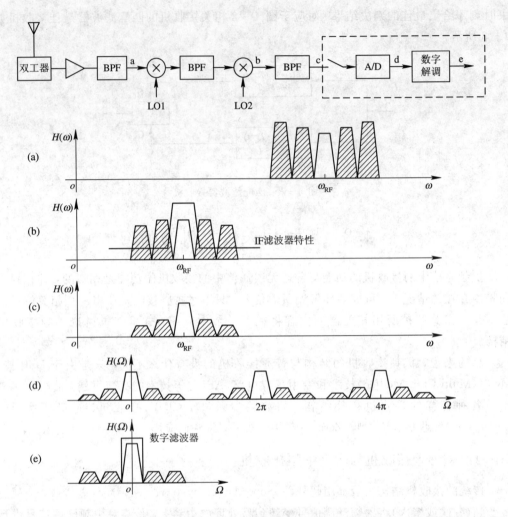

图 4 - 4 数字中频接收机原理图

数字中频接收机是基于采样的固有混叠特性来实现的。采样定理告诉我们,当采样速率不小于信号最高频率的两倍时,采样后可真实地保留原模拟信号的信息。数字中频接收是利用这样一个事实:低通同相和正交部分可以表示为带通信号的采样(样本),接收机对带通信号进行采样,只要采样速率满足下面条件

$$f_s = \frac{4f_{IF}}{2k - 1} \tag{4 - 29}$$

此带通信号就可在 f_{IF} 上采样和重建。式中,f_s 为采样频率,f_{IF} 为原模拟中频信号频率,k 为镜像数。当带限的带通信号被采样后,会产生频谱折叠,我们实现数字中频接收时需要在 f_s 和 DSP 的复杂度之间进行折衷选择。

数字中频接收的最大优点就是可以共享 RF/IF 模块,由于解调和同步均采用数字化处理,灵活方便,也便于产品的集成和小型化。但是,在宽带通信中,射频的频率较高,若选取较高的数字中频,也就意味着需要有高速的 A/D 变换器、高速的大动态范围的宽带采样保持电路以及速度足够快的数字处理芯片。而这些器件或芯片的价格都是比较昂贵的,因此在设计中应该综合考虑。

采用数字中频接收方式的典型 ASIC 芯片有 Stanford Telecom 公司的 Stel-2000A 等。

4.2.2　直接变换接收机

所谓直接变换接收机,就是外差接收的本振(正交注入混频器)频率 f_L 与变频前信号载频 f_c 相同,从而使变频后的中频频率为零,如图 4-5 所示。其中,D 表示所需信号,I_i 表示干扰。接收 RF 信号经双工器送入低噪声放大器,再经低通滤波后由功分器分别馈向正交混频器。

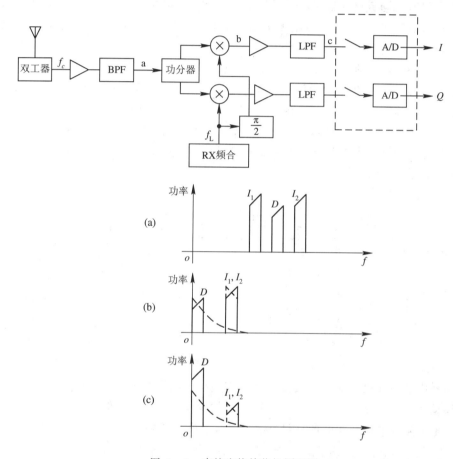

图 4-5　直接变换接收机原理图

在该拓扑结构中,全部射频频谱下变频到 DC。高滚降低通滤波器(LPF)用来实现信道选择。由于信号载频和本振频率重合,没有镜像分量,故对变频前的射频放大器及变频器的选择性要求大为降低,因此无需使用外部高 Q 镜像干扰抑制滤波器。变频输出采用容易实现的低通滤波器,解调器可用 DSP 实现。这样,信号带宽就变为已调信号的一半,从而使接收门限得到改善。而变频后信号频率的降低,使得对 A/D 变换器的要求大大降低。另外,由于通常只需一次变频,不需中频滤波,所以该结构元器件少、结构简单、功耗低、易集成。但是,直接变换接收机的接收本振是由模拟 PLL 在 RF 或 IF 上锁定的,不易满足高速突发通信中载波同步快速锁定的要求。实现直接变换接收的关键是需要一个高增益、高隔离度和高线性度、宽动态范围和低噪声的混频器,并且对 I 和 Q 支路的平衡性(幅度和相位)有较高的要求。由随时间而改变的 DC 补偿、本振泄漏和闪烁噪声引起的问题也会妨碍信号的检测。当然，通过使用适当的数字信号处理器(DSP)或自动归零功能，DC 补偿问题可以得到纠正。

目前采用这种接收机结构的有 450 MHz 和 900 MHz 的无线寻呼机、蜂窝移动产品和无线局域网产品等。

4.2.3 零中频接收机

零中频接收机与直接变换接收机的结构非常相似，主要差别在于前者的接收本振不需锁定，是一个固定的自由振荡器，而解调则在接收机主增益后完成。零中频接收是由数字无线电向软件无线电转变的过渡方案。

零中频接收检测原理如图 4-6 所示，正交混频器提供两路具有同样带宽的正交信号，它们包含输入 RF 信号的所有信息，但并不表示已解调的信号。由于接收本振与发送载频并不完全匹配，其频率和相位必然存在一定的偏差。因此，在解调过程中一定要消除这些偏差，否则将会影响系统性能。图 4-6 中的锁相模块正是为消除上述偏差而设置的。由于偏差通常都不大，这就大大降低了数字锁相环的难度，这也是零中频接收机结构比较适合高速突发通信的主要原因。

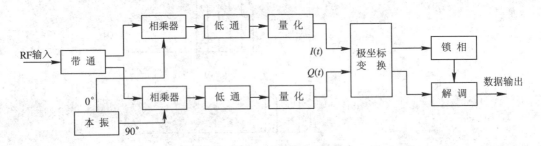

图 4-6 零中频接收检测原理

影响零中频接收机性能的主要因素有正交混频器的隔离度、动态范围和噪声系数，接收机 I 和 Q 支路的不平衡性(幅度和相位)以及收发频率和时钟的偏差等。

采用零中频接收机结构的产品目前主要是高速突发扩频通信设备。

4.2.4 软件无线电接收机

软件无线电是指由软件来确定和完成无线电台的功能，电台的工作参数(如工作频段、工作模式等)具有完全的可编程特性。软件无线电系统的结构由信道处理模块、环境管理模块和软件工具三大模块组成，其中的信道处理模块实际上就是一个无线收发信机，包括 RF、IF、基带处理和信源编码以及 A/D 和 D/A 变换器几部分。在软件无线电系统中，A/D 和 D/A 变换器要尽可能地靠近天线端，理想的 A/D 和 D/A 变换器位置应该是直接与天线相连(直接数字变换接收机)，但在目前，由于其速率和带宽受限，还只能在中频上进行。

需要说明的是，在扩频接收机中要注意以下一些问题：

（1）射频系统阻抗匹配。特别要注意使电压驻波比达到一定的要求，因为在宽带运用时频率范围很广，驻波比会随频率而变，应使阻抗在宽范围内尽量匹配。

（2）接收机的线性度问题。在扩频系统中，除有用宽带信号外，还存在其它干扰信号。从接收机前端到相关器要求保持线性，不仅在信号范围内，也包含干扰。自动增益控制只能部分地解决问题，而如果采用限幅的办法将会引起 6 dB 信噪比的损失。因此，应该尽量把相关器靠近前端，使相关器前高电平级尽量的少，这样做的结果也降低了对本振信号电平的要求。另外，一般认为接收机前端最好能覆盖整个宽频带，用改变本振频率经混频后得到固定的中频信号。但由于干扰信号的存在，这会导致大量的干扰信号落入中频通带内，故一般最好不用宽带放大。一个理想的直扩接收系统应使有用信号得到放大，而干扰信号被滤除。故接收机前端应调谐在 PN 码时钟频率的两倍。当然，也可以选用不同的接收机的结构。

4.3　相关接收的相关器

我们知道，相关解扩过程对扩频通信至关重要，正是这一解扩过程把有用的宽带信号变换成窄带信号，把无用的干扰信号变成宽带的低功率谱信号，从而提高了窄带滤波器（中频或基带滤波器）输出端的信干比，同时提高了系统的抗干扰能力。或者说，扩频系统的处理增益都是在相关解扩过程中，通过相关器的相干检测或匹配滤波器的匹配滤波获得的。因此，相关器或匹配滤波器是扩频系统的核心和关键。本节就专门来讨论相关器和匹配滤波器。

4.3.1　相关与相关器

1. 相关原理与相关器模型

所谓相关器或相关检测，就是用本地产生的相同的信号与接收到的信号进行相关运算，其中相关函数最大的就最可能是所要的有用信号。用一个简单的比喻就是"用像片找人"。如果想在一群人中去寻找某个不相识的人，最简单有效的方法就是手里有一张某人的照片，然后用照片一个一个的对比，这样下去自然能够找到此人。同理，当你想检测出所需要的有用信号时，有效的方法是在本地产生一个相同的信号，然后用它与接收到的信号对比，求其相似性。

从数学关系上讲，相关就是一个信号 $f(t)$ 与其自身（自相关）或另一个信号 $g(t)$（互相关）延时（或位移）相乘后积分，即

$$R_s(\tau) = \int_{-\infty}^{\infty} f(t)f(t-\tau)\,\mathrm{d}t \tag{4-30}$$

$$R_i(\tau) = \int_{-\infty}^{\infty} f(t)g(t-\tau)\,\mathrm{d}t \tag{4-31}$$

由以上式可知，相关的基本原理就是相乘加积分，如图 4-7 所示。我们把实现相关处理的部件称为相关器，因此，图 4-7 就是相关器的模型。完整的相关器应该包括同步甚至采样保持电路。相干载波可用一般的锁相环路的方法产生，而伪随机序列的产生及其同步

等则需要一些特殊的方法来实现，如科斯塔斯环(又称同相正交环)、延迟锁相环、匹配滤波器等。有关同步的内容将在第 5 章中讨论，这里假设同步都已获得，并不影响对相关器的分析。对于扩频系统，图 4 - 7 中的 $S_r(t)$ 为本地参考信号(或称复制信号)，要求与发送的信号相干。这个相干信号，不仅要求与发送信号的频率、相位一致，而且要求恢复的(同步后的)PN 码与发送端的 PN 码的码序相同、码元同步。图 4 - 7 中的乘法器可由环形调制器(双平衡混频器)、模拟乘法器或鉴相器等电路来实现，而积分器可以用低通滤波器来代替，这样实现起来比较简单。在实际的相关器中，在相乘器之前往往设置一个中频或射频的带通滤波器，称之为前置滤波器，其作用是滤除带外干扰和噪声，但前置滤波器对相关器的输出也有影响。

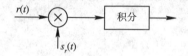

图 4 - 7　相关器模型图

所谓匹配滤波器，就是与信号相匹配的滤波器，它能在多种信号或干扰中把与之匹配的信号检测出来。这同样是一种"用像片找人"的方法。从数学上讲，匹配滤波器的频率特性曲线与信号的频谱一致(更确切地说，同信号频谱的关系是复数共轭的)。但实际上的匹配滤波器并非对所有信号都可实现，其中，必须使信号的持续时间为有限值。

应当指出，相关器和匹配滤波器实际上是有区别的。匹配滤波器基本上都是无源系统，对输入信号相位和延迟的要求并不严格，但对取样时刻非常灵敏。而相关器一般以有源系统居多，它们对取样时刻的不稳定性要求不太严格，但对接收信号和本地参考信号相位之间的不同步却十分敏感。另外，对不同信号的相关处理，相关器只需改变本地参考信号即可，而匹配滤波器则需要更换电路。

由于匹配滤波器与相关器在许多方面都十分相似，并且最终结果也相同，因此，在下面的讨论中，我们将它们不加区分地都称为相关器。相关器可以用于扩频系统的码相位、载波频率和数据时钟的捕获与跟踪。

2. 相关器的分类与技术要求

相关器通常可以分为两大类，即模拟相关器和数字相关器。对于模拟相关器，根据采用器件的不同可以分为以下几种：

(1) 声表面波(SAW)相关器：SAW 相关器、SAW(抽头)延迟线、SAW 卷积器；

(2) 电荷耦合器件(CCD)延迟线；

(3) 模拟乘法器和环形混频器。

对于数字相关器或数字匹配滤波器，根据工作原理的不同可以分为以下几种：

(1) 全并行数字相关器；

(2) 滑动数字相关器；

(3) 混合数字相关器；

(4) 基于 DSP 算法的数字相关器。

对相关器的技术要求一般有：

（1）无伪码泄漏；

（2）无载波泄漏或弱载波泄漏；

（3）对无源相关器，要求插入损耗要小；对于有源相关器，要求有一定的增益（非处理增益）。

4.3.2 相关方式

根据在扩频接收机中的位置来分，相关器有下述三种相关方式。

1. 直接式相关

直接式相关又称高频相关，它是指接收到的扩频信号在接收机的高频电路里直接与本地参考信号进行相关处理的相关器，其相关原理如图 4－8 所示，这里的本地参考信号指的是与发端同步的伪码。图 4－8(a)为扩频调制器，产生一相移键控的扩频信号。在接收端接收到该信号后，用一与发端同步的伪随机序列 $c'(t)$ 与接收信号相乘，其效果与发端调制用的伪随机序列 $c(t)$ 互补，每当本地相关器伪随机序列发生 0→1 或 1→0 的跳变时，输入已调信号的载波反相。如果发送端的伪随机序列与接收端的伪随机序列相同且同步，那么每当发射信号相移时，接收机中的本地码再把它相移一次，这样两个互补的相移结合，就相互抵消了扩展频谱的调制，达到了解扩的目的，剩下的是原始信息调制的载波信号 $a(t)$ $\cos\omega_0 t$。图 4－9 给出了这种解扩方式的波形图，图中未考虑所传输的信息 $a(t)$。

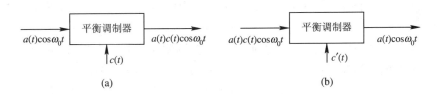

图 4－8　直接式相关器原理框图

（a）扩频调制器；（b）相关解扩器

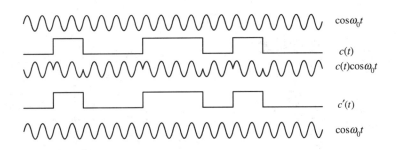

图 4－9　直接相关解扩波形图

应当指出，这里的相关器与图 4－1 的相关器模型不完全相同。由于这里的相关器的本地参考信号是与发送端相同且同步的伪随机序列，因此这个相关器只能实现扩频信号的相关解扩，而没有用相干载波对原始调制信号进行相干解调。

直接式相关器的优点是结构简单，缺点是对干扰信号有直通和码速泄漏现象。由直接式相关器原理图中我们可以看到，如果相关器的相移键控已调输入信号中心频率为 f_0，则相关后的载波频率也是 f_0。对于扩频接收机的相关器而言，干扰信号应该不能越过，至少不是以原始形式越过。否则，一个窄带干扰信号能进入相关器后的电路并有效地假冒所需要的信号，对解调产生影响。由于直接式相关器的相关处理是在高频电路中进行的，且输入中心频率与输出中心频率一样，因此一个比较强的干扰信号就有可能渗透或绕过相关器而直接进入信息解调器。这时，相关器的抗干扰能力(载波抑制能力)是很低的，也得不到本应得到的信干比的改善。由于这个原因，直接式相关器是不经常使用的，仅用于一些对抗干扰能力要求不高的扩频系统中。

2. 外差式相关

外差式相关器中的外差的概念与外差式接收机中的外差的概念相同，即都需要有混频器来对输入信号变频，只不过外差式相关器中还要有相关器。由于有混频器的变频作用，使得载有信息的信号被变换到中频上，输出与输入的中心频率不同，这就避免了直接馈通的可能性。同时又简化了接收机的设计，使外差式相关器后面的电路可在较低的频率下工作，且性能稳定。根据混频器与相关器是否为一个部件，外差式相关器可以分为两种形式，即一般外差相关方式和中频相关方式。

一般外差相关方式的原理如图 4－10 所示。图(a)为 DS 用一般外差相关器，图(b)为 FH 用一般外差相关器。在图(a)中，本地参考信号是用与发送端发射信号完全相同的方法产生的，它与所接收的信号相差一个中频 f_{IF}，与发射信号的区别在于本地参考信号没有被信息码调制。本地产生的 PN 码先与本地振荡器产生的与接收信号差一个中频信号的本地振荡信号在下面一个平衡调制器进行调制，产生本地参考信号。它是一个展宽了的信号。然后，此本地参考信号与接收信号在上面一个平衡调制器调制成中频输出信号。这时平衡调制器实际上起的是混频器的作用。由于它的输入信号与输出信号不同，也就不会发生强干扰信号直接绕过去的泄漏了。并且后面还有一个中频带通滤波器，可以起到滤除干扰的作用。在图(b)中，本地参考信号为与接收信号差一个中频 f_{IF} 的跳频本振信号。在实际电路中，如果发射机与接收机不是同时工作时，产生本地参考信号的电路还可用作发射机的调制器。

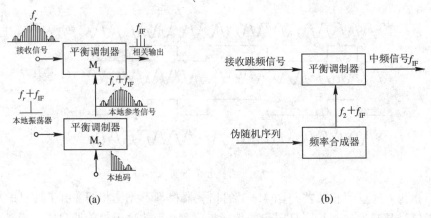

图 4－10　一般外差相关方式原理图

所谓中频相关方式，就是把载有信息的高频扩频信号，首先经过混频变成中频的扩频信号，相关处理在中频上完成，如图4-11所示。这样不仅克服了高频干扰信号直接馈通的缺点，而且使解扩在较低频率上实现，性能可靠，同时实现起来也比较容易。所以，在实际中大都采用中频相关的方法，特别是DS相关器。在中频相关器中，相关处理的实现可以采用通常的相乘积的方法，也可采用匹配滤波器（如SAW匹配滤波器或数字匹配滤波器）的方法。前者与直接式相关器电路类似，但SAW匹配滤波器制作有一定难度。主要是插入损耗较大，且工艺要求很严，特别是在码位长时。一般情况，根据PN码序列结构做成固定的抽头，它就不能适应码序列需要改变的情况。如果在输出端加上控制电路，也可做成可编程的SAW匹配滤波器。这样应用起来就很方便，但制作起来就更困难了，要求有VLSI制作工艺的精密度。关于SAW匹配滤波器的详细内容将在第6章进行讨论。

图 4 - 11　中频相关方式框图

一个典型的外差式相关器的输出波形如图4-12所示。其中，(a)图为无调制信号的解扩载波信号，(b)图为受一方波调制的PSK信号相关器输出信号，方波频率为1200 Hz，类似于一个2400 b/s的0—1序列，上面两种情况均无干扰存在。(b)图中已调信号的边带对称地分布在被抑制的载波的两边，只有奇次谐波存在。由图可见，两个主边带信号振幅不等，理想情况应是相等的，这是由于接收机的非线性引起的，但并不会导致检测性能明显下降从而引起系统性能的降低。

(a)　　　　　　　　　　(b)

图 4 - 12　典型相关器波形
(a) 无调制，无干扰；(b) PSK调制，无干扰

由于外差式相关器同时具有混频和相关两个功能，克服了直接式相关器的干扰信号泄漏问题，所以跳频系统几乎都采用外差式相关器，直扩系统也多用此种相关器。但是外差式相关器的结构要比直接式相关器复杂。

3. 基带相关

基带相关器是一种在基带完成相关运算的部件。与中频相关类似，基带相关器可以利用混频器，采用零中频技术，把输入的扩频信号的中心频率搬移到零中频上，得到基带的扩频信号，然后再进行相关处理。也可以先对扩频信号进行伪码的恢复，在得到基带伪码信号的基础上进行数字相关或数字匹配滤波。伪码信号的恢复，常用差分相干或相干解调的方式，也有用非相干载波进行解调的方式，但采用后一种方式带来的偏差要由后面的相关器在进行相关运算之前进行补偿，或者用特殊的方法加以消除。基带相关器常用数字相关器或数字匹配滤波器来实现。这种方式一般用于大规模或超大规模集成电路中，也可用于专用集成电路(ASIC)中。由于采用这种方式通常需要 A/D 变换器，甚至是高速 A/D 变换器，所以成本较高，但是有体积小、设计和使用方便的优点。因此，随着大规模集成电路技术和可编程器件(如 FPGA 等)水平的提高，使用这种相关器的系统越来越多。TRW 公司的 TMC2023 就是一种 64 位的 30 MHz 的 CMOS 数字相关器，其功能框图如图 4 - 13 所示。

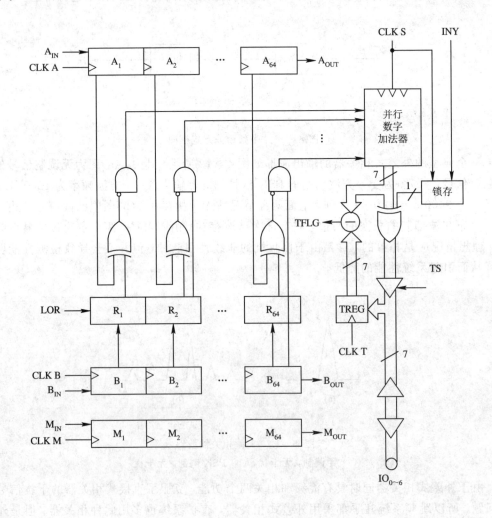

图 4 - 13　TMC2023 功能框图

　　无源的数字匹配滤波器，实际上是由抽头延迟线和加法累加器构成，有时也称为横向滤波器，其结构如图 4 - 14 所示。数字匹配滤波器要预置好扩频接收的整数据周期的编码数据，与输入信号作逐位匹配相关处理，比较适合给定通信扩频码的情况。

一个数字匹配滤波器的实例是 Zilog 公司的 Z3340 芯片，如图 4-15 所示，它是一个双 64 位的 11 Mc/s 的数字匹配滤波器。

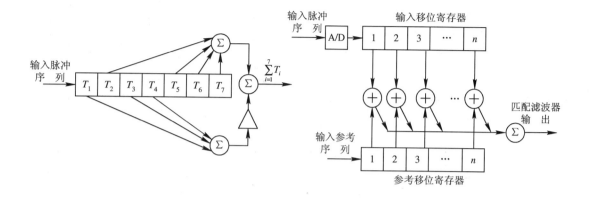

图 4-14 横向滤波器结构

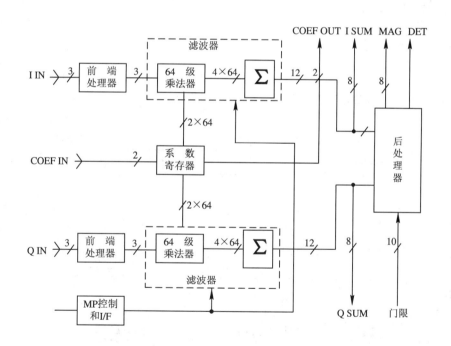

图 4-15 Z3340 芯片功能框图

下面以一个二进制相关器为例来介绍数字相关器或数字匹配滤波器的相关原理。

图 4-16 为一个 256 级的二进制数字相关器的框图，它由配置寄存器、8 个 32 级的相关器阵列、加权与求和单元、可编程延迟单元及输入/输出寄存器等组成，其核心是相关器阵列。通过内部设置，它可以实现 32 级、64 级、128 级和 256 级的数字相关，通过外部级联还可以实现更长级数的数字相关。

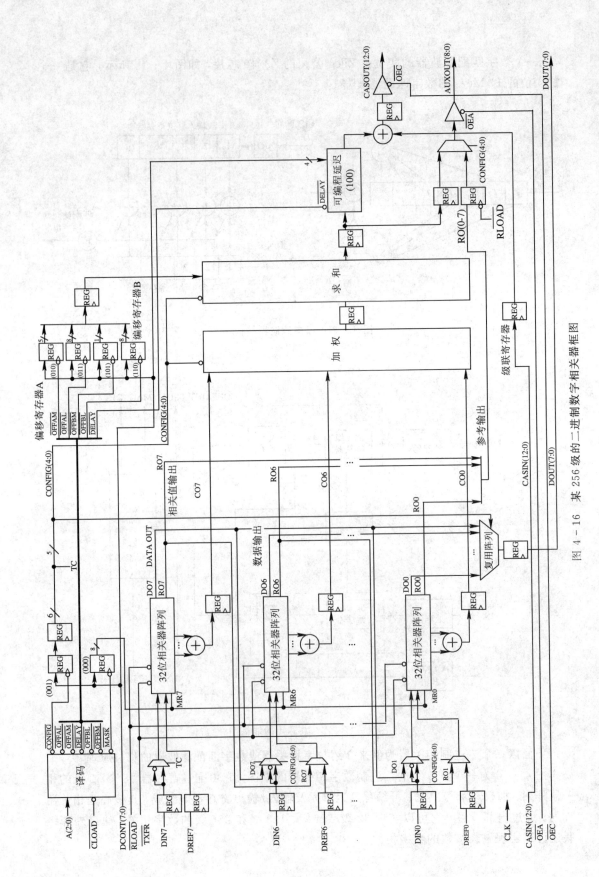

图 4 - 16 某 256 级的二进制数字相关器框图

在相关器阵列中，第一级的相关器阵列直接从输入端 DIN7 接收数据，其它七级的相关器阵列可通过配置寄存器的设置分别从外部输入端 DIN0～6 接收数据，或者从前一级的移位寄存器输出接收数据。如果把此相关器用作单相关器，其相关输出的总和由 CASOUT0～12 输出，输入数据和参考数据经一定的延迟分别从 DOUT0～7 和 AUXOUT0～7 输出，如图 4-17 所示。相关的数据长度(称为相关窗)是可以通过寄存器设置的。也可以将此相关器用作双相关器或二维相关器，其顶层配置框图如图 4-18 所示。

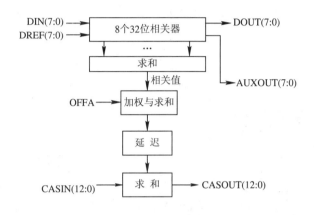

图 4-17　单相关器配置框图

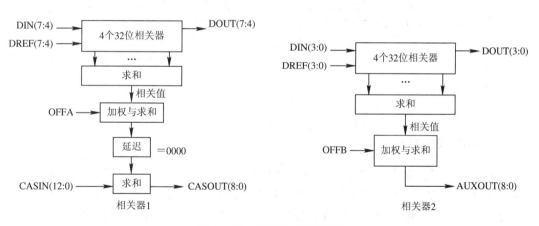

图 4-18　双相关器配置框图

相关器阵列的每一个相关单元，都是由异或门(XNOR)、寄存器(REG)和两个锁存器(Latch)组成。此外还用一个与门(AND)来实现控制(掩码 Mask)功能，当控制位为逻辑低时，相应的相关器单元输出为低。相关单元的框图和时序图分别示于图 4-19(a)和(b)，由图可知其工作原理可用一个数学表达式来表示，即

$$(D_{i,n} \text{ XNOR } R_{i,n}) \text{ AND } M_{i,n}$$

其中，$D_{i,n}$ 数据寄存器 n 的第 i 位，$R_{i,n}$ 为参考寄存器 n 的第 i 位，$M_{i,n}$ 为掩码寄存器 n 的第 i 位。

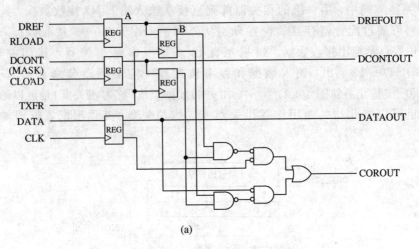

(a)

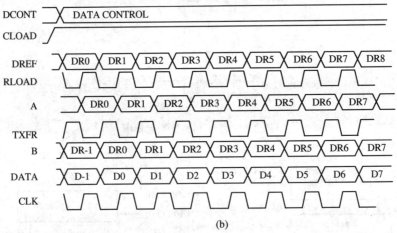

(b)

图 4-19　相关单元的框图和时序图

(a) 相关单元的框图；(b) 相关单元的时序图

4.3.3　相关器的性能

理想的相关器的输出应该是信号相关的理论值，但实际的相关器，多多少少总存在着一些不理想的地方。因此，其输出不可能达到理论值，与理论值之间必然存在着一定的差值。我们希望这个差值尽量小，但我们也知道，相关器是一个三端口器件，影响其性能的因素很多，除了输入信号质量的好坏（主要指输入信号的扩频调制质量、信噪比情况、中心频率及载波抑制度等）以外，还有本地参考信号质量的好坏。所以，讨论相关器的性能就转化为讨论影响相关器性能的因素。

1. 码定时偏移对相关处理的影响

相关器的主要任务是使本地参考信号与输入信号匹配，使隐藏的载有信息的信号再现，得到最大的输出。然而，在实际系统中，本地参考信号的码序列和接收机收到的信号的码序列在码图案和时间上都很难完全匹配。由于收发双方的振荡器的振荡频率稳定度和初始相位的差别，或者由于在发射机和接收机之间传播过程中干扰影响及传播迟延而产生的差别，使系统的同步发生码定时偏移。这种码定时偏移在相关处理过程中必然导致相关损失(即转换为噪声),相关损失的大小取决于码定时偏移的多少。因此我们需要对此种情况进行研究,看看不是码同步最好状态时相关器的输出。

在第 3 章中我们讲过,最长线性序列的自相关函数为图 4－20 中的三角形。这种序列有优良的自相关特性,即它们的自相关函数在所有位移时都表现得很好。当零比特位移时,自相关函数为最大值;当位移在 ±1 chip 范围内时,自相关函数沿三角形斜边直线下降。因此用 m 序列编码的信号,相关器产生最大输出是在两个码序列的位移为零的时刻发生的。也就是说,当本地码序列严格对准(严格同步)时,输出信号最大,此

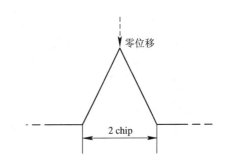

图 4－20　二进制序列在同步区域的自相关波形

时有最佳信噪比,这时所有的信号都不会转换为噪声。当输出信号与本地参考信号不同步或者不完全同步(即码定时有偏移)时,所需信号的一部分与本地参考信号不同步或者不完全同步(即码定时有偏移)时,所需信号的一部分与本地伪码卷积而被展宽为伪噪声输出,输出噪声总量取决于同步程度,当完全不同步(即本地信号与输入信号之差为一个比特以上)时,相关器输出全部为噪声。

由此可见,从相关器的输出端看,噪声有如下几个方面:

(1) 大气和电路系统内部噪声×本地码调制;

(2) 不需要的信号×本地码调制;

(3) 所需信号×本地码调制。

大气和电路系统内部噪声在存在无用信号(人为干扰或其它干扰)时,是可以忽略的,这是因为扩频信号能够在无用信号的功率比所需信号的功率大得多的环境下工作。大气和电路内部噪声只有在最大传输距离没有干扰条件时才需考虑。

图 4－21 给出了一对相同码没有完全同步时对相关器输出的影响,由码调制(FSK)所产生的许多相应的频率,对于被同步的信号它们是重叠的,并且被变换成中频,然而在比特时间内不重叠的部分,输入信号与本地参考信号的乘积位于这两个信号的协方差所限制的区域内的某处,这部分输出就是噪声。这些噪声一部分将落入中频频带之内,从而降低了系统的输出信噪比。因此,扩频系统的相关处理过程,对于位同步提出了十分严格的要求。

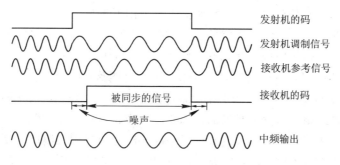

图 4－21　码定时偏移对相关器输出的影响

观察图 4 - 21 可知,当两个码相对于精确同步有滑动时,相关器输出码噪声相应地增加。码定时偏移每增加 τ,就使噪声有 2τ 的增加,结果信号比噪声的函数为

$$f(\tau) = A \frac{T - \tau}{2\tau} \tag{4-32}$$

式中,A 为最大输出;T 为一个比特的持续时间;τ 为定时偏移。如图 4 - 22 所示,这是在没有干扰且所需信号在门限以上的情况。如果有相当大的干扰时,信噪比就按照同步准确性的线性函数增加。因为码×所产生的噪声干扰与码定时准确性的关系不很大,在任何对于抗干扰系统有意义的情况下,它都非常大,远远超过了自身噪声的影响,图 4 - 22 比较了输入信号被干扰与不被干扰时信号噪声比的函数(高斯噪声条件下的信噪比函数与码相关函数相同)。

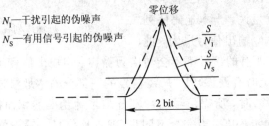

N_{I}—干扰引起的伪噪声
N_{S}—有用信号引起的伪噪声

图 4 - 22 码定时偏移时相关器输出的信噪比

从宽度上看,图 4 - 22 中两条曲线的不同似乎意味着在高的信噪比(即无干扰,大信号)条件下,要更精确地测距是可能的,这无疑是真实的也是所希望的。总之,任何用于检测同步对信噪比敏感的器件在强信号条件下都将被迫在零位移附近大约 0.2 chip 范围内识别同步信号,对于同样的门限点,当受到干扰时就只能分辨 0.8 chip。

2. 载波抑制度不足和码不平衡对相关器输出的影响

如果发射端的双平衡调制器的载波抑制度不足或直扩信号的码不平衡(伪码一周期内的"1"和"-1"的码元数不一致),都会使载波产生泄漏,在载波频率点上有明显的谱尖峰,形成窄带干扰。对发射机来讲,浪费了发射功率;对接收机来讲,对相关器的输出有影响;对整个系统来讲,失去了扩频信号的隐蔽性。另外,扩频序列编码时钟的泄漏,会使扩频信号在频谱上产生寄生调制,同样会产生窄带干扰,从而对发射机和接收机以及整个系统产生危害。

不论是对直接相关器,还是对外差式相关器,发射载波抑制度不足或码不平衡都可能会使锁相检测器错锁在假信号上,从而使接收机工作不正常。

在相关处理过程中,本地参考信号的平衡调制器也应该具有良好的抑制寄生信号的能力,否则,同样会对相关处理产生影响。假设本地参考信号的中心频率为 $f_0 + f_{\mathrm{IF}} \pm f_{时钟}$,即有时钟泄漏寄生信号,则相关处理后的组合干扰可能落在接收机的中频带宽之内。如果把这个带干扰的信号送至下一级检测器,就可能也发生错误现象。由于外差式相关器本身的特点,它比直接式相关器发生错误的概率要低一些。

为了提高相关器的性能,通常使系统的平衡调制器的载波抑制度与系统的处理增益相当,一般以 20~60 dB 为宜。若系统处理增益很高时,可以用几个平衡调制器级联的办法来达到所需要的载波抑制度(现有平衡调整器载波抑制度一般为 30~40 dB)。

克服由于码不平衡而使接收机窄带检波器错锁在寄生信号上的技术措施，是在相关器前（或窄带检测器前）加带通滤波器。对带通滤波器通带特性的要求为：超出主瓣之外的频谱衰减较大，以防止由于码不平衡而错锁在 $f_0 \pm f_{时钟}$ 频率上。一般地说，滤波器的单边带宽与码速相等，然后急速衰减。

3. 前置滤波器特性对相关器性能的影响

相关器之前的射频或中频带通滤波器（称之前置滤波器）对相关器的相关输出也有一定的影响。

设前置滤波器的传输特性 $H_B(\omega)=H_{BB}(\omega-\omega_c)$，$H_{BB}(\omega)$ 具有以下低通特性：

$$H_{BB}(\omega) = \begin{cases} e^{-j\omega\tau} & |\omega| \leqslant 2\pi f_c \\ 0 & 其它 \end{cases} \tag{4-33}$$

$H_B(\omega)$ 的中心频率为 f_c，带宽为 $2f_c$，带前置滤波器的相关器等效为图 4-23 的电路形式。

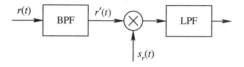

图 4-23 带前置滤波器的相关器的等效电路

假设接收信号为

$$r(t) = \sqrt{2P}c(t)\cos\omega_c t \tag{4-34}$$

则前置滤波器输出为

$$r'(t) = \sqrt{2P}\,\text{Re}\left[e^{j\omega_c t}\frac{1}{2\pi}\int_{-\infty}^{\infty}A_T(\omega)H_B(\omega)\,e^{j\omega t}\,d\omega\right] \tag{4-35}$$

式中，$A_T(\omega)$ 是扩频序列 $c(t)$（$|t|\leqslant T$）长为 $2T$ 的傅氏变换。接收机的本地参考信号 $S_r(t)$ 为 $\sqrt{2P}c(t)\cos(\omega_c t-\varphi)$，可以把它写成如下形式

$$u(t) = \sqrt{2P}\,\text{Re}\left[e^{j(\omega_c t-\varphi)}\frac{1}{2\pi}\int_{-\infty}^{\infty}A_T(\omega)\,e^{j\omega(t-\tau)}\,d\omega\right] \tag{4-36}$$

那么，相关处理的结果为

$$R(\tau,\varphi) = \lim_{T\to\infty}\frac{1}{2T}\int_{-T}^{T}\overline{r'(t)u(t)}\,dt$$

$$= \sqrt{P}\,\text{Re}\left[\frac{1}{2T}\int_{-T}^{T}S_c(\omega)H_B(\omega)\,e^{j(\omega\tau+\varphi)}\,d\omega\right]$$

$$= \frac{\sqrt{P}}{2\pi}\int_{-T}^{T}S_c(\omega)H_B(\omega)\,e^{j\omega\tau}\cos\varphi\,d\omega \tag{4-37}$$

式中，$S_c(\omega)$ 是扩频序列 $c(t)$ 的功率谱密度函数。在伪码与载波均同步情况下，相关器输出为

$$R(\tau,\varphi) \doteq R(\alpha,0) = \frac{\sqrt{P}}{2\pi}\int_{-2\pi f_c}^{2\pi f_c}S_c(\omega)\,d\omega$$

$$= \frac{\sqrt{P}}{2\pi}\int_{-2\pi f_c}^{2\pi f_c}\text{Sa}^2\left(\frac{\omega T_c}{2}\right)T_c\,d\omega \tag{4-38}$$

图 4-24、4-25 分别给出了带限和相位非线性畸变前置滤波器对相关输出的影响曲线。

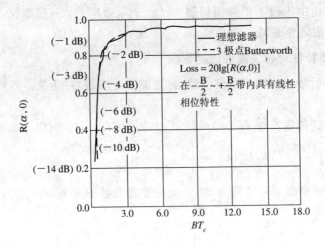

图 4-21　不同前置滤波器带宽的相关峰输出

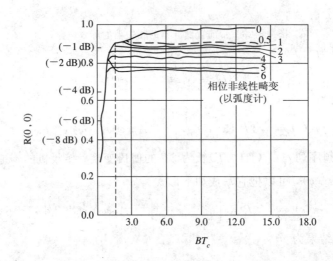

图 4-25　具有非线性畸变的相位特性前置滤波器对应的相关峰输出

若前置滤波器的带宽与扩频信号的主瓣宽度 $2/T_c$ 相同，则能通过 90% 的扩频信号能量。这样，相关器的相关处理将会有 $20\lg(R(\tau)/R(0))=0.92$ dB 的损失，其输出相关峰的形状和位置也将发生变化，如图 4-26 所示。前置滤波器带宽为两倍扩频信号的主瓣宽度（主瓣＋两个旁瓣）$4f_c$，则通过 93% 的扩频信号能量，相关处理输出损失为 0.89 dB。前置滤波器带宽为三倍的扩频信号主瓣宽度 $6f_c$，能通过 95% 的扩频信号能量，相关处理输出损失为 0.54 dB。

应当指出，前置滤波器的传输特性若不是理想带通特性，则相关输出也不会是如图 4-26 所示的形式。不同的前置滤波器的传输特性，会有不同的相关器输出形式，但是，以理想带通特性对应的相关输出为最佳。另外还可以证明，本地参考信号的扩频序列通过前置滤波，也将提高相关器的输出性能。

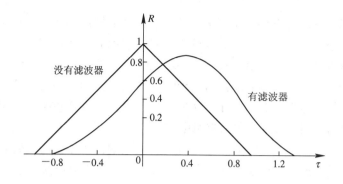

图 4 - 26 $BT_c = 2$ 时相关峰输出

4. 中频频偏对相关处理的影响

伪码定时的偏移会对相关处理产生影响，而中频频率的偏移同样会对相关器产生影响。中频频偏越大，相关器输出的相关峰的主峰下降得越多，主旁峰的比值也下降得越多，从而使相关器的相关处理增益降低，有关这方面的详细讨论可参见第 6 章。

4.4 直扩系统的相关接收

直扩系统的相关接收一般分两步进行，首先对直扩信号进行解扩，即将直扩信号通过与本地伪随机序列进行相关处理，将信号压缩到信息频带内，由宽带信号恢复为窄带信号；然后再从解扩后的信号中恢复出传送的信息，即解调。这两个步骤通常是不能颠倒的，即先解扩后解调，这是由于在未解扩前的信噪比(或信干比)很低，信号淹没于噪声中，一般的解调方法很难实现。

4.4.1 直扩系统接收机组成及解扩方式

直扩系统的相关接收，首先需要相关解扩，直扩系统的相关解扩主要由相关器或匹配滤波器完成。直扩系统的解扩方式通常采用外差式相关或基带相关方式。随着专用器件和专用集成电路的发展，相关处理的方式有向中频相关和基带相关方向发展的趋势。直扩系统的接收机的组成如图 4 - 27 所示。

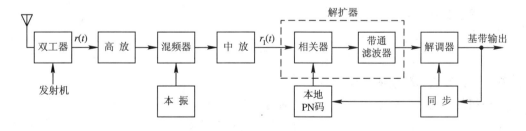

图 4 - 27 直扩系统接收机组成

图 4 - 27 中，接收到的信号中有需要的直扩信号，也有各种干扰(如单频或窄带连续载波、宽带干扰等)，还有接收机内部的噪声。解扩的过程相当于一次扩频过程，但解扩器

对不同的输入信号所起的作用是不同的。对于单频或窄带连续载波干扰，解扩器把它变换成了展宽的直扩信号；对输入的不是相同 PN 码调制的宽带干扰信号也进一步展宽两倍。这两种信号经窄带带通滤波器后，只剩下一小部分干扰信号能量。与解扩出的信息调制载波相比较，输出的信噪比大大提高了。由此可见，频带展得越宽，功率谱密度越低，经窄带滤波后残余的干扰信号能量就更小了。这里也可以看出，在接收端，窄带滤波器对提高抗干扰性起着关键的作用，因而在实际应用中，对其性能指标的要求也就很严格。

相关解扩在性能上固然很好，但总是需要在接收端产生本地 PN 码，这一点有时带来许多不方便。例如，解决本地信号与接收信号的同步问题就很麻烦，还不能做到实时地把有用信号检测出来。由于匹配滤波和相关器的作用在本质上是一样的，因此，在实用中可以用匹配滤波器来对直扩信号进行解扩。

4.4.2 直扩信号的相关处理

直扩信号的相关处理，是用与发端伪随机序列同步的本地参考信号对接收到的信号进行相关处理。使有用信号由宽带信号恢复为窄带信号，而将干扰信号扩展，降低干扰信号的谱密度，使之进入到信号频带内的功率下降。从而使系统获得处理增益，提高系统的抗干扰能力。

根据图 4 - 27，设接收机经混频后的中频信号为

$$r_1(t) = s_1(t) + n_1(t) + J_1(t) \tag{4-39}$$

其中

$$s_1(t) = \sqrt{2P}a(t)c(t) \cos\omega_1 t \tag{4-40}$$

$s_1(t)$ 为信号分量，P 为信号功率，$a(t)$ 为传输的信息，$c(t)$ 为发端扩频用伪码。$n_1(t)$ 为噪声分量，是带限白噪声，其谱密度如图 4 - 28 所示，在中频频带内近似为均匀谱。$J_1(t)$ 为干扰信号 $J(t)$ 经混频后进入中频通带内的干扰分量。

本地产生的伪随机序列为 $c'(t)$，经相关器的相乘(后接中频窄带滤波器)后可得信息分量为

$$s_1^{'}(t) = \sqrt{2P}a(t)c(t)c'(t) \cos\omega_1 t$$
$$\tag{4-41}$$

若扩频码已完成同步，有 $c(t) \cdot c'(t)=1$，这样

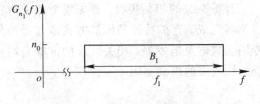

图 4 - 28 $n_1(t)$谱密度

$$s_1^{'}(t) = \sqrt{2P}a(t) \cos\omega_1 t \tag{4-42}$$

经解调可以恢复出传输的信号 $a(t)$。

经相关后的噪声分量和干扰分量分别为

$$n_1^{'}(t) = n_1(t)c'(t) \tag{4-43}$$

和

$$J_1^{'}(t) = J_1(t)c'(t) \tag{4-44}$$

由于与 $c'(t)$ 不相关，噪声分量和干扰分量的功率谱被扩展，使进入到信号频带内的噪声和

干扰功率大大降低，信噪比(信干比)得以提高，从而使系统性能得到改善。这就是直扩系统的相关解扩过程。

下面看看各分量的功率谱密度，为以后分析抗干扰性能奠定一定的基础。首先看信号分量，由第 2 章分析知，中频信号 $s_1(t)$ 的功率谱密度为

$$G_{S_1}(\omega) = \frac{P}{4\pi N^2} G_a(\omega - \omega_0) + \frac{P(N+1)}{4\pi N^2} \sum_{\substack{k=-\infty \\ k \neq 0}}^{\infty} \mathrm{Sa}^2\left(\frac{\pi k}{N}\right) G_a\left(\omega - \omega_1 - \frac{2k\pi}{NT_c}\right)$$

$$(4-45)$$

经解扩后的信号分量 $s_1'(t)$ 的相关函数为

$$R_{S_1'}(\tau) = P R_a(\tau) \cos\omega_1\tau \qquad (4-46)$$

功率谱密度为

$$G_{S_1'}(\omega) = P G_a(\omega - \omega_1) \qquad (4-47)$$

式中，$R_a(\tau)$ 和 $G_a(\omega)$ 分别为信号 $a(t)$ 的自相关函数和功率谱密度。图 4 - 29(a)、(b)分别给出了 $a(t)$ 和 $s_1'(t)$ 的功率谱密度示意图。

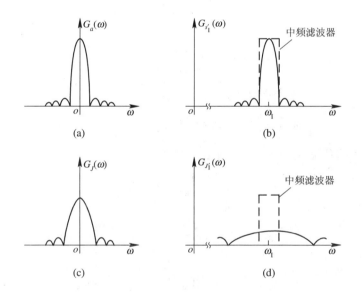

图 4 - 29　各分量频谱密度

(a) $a(t)$ 谱密度；(b) $s_1'(t)$ 谱密度；(c) $J(t)$ 谱密度；(d) $J_1'(t)$ 谱密度

对噪声分量，由式(4 - 41)知，$n_1'(t)$ 的相关函数为

$$R_{n_1'}(\tau) = R_{n_1}(\tau) R_c(\tau) \qquad (4-48)$$

式中，$R_{n_1}(\tau)$ 和 $R_c(\tau)$ 分别为 $n_1(t)$ 和 $c(t)$ 的相关函数。$n_1'(t)$ 的功率谱密度为

$$G_{n_1'}(\omega) = \frac{1}{2\pi} G_{n_1}(\omega) * G_c(\omega) = \frac{1}{2\pi} \int_{-\infty}^{\infty} G_{n_1}(\omega - \alpha) G_c(\alpha) \, \mathrm{d}\alpha \qquad (4-49)$$

式中，$G_{n_1'}(\omega)$ 是 $R_{n_1'}(\tau)$ 的傅氏变换；$G_{n_1}(\omega)$ 为 $R_{n_1}(\tau)$ 的傅氏变换，是带限白噪声 $n_1(t)$ 的功率谱密度；$G_c(\omega)$ 是 $R_c(\tau)$ 的傅氏变换。

对干扰信号分量，由式(4 - 58)知并假设干扰与信号 $s(t)$ 同频，则

$$J_1(t) = \sqrt{2J} a_J(t) \cos\omega_1 t \qquad (4-50)$$

式中，J 为干扰信号功率；$a_J(t)$ 为干扰信号，且有 $a_J^2(t) = 1$。由此可得干扰分量 $J_1'(t)$ 的自相关函数为

$$R_{J_1'}(\tau) = J R_{a_J}(\tau) R_c(\tau) \cos\omega_1\tau \qquad (4-51)$$

式中，$R_{a_J}(\tau)$ 为干扰信号 $a_J(t)$ 的自相关函数，$R_c(\tau) = R_c(\tau)$ 为伪随机序列 $c(t)$ 的自相关函数，并考虑了干扰信号 $a_J(t)$ 与伪随机序列不相关，故干扰分量的功率谱密度为

$$G_{J'}(\omega) = \frac{J}{2\pi} G_c(\omega) * G_{a_J}(\omega) * \delta(\omega - \omega_1) = \frac{J}{2\pi} G_c(\omega) * G_{a_J}(\omega - \omega_1) \qquad (4-52)$$

式中，$G_{a_J}(\omega)$ 为 $a_J(t)$ 的功率谱密度，如图 4 - 29(c)、(d) 所示。

现在我们来分析相关解扩器输入输出信噪比的变化。输入信号的功率为

$$S_i = \frac{1}{2\pi} \int_{W_c} G_{s_{I_1}}(\omega) \, d\omega \qquad (4-53)$$

输入噪声功率为

$$N_i = \frac{1}{2\pi} \int_{W_c} G_{n_{I_1}}(\omega) \, d\omega \qquad (4-54)$$

输入干扰功率为

$$J_i = \frac{1}{2\pi} \int_{W_c} G_{J_1}(\omega) \, d\omega \qquad (4-55)$$

其中 $G_{J_1}(\omega)$ 为 $J_1(t)$ 的功率谱密度，为

$$G_{J_1}(\omega) = \frac{J}{2\pi} G_{a_J}(\omega) * 2\pi\delta(\omega - \omega_1) = J G_{a_J}(\omega - \omega_1) \qquad (4-56)$$

由此可知，相关器的输入信噪比和信干比分别为

$$\frac{S_i}{N_i} = \frac{\displaystyle\int_{W_c} G_{s_{I_1}}(\omega) \, d\omega}{\displaystyle\int_{W_c} G_{n_{I_1}}(\omega) \, d\omega} \qquad (4-57)$$

和

$$\frac{S_i}{J_i} = \frac{\displaystyle\int_{W_c} G_{s_{I_1}}(\omega) \, d\omega}{\displaystyle\int_{W_c} G_{J_1}(\omega) \, d\omega} \qquad (4-58)$$

下面求输出信噪（干）比。信号分量输出功率为

$$S_o = \frac{1}{2\pi} \int_{W_a} G_{s_1'}(\omega) \, d\omega \qquad (4-59)$$

输出噪声功率为

$$N_o = \frac{1}{2\pi} \int_{W_a} G_{n_1'}(\omega) \, d\omega \qquad (4-60)$$

输出干扰功率为

$$J_o = \frac{1}{2\pi} \int_{W_a} G_{J_1'}(\omega) \, d\omega \qquad (4-61)$$

由此可得解扩器的输出信噪比和信干比分别为

$$\frac{S_o}{N_o} = \frac{\int_{W_a} G'_{s_{\mathrm{I}}}(\omega)\,\mathrm{d}\omega}{\int_{W_a} G'_{n_{\mathrm{I}}}(\omega)\,\mathrm{d}\omega} \tag{4-62}$$

和

$$\frac{S_o}{J_o} = \frac{\int_{W_a} G'_{s_{\mathrm{I}}}(\omega)\,\mathrm{d}\omega}{\int_{W_a} G'_{J_{\mathrm{I}}}(\omega)\,\mathrm{d}\omega} \tag{4-63}$$

因此，对噪声和干扰而言的系统处理增益分别为

$$G_{Pn} = \frac{S_o/N_o}{S_i/N_i} \tag{4-64}$$

和

$$G_{PJ} = \frac{S_o/J_o}{S_i/J_i} \tag{4-65}$$

信号、干扰和噪声的输入输出功率均与带宽有关，因此，处理增益与带宽也有关。直扩系统的处理增益是射频带宽和信息带宽之比即

$$G_P = \frac{B_c}{B_a} \tag{4-66}$$

实际上，这是在一定条件下的近似，由下节分析可知，不同形式的干扰信号，系统的处理增益不同，但基本上符合式(4-66)的关系。

4.5   直扩系统的性能

由上面的分析可知，直扩系统通过相关器的解扩获得处理增益，因此，直扩系统的性能与相关器的性能和处理增益有很大关系。

4.5.1   直扩系统的抗干扰性能

直扩系统最重要的应用就是在军事通信中作为一种具有很强抗干扰性的通信手段。在实际中我们遇到的干扰主要有下面几种：白噪声干扰或宽带噪声干扰、部分频带噪声干扰、单频及窄带干扰、脉冲干扰以及多径干扰等。在实际应用中，应根据干扰情况，确定直扩系统的处理增益和其它参数，使之达到可靠通信的目的。

1. 加性白噪声干扰

扩频信号在传输过程中，必然会受到噪声干扰，这种干扰一般为加性高斯白噪声（AWGN）或带限白噪声。设噪声的单边功率谱密度为 n_0，经混频后为一带限白噪声，带宽为扩频信号带宽 B_c，谱密度仍为 n_0，故相关器输入噪声功率为

$$N_i = n_0 B_c \tag{4-67}$$

由上面分析可知，相关器输出噪声功率为

$$N_o = \frac{1}{2\pi} \int_{W_a} G'_{n_{\mathrm{I}}}(\omega)\,\mathrm{d}\omega \tag{4-68}$$

式中，W_a 为信息带宽（$W_a = 2\pi B_a$）。考虑到 $B_a \ll B_c$，只考虑 f_{I} 附近的噪声功率，则 $G_{n_{\mathrm{I}}'}(\omega)$

近似为 Kn_0，其中 K 为一与调制方式有关的常数。对 PSK 调制，$K=0.903$；对 MSK 调制，$K=0.995$。所以

$$N_o = \frac{1}{2\pi} Kn_0 W_a = Kn_0 B_a \qquad (4-69)$$

由于解扩前后信息能量不变，因此处理增益为

$$G_{Pn} = \frac{S_o/N_o}{S_i/N_i} = \frac{N_i}{N_o} = \frac{B_c}{KB_a} = \frac{G_P}{K} \qquad (4-70)$$

即直扩系统对白噪声干扰的处理增益为 G_P/K。

上述结论是否意味着扩频系统具有抗白噪声的能力，而且是否具有随伪码速率的增加，其抗白噪声的能力也随之增加的性能，因此它是否相对于不扩频的窄带系统可以提高通信距离，或者可以降低发射功率呢？答案是否定的。由于处理增益表征的是相关器处理信号所获得的信噪比增益，并不是度量不同类型通信系统性能的标准。因此不能把扩频处理增益与衡量不同系统性能的"制度增益"或"系统增益"相混淆。衡量扩频系统与非扩频系统性能好坏的标准是，在信息传输速率相同的条件下，扩频系统解扩后的中频信噪比 $(SNR)_S$ 与非扩频系统的中频信噪比 $(SNR)_{NS}$ 之比 G_S，即制度增益。对于非扩频系统，因为没有扩频与解扩过程，所以也不会有处理增益，但中频信噪比与扩频系统相同，即 $G_S=1$。这也就是说，就白噪声而言，把窄带系统改为宽带系统并不会带来好处，或者说，直扩系统不能抗白噪声。实际上，由扩频系统不可避免地存在着伪码同步误差，故扩频系统的性能比非扩频系统还要差一些。

2. 窄带干扰与单频干扰

设窄带干扰信号中心频率为 f_J，带宽为 B_J，且 $f_J=f_I$，$B_J=B_a$。输入相关器的干扰功率为 N_J，功率谱密度为 $G_J(\omega)$，那么，解扩后干扰信号的输出功率为

$$N_{J_o} = \frac{1}{2\pi} \int_{W_a} G_J(\omega) * G_c(\omega)\, \mathrm{d}\omega \qquad (4-71)$$

由于 $G_J(\omega)$ 的带宽为 B_a，$G_c(\omega)$ 的带宽（主瓣带宽）为 B_c，而 $B_c \gg B_a$，因此 $G_J(\omega)$ 与 $G_c(\omega)$ 卷积后的带宽应为 $B_c+B_a \approx B_c$，可以认为是将干扰信号的功率重新分配到 B_c 频带上，且基本上是均匀的，图 4-30 所示为直扩系统对干扰信号的相关处理过程。

对干扰而言，干扰功率在解扩后基本不变，则解扩后干扰信号功率谱密度必然降低，与其扩展的频带的倍数成反比。所以

$$N_{J_o} = B_a \frac{1}{B_c} N_J \qquad (4-72)$$

由此可得直扩系统抗窄带干扰的能力为

$$G_{PJ} = \frac{N_J}{N_{J_o}} = \frac{B_c}{B_a} = G_P \qquad (4-73)$$

应当指出，式(4-73)是在干扰与有用信号同频等带宽条件下得到的，如果干扰信号的

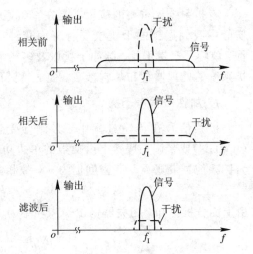

图 4-30 直扩系统对窄带干扰的处理过程

频率和带宽与有用信号相偏离，其结论需有一定的修正，但总而言之，直扩系统抗窄带干扰的性能可由系统的处理增益描述。

单频干扰可看成窄带干扰的特例。因此，直扩系统对单频干扰的抗拒能力也可用其处理增益表示。

3. 正弦脉冲干扰

中心频率为 f_J 的正弦脉冲调制波对直扩系统的干扰效应与上述分析方法类似，当这种干扰脉冲出现时，接收机相关器的输出信干比为

$$\frac{S_o}{N_{J_o}} = \frac{B_c}{B_a}\left[\frac{S}{N_m}\right] = \frac{B_c}{B_a}\left[\frac{S_i D_m}{N_J}\right] \qquad (4-74)$$

式中，N_m 为干扰峰值功率；D_m 为占空比；N_J 为干扰脉冲的平均功率。所以，直扩系统抗正弦脉冲干扰的能力为

$$G_{P,J} = \frac{S_o/N_{J_o}}{S_i/N_J} = \frac{B_c}{B_a}D_m = G_P D_m \qquad (4-75)$$

由式(4-75)知，$G_{P,J}$ 与 G_P 成正比。

4. 多径干扰

多径干扰是一种在通信中，特别是移动通信中常见的且影响很严重的干扰，它属于乘性干扰。抗多径干扰的方法很多，扩频技术就是其中的一种。下面我们先分析多径干扰形成的原因，然后再看直扩系统如何抗多径干扰。

1) 多径干扰

多径干扰是由于电波在传播过程中遇到各种反射体(如电离层、对流层、高山和建筑物等)引起的反射或散射，在接收端收到的直接路径信号与反射路径信号产生的群反射信号之间的随机干涉形成的，如图4-31所示。图4-32为多径传输基带合成波形。多径的形成与电台所处的环境、地形、地物等有关。由于多径干扰信号的频率选择性衰落和路径差引起的传播时延 τ，使信号产生严重的失真和波形展宽并导致信息波形重叠。这不但能引起噪声增加和误码率上升，使通信质量降低，而且可能使某些通信系统无法工作。

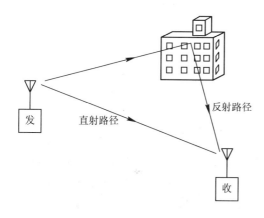

图4-31 多径传输示意图

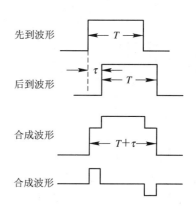

图4-32 多径传输基带合成波形

下面我们来分析多径传输对接收的影响。设发射信号为 $A\cos\omega_0 t$，则经过几条路径传播后的接收信号可用下式表示，即

$$r(t) = \sum_{i=1}^{n} \mu_i(t) \cos\omega_0[t - \tau_i(t)] = \sum_{i=1}^{n} \mu_i(t) \cos[\omega_0 t - \varphi_i(t)] \qquad (4-76)$$

式中，$\mu_i(t)$、$\tau_i(t)$、$\varphi_i(t)$ 分别为第 i 条路径的接收信号的振幅、传播时延、附加相位，$\varphi_i(t) = -\omega_0\tau_i(t)$。大量观察表明，$\mu_i(t)$ 与 $\varphi_i(t)$ 随时间的变化与发射载频的周期相比通常要缓慢得多。因此，上式可改写为

$$r(t) = \sum_{i=1}^{n} \mu_i(t) \cos\varphi_i(t) \cos\omega_0 t - \sum_{i=1}^{n} \mu_i(t) \sin\varphi_i(t) \sin\omega_0 t$$
$$= X_c(t) \cos\omega_0 t + X_s(t) \sin\omega_0 t$$
$$= V(t) \cos[\omega_0 t + \varphi(t)] \qquad (4-77)$$

其中

$$V(t) = \sqrt{X_c^2(t) + X_s^2(t)} \qquad (4-78)$$

$$\varphi(t) = \arctan\frac{X_s(t)}{X_c(t)} \qquad (4-79)$$

$$X_c(t) = \sum_{i=1}^{n} \mu_i(t) \cos\varphi_i(t) \qquad (4-80)$$

$$X_s(t) = \sum_{i=1}^{n} \mu_i(t) \sin\varphi_i(t) \qquad (4-81)$$

由于 $\mu_i(t)$ 与 $\varphi_i(t)$ 可认为是缓慢变化的随机过程。因此，$V(t)$ 与 $\varphi(t)$ 以及 $X_c(t)$ 与 $X_s(t)$ 均是缓慢变化的随机过程，$r(t)$ 为一窄带过程。

由式(4-77)可知：第一，从波形看，多径传播的结果使单一频率的确知信号变成了包络和相位受到调制的信号，如图 4-33(a)所示，这样的信号称为衰落信号；第二，从频谱上看，多径引起了频率弥散，即由单个频率变成了一个窄带频谱，如图 4-33(b)所示。

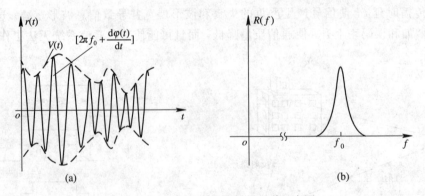

图 4-33 多径信号波形与频谱示意图

一般情况下，$V(t)$ 服从瑞利分布，$\varphi(t)$ 服从均匀分布，则可将 $r(t)$ 看成窄带高斯过程。多径传播造成了衰落及频率弥散，同时还可能发生频率选择性衰落。所谓频率选择性衰落，就是信号频谱中某些分量的一种衰减现象，这是多径传播的又一特征。频率选择性衰落与多径传播的相对时延差有关，多径传播的时延差(简称多径时延差)通常用最大多径时延差表征。设最大多径时延差为 τ_m，则定义

$$\Delta f = \frac{1}{\tau_m} \qquad\qquad (4-82)$$

式中，Δf 为多径传播媒质的相关带宽。如果传输波形的频谱宽于 Δf，则该波形将产生明显的频率选择性衰落。由此可见，为了不引起明显的频率选择性衰落，传输波形的频带必须小于多径传输媒质的相关带宽 Δf。

一般说来，数字信号传输时希望有较高的传输速率，而较高的传输速率对应有较宽的信号频带。因此，数字信号在多径媒质中传输时容易因存在选择性衰落而引起严重的码间干扰。为了减小码间干扰的影响，通常要限制数字信号的传输速率。

表 4-1 给出了在移动通信中多径传播的典型数据，表 4-2 为某些信道的典型多径时延值。

表 4-1 移动通信中多径传播典型数据

参　　数	市　　区	郊　　区
平均时延	1.5～2.5 μs	0.1～2.0 μs
相应路径长度	450～750 m	30～600 m
最大时延(-30 dB)	5.0～12.0 μs	0.3～7.0 μs
相应的路径长度	1.5～3.0 km	0.9～2.1 km
传播时延	1.0～3.0 μs	0.2～2.0 μs
传播时延均值	1.3 μs	0.5 μs
最大有效延迟扩展	3.5 μs	2.0 μs

表 4-2 某些信道典型多径时延

信道形式	传播时延
短波电离层信道	0.1～2 ms
超短波信道	0.1～10 μs
散射信道	0.1～3 μs

注：传播时延一栏前者为本地近距数据，后者为远距数据。

2）直扩系统的抗多径能力

直扩系统具有较强的抗多径干扰的能力，其抗多径效应的机理主要在于：

（1）直扩系统是一种宽带系统，尽管在通信中一部分频谱可能被衰落，但不会带来太大的恶化。从这一点上讲，频谱扩展可认为是一种频率分集。

（2）伪随机序列具有尖锐的自相关特性，因而对多径效应不敏感。当多径时延扩散小于一个伪码宽度 T_c 时，反射信号与有用信号叠加，被视为信号的一部分，对有用信号幅度有影响，但不产生对伪码宽度的展宽或压缩。当多径时延超过一个伪码宽度 T_c 时，可把多径信号视为噪声处理，相关接收后多径信号就可以去掉。

图 4-34 给出了直扩减弱多径效应的示意图。图中用 $\{K_i\}(i=1\sim m)$ 表示扩频码序列。在接收信号中，除主信号外，还加上延迟时间为 τ 的反射信号。匹配滤波器对扩频序列的输出实现了分离尖锐的主信号峰和反射信号的小峰值的作用。主信号波形与扩频码的自相关函数相对应。如果码选择合适，则峰值点以外的相关值，就像图中斜线部分所示那样影响非常小。

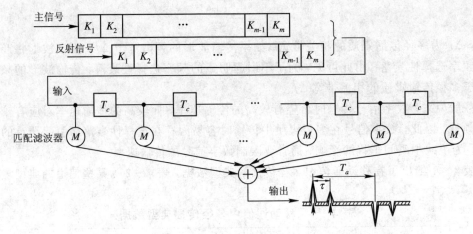

图 4 - 34　直扩抗多径示意图

（3）当码元 T_c 相当窄且伪码码长很长时，系统的频谱很宽，反射回来的多径频率分量不可能同时到达接收点，形成的多径干扰信号就被削弱，对接收有用信号影响不大。

下面分析直扩系统抗多径的条件。设接收机收到的信号有两个：一个是直接路径信号，其矩形脉宽为 T_c，幅度为 A；另一个是间接路径信号，其脉宽也是 T_c，幅度为 A'，与直接路径的时延差为 τ，如图 4 - 35 所示。两个脉冲的重叠部分为干扰，即 $A'(T_c-\tau)$，有用信号为 AT_c，故信干比为

$$\frac{S}{J} = \frac{AT_c}{A'(T_c-\tau)} = \frac{A}{A'}\frac{1}{1-\tau/T_c} = \frac{A}{A'}\frac{1}{1-\tau R_c} \qquad (4-83)$$

式中 $R_c=1/T_c$ 为伪码速率。由上式可知，信干比不但与直接路径和间接路径的相对强度 A/A' 有关，而且与两者的时延差 τ 和码码速率有关。只有当 A/A' 为一常数时，信干比才只决定于 τR_c。一般情况下，$A/A'\geqslant1$，信干比正比于 $1/(1-\tau R_c)$，多径干扰主要决定于 τR_c。如果要求系统抗多径，则要求信干比趋近于 ∞，所以 $\tau R_c=1$ 是临界条件。当多径时延 $\tau>T_c$，即 $\tau R_c>1$ 时，多径效应不能对有用信号形成干扰。因此抗多径的条件是

$$\tau R_c > 1 \qquad (4-84)$$

如图 4 - 36 所示。当多径时延 τ 一定时，抗多径干扰只能由伪码速率决定，这是扩频通信的优点。尤其在 τ 很小时，R_c 要求越大，即信号频谱扩展得越宽，τR_c 就越接近于 1，这就是扩频技术潜在的抗多径干扰的能力。从抗多径干扰的观点看，扩频技术要比窄带技术好得多。

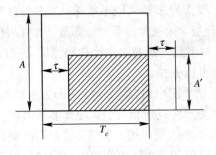

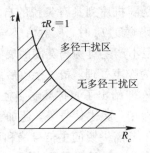

图 4 - 35　多径信号示意图　　　　图 4 - 36　抗多径干扰条件示意图

4.5.2 直扩系统的多址性能

直扩系统为一宽带系统，如果使用很宽的频带来传送一路信息数据，那么频带(或频谱)利用率就非常低，这是通信系统所不希望的。对于直扩系统来说，要提高频谱利用率，必须在同一宽频带上传送多路信息数据，即提高多址能力。多址能力的强弱是指在单路信息速率、系统总频带及系统误码率均相同的条件下，系统所能容纳的路数(或地址数)的多少。用直扩方式建立的多址方式称为扩频多址(SSMA)或码分多址(CDMA)，它是各用户使用各自的扩频编码，且各用户之间的扩频编码彼此正交或准正交，在同一宽度的扩频带宽内，各用户同时互不干扰地发送或接收信号。

扩频多址一般有两种方式。一种是各用户根据自己的需要，不受其他用户工作状态约束地随机发射信号，称为随机扩频多址(Spread Spectrum Random Access，SSRA)。这是一种最常用也最易实现的扩频多址方式。另一种是所有用户根据某一时间标准及自己的需要，与其他用户同步地发射信号，称之为同步扩频多址(Spread Spectrum Synchronous Access，SSSA)。

SSRA 方式的接收模型如图 4-37 所示。设同时工作的用户有 K 个，各用户有不同的扩频编码。为了讨论方便，设各发射信号 $s_i(t)(i=1,2\cdots,K)$ 的平均功率为

$$\frac{1}{T}\int_0^T s_i^2(t)\,\mathrm{d}t = 1 \qquad i = 1,2,\cdots,K \tag{4-85}$$

则接收机的输入信号为

$$r(t) = \sum_{i=1}^K \sqrt{P_i}\,s_i(t) + n(t) \tag{4-86}$$

式中，$n(t)$ 是双边功率谱密度为 $n_0/2$ 的白噪声；P_i 为第 i 个用户的信号功率。设某接收机的本地参考信号为 $v_j(t) = s_j(t)$，且处于同步状态，则经相关器后输出为

$$m(t) = m_{jj} + \sum_{\substack{i=1 \\ i \neq j}}^K m_{ij} + n_j \tag{4-87}$$

其中，第一项为接收机对所需信号的响应，第二项为接收机对不需要的信号的响应(称为多址干扰项)，第三项为接收机对噪声的响应。

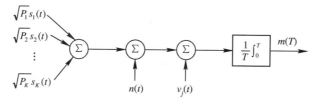

图 4-37 SSRA 接收模型

若接收机与所需信号 $s_j(t)$ 完全同步，则

$$m_{jj} = \frac{1}{T}\int_0^T \sqrt{P_j}\,s_j(t)v_j(t)\,\mathrm{d}t = \sqrt{P_j} \tag{4-88}$$

同样，m_{ij} 可表示为

$$m_{ij} = \frac{1}{T} \int_0^T \sqrt{P_i} s_i(t) v_j(t) \, \mathrm{d}t = \sqrt{P_i} \rho_{ij} \tag{4-89}$$

式中 ρ_{ij} 为 $s_i(t)$ 与 $s_j(t)$ 的相关系数。与上类似可知

$$n_j = \frac{1}{T} \int_0^T n(t) v_j(t) \, \mathrm{d}t \tag{4-90}$$

因此,输出的信号对噪声和干扰的功率比为

$$(SNR)_j = \frac{m_{jj}^2}{E\{[\sum_i m_{ij} + n_j]^2\}}$$

$$= \frac{m_{jj}^2}{E\{[\sum_i m_{ij}]^2\} + 2E\{n_j \sum_i m_{ij}\} + E\{n_j^2\}} \tag{4-91}$$

由于 $n(t)$ 与信号无关,故

$$E\Big[\sum_i m_{ij} n_j\Big] = 0 \tag{4-92}$$

而 $n(t)$ 为白噪声,所以

$$E\{n_j^2\} = \frac{1}{T^2} \int_0^T \int_0^T E[n(t)n(u)] v_j(t) v_j(u) \, \mathrm{d}t \, \mathrm{d}u$$

$$= \frac{n_0}{2T^2} \int_0^T \int_0^T \delta(t-u) v_j(t) v_j(u) \, \mathrm{d}t \, \mathrm{d}u = \frac{n_0}{2T} \tag{4-93}$$

最后,可求得 $E\{[\sum_i m_{ij}]^2\}$ 为

$$E\{[\sum_i m_{ij}]^2\} = \sum_{\substack{i=1 \\ i \neq j}}^K \sum_{\substack{g=1 \\ g \neq j}}^K E\,|\,[m_{ij} m_{gj}]\,| = \sum_{\substack{i=1 \\ i \neq j}}^K P_i E[\rho_{ij}^2] \tag{4-94}$$

这里

$$E[\rho_{ij}^2] \approx \frac{2}{T} \int_0^T R_s^2(\tau) \, \mathrm{d}\tau \tag{4-95}$$

式中 $R_s(\tau)$ 为任一信号的自相关函数。在分析中假设所有信号具有相同的自相关函数是现实的。

为了分析方便,定义有效带宽 B_{eff} 为

$$B_{\mathrm{eff}} = \frac{\left[\int_0^\infty S_s(f) \, \mathrm{d}f\right]^2}{\int_0^\infty S_s^2(f) \, \mathrm{d}f} = \frac{1}{2} \frac{\left[\int_{-\infty}^\infty S_s(f) \, \mathrm{d}f\right]^2}{\int_{-\infty}^\infty S_s^2(f) \, \mathrm{d}f} \tag{4-96}$$

这里 $S_s(f)$ 为信号的功率谱密度。利用 Parsaval 定理,把上式可改写为

$$B_{\mathrm{eff}} = \frac{R_s^2(0)}{2 \int_{-\infty}^\infty R_s^2(\tau) \, \mathrm{d}\tau} = \frac{1}{4 \int_0^\infty R_s^2(\tau) \, \mathrm{d}\tau} \tag{4-97}$$

在这里,$\int_0^\infty R_s^2(\tau) \, \mathrm{d}\tau \approx \int_0^T R_s^2(\tau) \, \mathrm{d}\tau$,故

$$\int_0^\infty R_s^2(\tau) \, \mathrm{d}\tau \approx \frac{1}{4B_{\mathrm{eff}}} \tag{4-98}$$

$$E[\rho_{ij}^2] = \frac{2}{T} \frac{1}{4B_{\mathrm{eff}}} = \frac{1}{2TB_{\mathrm{eff}}} \tag{4-99}$$

因此，式(4-91)可写作

$$(SNR)_j = \frac{P_j}{\sum\limits_{\substack{i=1 \\ i\neq j}}^{K} P_i \frac{1}{2TB_{\text{eff}}} + \frac{n_0}{2T}} = \frac{2TB_{\text{eff}}P_j}{n_0 B_{\text{eff}} + \sum\limits_{\substack{i=1 \\ i\neq j}}^{K} P_i} \qquad (4-100)$$

如果接收到的各用户信号功率相等，即

$$P_i = P \qquad (i = 1, 2, \cdots, K) \qquad (4-101)$$

则输出$(SNR)_o$为

$$(SNR)_o = (SNR)_j = \frac{2TB_{\text{eff}}P}{n_0 B_{\text{eff}} + (K-1)P} \qquad (4-102)$$

从上式可求得K为

$$K = 1 + \left[2TB_{\text{eff}}\left(\frac{1}{(SNR)_o} - \frac{1}{(SNR)_1} \right) \right] \qquad (4-103)$$

其中$(SNR)_1 = 2TP/N_0$，$[\cdot]$为取整函数。如果定义$TP = E_b$为单位比特能量，则$(SNR)_1 = 2E_b/N_0$，上式关系如图4-38所示。

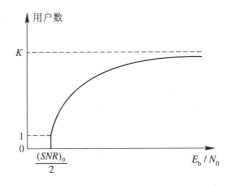

图 4-38 多址系统的用户数

进一步地分析可以得到，接收信号非等功率时的用户数为

$$K = 1 + \left[1 - 2.5^{3.68} + 2TB_{\text{eff}}\left(\frac{1}{(SNR)_o} - \frac{1}{(SNR)_1} \right) \right] \qquad (4-104)$$

应当指出，上述分析都是在很多假设条件下进行的，如果不满足这些假设，分析的结果会有些差异。

同步扩频多址方式的多址干扰相对较弱，如果扩频编码完全正交且同步，则扩频多址通信的性能与用户数无关。但实际上，完全正交的扩频序列数量有限，完全同步也很困难。因此，总存在一些误差使扩频多址的性能会有所下降。

4.5.3 直扩系统的数据传输性能

数据传输性能是指在给定通信方式情况下，单位时间能传送的信息数据比特数。我们知道，不同的调制方式（如 BPSK、QPSK、MPSK 等）有相应不同的数据传输性能。扩频通信也是一样的，但是扩频通信还可以通过另外的方法提高数据传输性能。我们这里只讨论后者，即讨论多进制扩频或 M 元扩频通信。

多进制扩频是直接序列扩频的一种，它是多个信息比特用一个扩频伪码进行传输，可以在相同的系统带宽下具有较高的扩频增益，有效解决了传输带宽和处理增益之间的矛盾。它已被应用于很多领域，如 IS‐95 和 WCDMA 反向信道，分组无线网等。IMT2000 最近提出的第三代移动通信标准也普遍采用了多进制正交码扩频技术。所谓多进制正交码扩频，是多进制扩频的一种，即选用的扩频码为一组正交序列。与传统扩频信号相比，多进制扩频信号具有很多优点。首先是每个扩频序列传输多个信息比特，提高了传输效率。第二，对 M 进制扩频信号，其系统带宽仅为具有相同处理增益的传统直扩系统的 $1/\mathrm{lb}\ M$，占用带宽小，适合于带宽有严格限制的环境。第三，在相同的系统带宽下，多进制正交码扩频比传统的直扩具有更强的抗干扰能力。第四，多进制扩频是可以在码片速率不变的条件下实现可变速率或可变处理增益的扩频，有利于提高系统的抗干扰能力和支持综合业务的传输。

    M 元扩频通信的原理如图 4‐39 所示。发射时只发射一个扩频码，但是是在 M 个扩频码(设互相正交)中选择的。因此，一次发送的信息量为 $\mathrm{lb}M(\mathrm{bit})$，如果扩频码周期为 T，则其数据传输能力为

$$R_{d_M} = \frac{\mathrm{lb}M}{T} \qquad (4-105)$$

这与 MPSK 调制方式的数据传输能力一样，但它们的误码率性能却不相同。

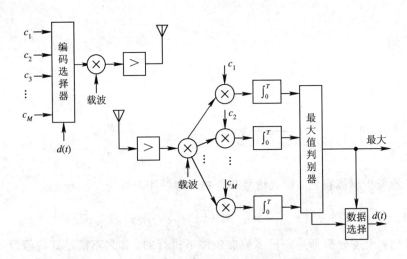

图 4‐39　M 元扩频通信信号原理图

    设 M 个正交扩频编码为 $c_1(t)$，$c_2(t)$，$\cdots$，$c_M(t)$，发送的信号从这 M 个正交扩频编码中选择第 i 个，则发射的信号为

$$s_i(t) = \sqrt{2P}c_i(t)\cos(\omega_0 t + \varphi) \qquad (4-106)$$

式中 $i=1$，2，$\cdots$，M，那么接收机收到的信号为

$$r(t) = s_i(t) + n(t) \qquad (4-107)$$

其中 $n(t)$ 为白噪声，接收信号送入相关器，设第 j 个相关器的本地参考信号为

$$f_j(t) = \sqrt{2P}c_j(t)\cos(\omega_0 t + \varphi) \qquad (4-108)$$

在同步锁定情况下，这个相关器的输出为

$$V_j(t) = \int_0^T r(t)f_j(t)\ \mathrm{d}t = \int_0^T s_i(t)f_j(t)\ \mathrm{d}t + \int_0^T n(t)f_j(t)\ \mathrm{d}t \qquad (4-109)$$

其中，$j=1,2,\cdots,M$，代表 M 个相关器的输出。对接收 $s_i(t)$ 的场合，从 M 个相关输出中选取最大的一个正好与 $s_i(t)$ 对应的 $V_i(t)$ 的正确概率为

$$P_{ci}=P\left[V_i>\frac{(V_1,V_2,\cdots,V_{i-1},V_i,V_{i+1},\cdots,V_M)}{f_i}\right]$$

$$=\int_{-\infty}^{\infty}\int_{-\infty}^{V_i}\cdots\int_{-\infty}^{V_i}P\left[\frac{V}{f_i}\right]\mathrm{d}V \tag{4-110}$$

若 $n(t)$ 是零均值、双边功率谱密度为 $n_0/2$ 的高斯白噪声，则上式可写成误差函数形式，即

$$P_{ci}=\frac{1}{\sqrt{2\pi}}\int_{-\infty}^{\infty}\mathrm{e}^{-x^2/2}\left[\frac{1}{2}\mathrm{erfc}\left(\frac{-\left(x+\sqrt{2PT/n_0}\right)}{\sqrt{2}}\right)\right]^{M-1}\mathrm{d}x \tag{4-111}$$

在一般情况下，发送的信息均匀等概地对应 M 个扩频编码，那么接收机对信息数据的正确解调的概率为

$$P_c=\frac{1}{M}\sum_{i=1}^{M}P_{ci}=P_{ci} \tag{4-112}$$

故 M 元扩频通信的扩频编码解调错误的概率为

$$P_e=1-P_c=1-P_{ci}$$

$$=1-\frac{1}{\sqrt{2\pi}}\int_{-\infty}^{\infty}\mathrm{e}^{-x^2/2}\left[\frac{1}{2}\mathrm{erfc}\left(\frac{-\left(x+\sqrt{2PT/n_0}\right)}{\sqrt{2}}\right)\right]^{M-1}\mathrm{d}x \tag{4-113}$$

在扩频编码解调出错后，扩频编码对应的 $\mathrm{lb}M(\mathrm{bit})$ 中会有 $k(\mathrm{bit})$ 出错（$k\leqslant\mathrm{lb}M$），其差错概率为

$$P_k=\frac{\dfrac{n!}{k!(n-k)!}}{\displaystyle\sum_{i=1}^{n}\dfrac{n!}{i!(n-i)!}}\qquad(n=\mathrm{lb}M) \tag{4-114}$$

均值为

$$\bar{P}_k=\sum_{k=1}^{n}kP_k=\frac{n2^{n-1}}{2^n-1} \tag{4-115}$$

所以，M 元扩频通信的数据比特误码率为

$$P_{eb}=\frac{1}{n}\frac{n2^{n-1}}{2^n-1}P_e$$

$$\approx\frac{1}{2}-\frac{1}{\sqrt{8\pi}}\int_{-\infty}^{\infty}\mathrm{e}^{-x^2/2}\left[\frac{1}{2}\mathrm{erfc}\left(\frac{-(x+\sqrt{2PT/n_0})}{\sqrt{2}}\right)\right]^{M-1}\mathrm{d}x$$

$$\approx\frac{1}{2}-\frac{1}{\sqrt{8\pi}}\int_{-\infty}^{\infty}\mathrm{e}^{-x^2/2}\left[\frac{1}{2}\mathrm{erfc}\left(\frac{-(x+\sqrt{2R_b})}{\sqrt{2}}\right)\right]^{M-1}\mathrm{d}x \tag{4-116}$$

式中 $R_b=PT/N_0$。图 4-40 为 M 元扩频通信的比特误码率曲线。

研究结果表明：多进制扩频系统比传统的二进制扩频系统在宽带干扰、窄带干扰或脉冲干扰条件下，都有较大的信干比增益。表 4-3 是在宽带干扰下，码长为 256 的 256 进制正交扩频系统和码长为 32 的二进制扩频系统的性能比较。

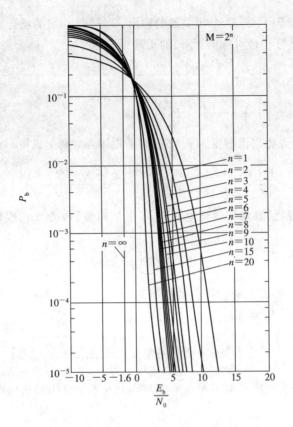

图 4 - 40　M 元扩频通信的比特误码率

表 4 - 3　多进制扩频系统与直扩系统比较

E_c/N_0	P_b	多进制扩频系统	二进制扩频系统	信干比增益
−3 dB	10^{-3}	−10.5 dB	−3.0 dB	7.5 dB
	10^{-4}	−9.0 dB	4.0 dB	13.0 dB
3 dB	10^{-3}	−11.9 dB	−6.5 dB	4.5 dB
	10^{-4}	−10.0 dB	−5.0 dB	5.0 dB

4.5.4　直扩系统的抗截获性能

截获敌方信号的目的在于：① 发现敌方信号的存在；② 确定敌方信号的频率；③ 确定敌方发射机的方向。

理论分析表明，信号的检测概率与信号能量和噪声功率谱密度之比成正比，与信号的频带宽度成反比。直扩信号正好具有这两方面的优势，它的功率谱密度很低，单位时间内的能量就很小，同时它的频带很宽。因此，它具有很强的抗截获性。

如果满足直扩信号在接收机输入端的功率低于或与外来噪声及接收机本身的热噪声功率相比拟的条件，则一般接收机发现不了直扩信号的存在。另外，由于直扩信号的宽频带特性，截获时需要在很宽的频率范围进行搜索和监测，也是困难之一。因此，直扩信号可以用来进行隐藏通信。至于如何发现敌方直扩信号的存在，并弄清楚其参数，是直扩信号的检测与估值问题。

4.6　跳频系统的相关接收

直扩系统对扩频信号的相关接收是通过用本地产生的与发端伪随机序列同步的伪随机序列对接收到的扩频信号进行相关处理并使之恢复成窄带信号来完成的。跳频系统的相关接收是利用本地的伪随机序列控制本地的频率合成器，使之产生的跳变频率与发端频率合成器产生的跳变频率同步，将接收到的跳频信号转换成一固定的中频信号，从而将传输的信号恢复出来。

4.6.1　跳频接收机的组成

定频信号的接收设备中，一般都采用超外差式的接收方法，即接收机本地振荡器的频率比所接收的外来信号的载波频率相差一个中频，经过混频后产生一个固定的中频信号和混频产生的组合波频率成分。经过中频带通滤波器的滤波作用，滤除组合波频率成分，而使中频信号进入解调器。解调器的输出就是所要传送给收端的信息。

跳频信号的接收，其过程与定频的相似。为了保证混频后获得中频信号，要求频率合成器的输出频率要比外来信号高出一个中频。因为外来的信号载波频率是跳变的，则要求本地频率合成器输出的频率也随着外来信号的跳变规律而跳变，这样才能通过混频获得一个固定的中频信号。图 4－41 给出跳频信号接收机的框图。图中的跳频器产生的跳频图案应当与所要接收频率高出一个中频，并且要求收、发跳频完全同步。所以，接收机中的跳频器还需受同步指令的控制，以确定其跳频的起、止时刻。

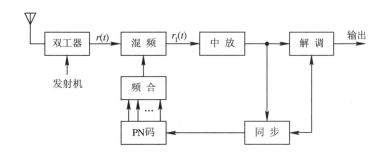

图 4－41　跳频接收机原理框图

由此可以看出，跳频器是跳频系统的关键部件，而跳频同步则是跳频系统的核心技术。

对于跳频信号的接收，一般也分两步进行，即解跳与解调。解跳的目的是将载频随机跳变的跳频信号变换成一固定中频信号，它是通过收端由与发端相同的伪随机序列控制的频率合成器产生的跳变频率，对接收的跳频信号进行相关处理来完成的。它要求本地频率合成器产生的频率与发端频率合成器产生的频率同步。同步系统的任务之一就是完成这一同步。解跳后的信号为一固定中频信号，将这一信号放大后，送至解调器就可将传送的信号恢复出来。

跳频信号的解跳一般采用外差式相关器，而跳频信号的解调通常采用非相干检测的办法来实现。这是由于跳频信号的每一个频率都是不同的(因而有随机相位问题),很难做到每个频率初相一致,所以进入解调器的信号在每一跳的时间内的初相就不一致,用相干检测的方法很难解调。

有关跳频信号的解调参见 4.7 节,这里主要讨论跳频信号的解跳。

4.6.2 跳频信号的相关处理

设发射机发送的跳频信号为

$$s(t) = Aa(t) \cos(\omega_i t + \theta_i) \tag{4-117}$$

式中:$a(t)$ 为传输的信息;$\omega_i \in [\omega_1, \omega_2, \cdots, \omega_n]$ 为传输信号的瞬时(角)频率,它是时间的函数;θ_i 为每一频率持续时间内的初始相位。那么,接收机收到的信号为

$$r(t) = s(t) + n(t) + J(t) + s_J(t) \tag{4-118}$$

式中:$n(t)$ 为噪声;$J(t)$ 为干扰信号;$s_J(t)$ 为其它网的跳频信号。

本地频率合成器产生的本地信号为 $\cos\omega_j' t$,其中 $\omega_j' \in [\omega_1 + \omega_1, \omega_2 + \omega_1, \cdots, \omega_n + \omega_1]$,$j = 1$, $2, \cdots, N$,与发端的跳频图案相似,不同之处是收端的频率集中的频率元的频率比发端的频率集中的频率元的频率高出(或低于)一个中频 ω_1。将接收到的信号与本地产生的本振信号同时送

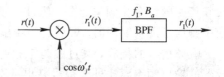

图 4-42 混频等效电路

入相关器进行混频,如图 4-42 所示。混频可等效为相乘加带通,带通滤波器的带宽为传送信号的带宽 B_a,由此可得相乘器输出为

$$r_1'(t) = r(t) \cos\omega_j' t + n(t) \cos\omega_j' t + J(t) \cos\omega_j' t + s_J(t) \cos\omega_j' t$$
$$= s'(t) + n'(t) + J'(t) + s_J'(t) \tag{4-119}$$

首先看信号分量 $s'(t)$,即

$$s'(t) = s(t) \cos\omega_j' t = Aa(t) \cos(\omega_i t + \theta_i) \cos\omega_j' t$$
$$= \frac{1}{2} Aa(t) \{\cos[(\omega_j' - \omega_i)t + \theta_i]\} + \cos[(\omega_j' + \omega_i)t + \theta_i]\} \tag{4-120}$$

当本地频率合成器产生的频率与发端的频率合成器产生的频率相同时,有 $i = j$,则

$$s'(t) = \frac{1}{2} Aa(t) \{\cos(\omega_1 t + \theta_i) + \cos[(2\omega_i t + \omega_1)t + \theta_i)]\} \tag{4-121}$$

由于带通滤波器的中心频率为 f_1,带宽为 B_a,则式(4-119)中只有第一项通过,第二项被滤除,故有用信号分量为

$$s_1(t) = \frac{1}{2} Aa(t) \cos(\omega_1 t + \theta_i) \tag{4-122}$$

对此信号进行解调,就可把传送的信息 $a(t)$ 恢复出来。由上式还可看出,中频载波有一附加相移 θ_i,这是由发端频率合成器引入的,但实际上它还应包括收端频率合成器引入的相移以及传输过程引入的相移,这些相移在每一跳 T_h 的时间内是不相同的。这再一次说明了跳频系统多采用非相干检测的原因。

对噪声分量 $n'(t)$,由于 $n(t)$ 与 $\cos\omega_j' t$ 不相关,可得到其自相关函数和功率谱分别为

$$R_{n'}(\tau) = \frac{1}{2} R_n(\tau) \cos\omega_j' \tau \qquad (4-123)$$

$$G_{n'}(\omega) = \frac{1}{2\pi} G_n(\omega) * \pi\delta(\omega - \omega_j') = \frac{1}{2} G(\omega - \omega_j') \qquad (4-124)$$

由于 $n(t)$ 为高斯白噪声，其谱密度为 n_0，则由图 4 – 43 可知，进入解调器的噪声功率为

$$N_i = \frac{1}{2} n_0 B_a \qquad (4-125)$$

与窄带系统的解调器的输入噪声功率相同。因此可以得出结论：跳频系统不能改善系统的抗噪声性能。这一结论与直扩系统是一致的。

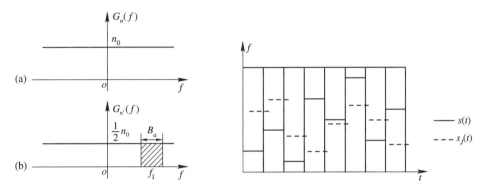

图 4 – 43　噪声分量功率谱　　　　图 4 – 44　不同网信号跳频图案

(a) $n(t)$ 功率谱；(b) 混频 $n'(t)$ 功率谱

对不同网的信号 $s_J(t)$，由于网号不同，其跳频图案不同，如图 4 – 44 所示。

设 $s_J(t)$ 为

$$s_J(t) = Bb(t) \cos(\omega_k t + \varphi_k) \qquad (4-126)$$

式中：$b(t)$ 为其它网传输的信息；$\omega_k \in [\omega_1, \omega_2, \cdots, \omega_N]$；$k = 1, 2, \cdots, N$，则

$$s_J'(t) = s_J(t) \cos\omega_j' t = Bb(t) \cos(\omega_k t + \varphi_k) \cos\omega_j' t$$

$$= \frac{1}{2} Bb(t) \{\cos[(\omega_k - \omega_j')t + \varphi_k] + \cos[(\omega_k + \omega_j')t + \varphi_k]\} \qquad (4-127)$$

由于不同步，即 $k \neq j$，经混频后不能进入中频通带内，因而不能对有用信号形成干扰。若不同网的信号正好与有用信号的频率在某一段时间内相同，则会有一中频输出，将会对有用信号形成干扰。但一般在组网安排时，都要考虑各网的跳频图案的正交性，排除了这种可能，因而这种不同网的干扰就可以排除。需要指出的是，在一有限的频带内，若用同一频率集，且组网的数目较大时，这种干扰将加剧。当然可以采用其它的办法来解决这一问题，如采用各网严格的时间定时等措施。

对于干扰分量 $J(t)$，有

$$J'(t) = J(t) \cos\omega_j' t \qquad (4-128)$$

由于 $J(t)$ 与 $\cos\omega_j' t$ 不相关，可得其自相关函数和功率谱密度分别为

$$R_{J'}(\tau) = \frac{1}{2} R_J(\tau) \cos\omega_j' \tau \qquad (4-129)$$

$$G_{J'}(\omega) = \frac{1}{2\pi}G_J(\omega) * \pi\delta(\omega - \omega_j') = \frac{1}{2}G_J(\omega - \omega_j') \qquad (4-130)$$

由式(4-128)可知,干扰分量的功率谱密度 $G_{J'}(\omega)$ 实际上是把干扰信号的功率谱 $G_J(\omega)$ 搬移 ω_j'。若搬移后的 $G_{J'}(\omega)$ 正好在中频通带内有值,即 $\omega_j' - \omega_J \approx \omega_1$ 将对有用信号形成干扰,否则不会对有用信号构成威胁,如图 4-45 所示。

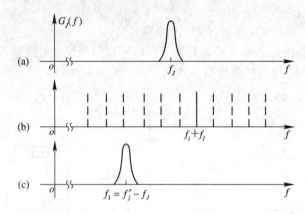

图 4-45 形成干扰示意图

(a) 干扰信号 $J(t)$ 的功率谱;(b) 频率合成器产生的信号频率图;

(c) $f_j' - f_J = f_1$ 时,形成干扰

4.6.3 跳频系统的抗干扰性能

跳频系统的抗干扰机制与直扩系统的不同,它是采用躲避的方法,"随机地"改变载频,使其不受干扰。在接收端,通过由收端与发端频率合成器产生的频率同步的跳变频率对接收信号进行相关处理,将其恢复为一中频信号,把干扰排斥在中频通带之外,从而实现抗干扰。因此,跳频系统实际上是一种载波保护系统,在有的电台中把跳频单元称为载波保护单元 CPA(Carrier Protect Assemble)。

从保护码流的角度来看,一般认为跳频比直扩要好,这是因为跳频系统是用伪随机码来控制跳频图案,从而控制载波频率,而不是把伪随机码与信号模 2 加后直接传输。因而,任何一个观察者,即使得到频率后,只有在了解了频率与码的关系后,才可以从所得频率中得到传递的码,而这种关系是绝对机密的,因此很难得到。

下面定性分析一下跳频系统的抗干扰性能。

1. 单频干扰与窄带干扰

单频干扰或窄带干扰对宽带接收机的影响非常严重。这些干扰可能来自功率大、距离近的电台或干扰源,也可能来自敌方的人为干扰。因为频谱窄、功率集中,一旦落入宽带接收机的前端电路,就可能引起阻塞,从而破坏接收机的正常工作。若接收机前端电路动态范围足够大,则不必考虑阻塞干扰,这时只需考虑那些与所需信号同时落入同一发送信道或互补信道的干扰即可。

设跳频系统可能跳变的频率数为 N,在每一个跳频图案中不使用重复频率,干扰的频率总数为 J,均匀地分布在跳频系统的全部频带之内。这样,对于单信道调制而言,干扰落入发送信道的概率为 J/N，误码率近似为 $P_e \approx \dfrac{1}{2}\dfrac{J}{N}$。而对于非单信道调制（如 FSK）的系统来说，情况较为复杂。因为干扰可以落入发送信道，也可以落入互补信道以及同时落入两个信道。分析表明，落入互补信道所引起的误码率最大，为了简单，可以用 $P_e \approx J/N$ 的公式来估算 FSK 跳频系统的误码率。例如 $N=1000$，$J=1$，$P_e \approx 1 \times 10^{-3}$，显然，这样大的误码率不能满足数据传输的要求。

由第 2 章的分析可知，为了改善跳频系统的误码性能，可以用增加可用频率数的办法，也可以用增加冗余度（同时提高跳频速率）的办法。增加冗余度，就是采用频率编码，最简单的例子是采用重复码，即一个信码用几个频率传输，而在解码时用多数判决准则，重复码通常用奇数个比特构成，判决时可以 3 中取 2，5 中取 3，…。这时误码率为

$$P_e \approx \sum_{i=r}^{m} C_m^i P^i (1-P)^{m-i} \tag{4-131}$$

式中：$P=J/N$；r 为每一信码正确判决时所必需的最小频率数；m 为每一信码包含的重复频率数。通常 m 为奇数，$r=(m+1)/2$。当 $N=1000$，$J=1$，$m=3$ 时，$r=2$，按上式计算得 $P_e = 3 \times 10^{-6}$，可见误码性能已大大改善。然而这要付出传输速率提高三倍、信号带宽增大三倍的代价。为了减小传输带宽，可以减小信道宽度，允许在相邻两个信道中发送的信号频谱有较大部分相互重叠，以至于使信号频谱主瓣的第一个零点落在相邻信道的中心，见图 4-46。因为跳频系统在一个比特周期内不会用两个频率发送信号，因而频谱部分重叠的方法是可以节省频带的。然而，这样做会使跳频系统对"远—近"效应比较敏感，且增加了接收机区分信道的模糊度，从而使误码率增加。

在实际中增加多余度究竟能使误码率改善多少，取决于系统参量。显然，每比特信息发送的切普数越多，误码率就越小，这要求跳频速率和射频带宽成正比增加。如果系统带宽或频率合成器产生的频率的能力受到限制，则必须在每比特发送较多频率数与降低误码率之间进行一定的折衷。图 4-47 给出了多频传输在不同判决准则下误码率 P_e' 与误切普率 P_e 之间的关系。

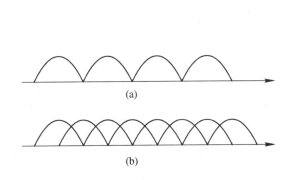

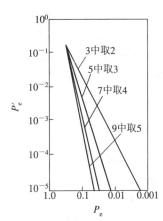

图 4-46　频谱部分重叠节省频带

　　（a）频谱不重叠；（b）频谱重叠

图 4-47　多频传输在不同判决准则下 P_e'

　　　　　与 P_e 的关系

2. 宽带阻塞干扰

在直扩系统中，干扰直扩信号，单频或窄带干扰比宽带干扰更有效；而在跳频系统中，干扰跳频信号，宽带干扰比窄带或单频干扰更有效。因为宽带干扰"击中"跳频信号的概率较大。但宽带阻塞式干扰要在整个跳频频段内阻塞跳频信号的可能性是很小的，要求的功率和带宽在技术上是很难实现的。例如 VHF 频段，跳频频率为 30～90 MHz，则有 2400 个频道。若跳频电台发射功率为 3 W，发射台到接收台的距离与接收台到干扰机的距离相等，则要求发射机的功率至少为 7200 W，相对带宽达 100％（60 MHz 中心频率），这基本上是不可能的。即使有这样的干扰机，也难免受到导弹的攻击。有效的干扰是采用多部宽带阻塞式干扰机或部分频带阻塞式干扰机。

3. 跟踪式干扰

跟踪式干扰机的组成为一频谱分析仪和干扰机。工作时，它首先用频谱分析仪分析出跳频发射机发送信号的频率等参数，然后将干扰机的频率调到跳频信号的频率上，对跳频信号进行干扰。这样跟踪式干扰机对有用信号的干扰就有一个时延问题，这个时延包括频谱分析仪的处理时间、干扰发射机的调谐时间以及信号传输的时延差等，这就大大降低了该干扰机的干扰能力，除非时延小于跳频频率的驻留时间，否则不会对有用信号形成干扰。要有效地干扰跳频信号，需知道跳频图案，即知道频率跳变的准确频率和时间，在此频率上发噪声调制信号，使有用信号在所有的频率上错误判决。而跳频图案是跳频系统中最重要的部分，都具有很高的保密程度，很难破译，因而实际中基本上是不可能的。

4. 转发式干扰

所谓转发式干扰，往往是在敌对环境中敌方有意设置的人为干扰，如图 4 - 48 所示。其中的干扰机把收到的信号，经处理（放大，加噪声调制等）后，再以最小的时延转发出去。由于这种干扰的功率大，可以和所需信号的功率相当，因而造成的影响也比较大。

转发式干扰机要有效地干扰跳频信号，必须在跳频信号的一跳内使转发的干扰信号与有用信号同时到达接收机，或在一跳的驻留时间内有时间上的重叠。以 d_1 表示直线传播距离，d_2+d_3 为经干扰机转发的传播距离，T_p 为干扰机的处理时间，则产生干扰的条件为

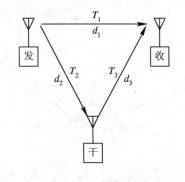

$$\frac{d_2+d_3}{v}+T_p \leqslant \frac{d_1}{v}+\eta T_h \qquad (4-132)$$

式中：v 为电磁波传播速度；η 为一比值，小于 1。
上式可写成

$$d_2+d_3 \leqslant (\eta T_h - T_p)v + d_1 \qquad (4-133)$$

图 4 - 48 转发式干扰示意图

把此式右边看成常数，取等号，便形成一个以发射机和接收机为两个焦点的椭圆。这说明，倘若干扰机设在椭圆之外，则干扰不会有效。反过来，为了避免转发式干扰，跳频速率应满足

$$R_h = \frac{1}{T_h} \geqslant \frac{\eta}{\left(\dfrac{d_2 + d_3 - d_1}{v} + T_p\right)} \qquad (4-134)$$

式中的 η 与接收机的具体设计有关。显然，η 值越小，相应的跳频速率越允许低一些。减小 η 的办法是使判决的取样时刻尽可能靠近每个比特的前沿。但这样做会使码间干扰的影响加大，从而降低系统的检测性能，而且对同步的要求也要提高。

在收发机和干扰的相对位置确定后，要克服转发式干扰，只有减小每跳的驻留时间 T_h，即提高跳频速率。但跳频速率提高后，由于多网和延迟，会造成网与网中频率的"击中"，降低组网能力。

应当指出，转发式干扰机并不需要知道跳频图案，因此它对跳频信号的干扰最严重。

5. "远—近"效应

在直扩系统中，信号与干扰处于同一频带，由于干扰机离接收机的距离远小于发射机到接收机距离，前者路径衰减比后者的弱得多，虽然直扩系统有处理增益，干扰机到达接收机电平仍然能超过直扩系统的干扰容限。因此，"远—近"效应对直扩系统的影响很大。例如，干扰机与发射机的发射功率相同，直扩系统处理增益 $G_p = 30$ dB，干扰机离接收机的距离与发射机离接收机的距离差使干扰信号到达接收机的电平比发射机强 40 dB，解扩后干扰仍比有用信号强 10 dB。跳频系统采用躲避的方法，工作频率是跳变的，虽然干扰机离接收机很近，但由于频率不同，形成不了干扰。当然，若干扰太强，虽然频率不同，由于接收机前端电路的选择性和动态范围有限，也会对接收的有用信号形成一定的影响。

"远—近"效应的影响，对地面通信系统是一个大的问题。跳频系统相对直扩系统和其它非扩频系统而言，对抗"远—近"干扰具有明显的优势。在卫星通信中，由于方向性和距离等原因，这种干扰影响不大。

6. 多径干扰

由第 4.5 节分析可知，直扩系统具有较强的抗多径干扰的能力，其抗多径干扰能力的大小取决于伪随机码的码元宽度 T_c，T_c 越小（码速越高），抗多径干扰的能力越强。直扩系统抗多径的条件是 $\tau R \geqslant 1$。跳频系统也具有抗多径能力，而且在信噪比相对较低的情况下，FH/FSK 系统还可以利用多径改善性能，但在一般情况下，条件相同，直扩系统的抗多径能力要比跳频系统强。跳频系统要抗多径干扰，应保证在一跳时间之内与多径信号没有重叠部分，即要求

$$T_h \leqslant \tau \qquad (4-135)$$

式中 τ 为多径时延。若以 $R_h = 1/T_h$ 表示跳频速率，则上式可改写为

$$\tau R_h \geqslant 1 \qquad (4-136)$$

这与直扩系统的抗多径条件类似。由此可知，在多径时延一定的条件下，跳频系统要抗多径，最有效的途径是减小每跳的驻留时间 T_h，即提高跳频速率 R_h，这又将增加系统的复杂性。例如，多径时延 $\tau = 1$ μs，路径差为 300 m，对直扩系统来说，只要 $R_c \geqslant 1$ Mc/s 即可，而对于跳频系统来说，则要求 $R_h \geqslant 1$ Mh/s，要达到如此高的跳速是相当困难的。实际上，一味地提高跳频速率也没有必要，这是因为多径对跳频系统的干扰是通过不同路径的传输时延而起作用的，它一方面与信号带宽（跳速）有关，另一方面与信号的载频差有关。

在多径信号强度不大于直接路径信号强度条件下，跳频系统要抑制多径干扰，就得同时满足两个条件，即 $\tau R_h \geqslant 1$ 和 $s\sigma \geqslant 1$，其中 s 为异频信号之最大频差，σ 为扩展时延。而这两个条件互相矛盾，为了同时满足两式，R_h 与 s 相互制约。一般可以这样认为：当扩频电台同时工作的台数足够小时，抗多径主要取决于信号带宽（R_c 或 R_h），加大带宽可以削弱或抵消多径干扰，在此情况下直扩系统最优；在多电台工作情况下，抗多径主要通过信号载频差起作用，加大载频差并使之不小于相干带宽，就可削弱或抵消多径干扰，此时跳频较佳且跳速不必很高。

4.7 跳 频 器

跳频器是跳频系统的一个核心部件，由它产生一个随时间变化的载波或本地振荡信号频率。跳频器性能的好坏，直接关系到系统性能的优劣。

4.7.1 跳频器

在跳频系统中，跳频器实质上是一个频率源，由它产生满足系统性能指标要求的频率信号，它产生的频率是一个随时间变化的频率信号。

1. 跳频通信对跳频器的要求

（1）要求输出频谱要纯，输出频率要准、稳，否则接收和发射两端不易同步，不能可靠地进行通信；

（2）跳频图案要多，跳频规律随机性要强，从而可加强通信的保密性能；

（3）要求频率转换速度要快，输出的可用频率数要多。跳频速率越快，通信频率的跳变越不易被干扰或破译，但频率跳变太快也会使频谱展宽，且使得跳频器结构复杂，成本高；

（4）跳频器输出频率要高。频率越高，可利用的频率范围越宽，跳频通信产生的频率数越多，保密性就越强；

（5）跳频器必须要有很高的可靠性和稳定性、抗震性，适合于战术通信和移动通信使用的要求；

（6）跳频器要求体积小、轻便，使跳频电台适用于携带式移动通信。

2. 跳频器的技术指标

不同的跳频电台对跳频器的要求不同，跳频数和跳频速率是决定整个跳频系统性能的关键参数。目前比较先进的跳频器技术指标可以达到：

（1）频率转换时间 $<1\ \mu s$；

（2）电台输出的寄生信号频率低于选定频率 80 dB；

（3）跳频信号带宽 60 MHz；

（4）频率数为 4095（即 $2^{12}-1$）；

（5）跳频速率为 10^5 h/s。

4.7.2 跳频器的组成

跳频器主要由产生多种频率的频率合成器和控制频率跳变的伪随机码产生器组成，如

图 4 - 49 所示。

跳频器是跳频通信的核心，由伪随机码来控制频率合成器产生跳变频率。伪随机码的每一种状态对应于频率合成器的一个频率，伪随机码发生器在一个周期内有 2^n-1 种状态（n 为产生伪随机码的移位寄存器的级数），对应的频率合成器将产生 2^n-1 个不同的频率。因而跳频器实质上是一个码控频率合成器。

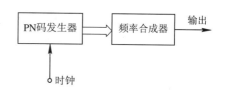

图 4 - 49 跳频器的组成

跳频器的关键部件是频率合成器，伪随机码已在第 3 章中介绍过，下面主要讨论频率合成器。

所谓频率合成器，就是以一个或少量的标准频率为标准（参考频率），导出多个或大量的输出频率，其频率稳定度和准确度与标准频率源一样。用于产生这些频率的部件就称为频率合成器或频率综合器，简称频合或频综，用 FS（Frequency Synthesis）表示。跳频系统用的频率合成器与高效能的频率合成器没有什么不同，但对跳频系统的频率合成器，用于抗干扰技术有一个特殊的要求，即保证足够快的跳频，要求能从一个频率很快地转换到另一个频率（换频时间短），以便系统能"躲避"任何外来的干扰。这种快速跳变的要求就使得在具体设计频率合成器时与一般情况不同。

频率合成器通过一个或多个标准频率产生不同的跳变频率是通过对这几个标准频率的加、减、乘、除来完成的，电路上可用混频、倍频和分频电路来实现。

频率合成器可分为直接或间接式两类，在下面几部分分别加以介绍。

4.7.3 直接式频率合成器

直接式频率合成器是直接把主频率（参考频率）经分频、倍频和混频后，得到不同的频率，因而输出频率的准确性和稳定性与主频率相同。图 4 - 50 是这种频率合成器的一种基本单元——"和频－分频"基本单元，图 4 - 51 为这种频率合成器组成框图。由此可见，"和频－分频"式频率合成器能够提供的频率总数与参考频率的数目 K 及混频次数 A 有关，即为 K^A 个频率。图中分频比为 N，每增加一级，输出跳变频率间隔就减少为前一级的 $1/N$，故输出频率间隔 Δf 为参考频率间隔 ΔF 与参考频率数 K 的乘积除以频率总数 K^A，即为

$$\Delta f = \frac{\Delta F \cdot K}{K^A} = \frac{\Delta F}{K^{A-1}} \qquad (4 - 137)$$

带通滤波器（BPF）用来抑制组合频率，以保证输出频率的纯度。带通滤波器将使每一跳变频率都通过它，而且产生一定延迟，A 个级联的滤波器的总延迟最终将限制跳频的速率，而延迟本身与滤波器的带宽有关。所以，滤波器是设计频率合成器的一个关键部件，其带宽和选择性则是滤波器设计中的关键参量。

这种频率合成器的转换速率，一般在微秒级，而且产生的频率数多，通过增加混频级数还可进一步增加频率数。但随着混频级数的增加，传输时延也会增加，这样就限制了跳频速率。产生的频率的稳定度取决于参考频率的稳定度。若产生的频率数极少，可用图 4 - 52 所示电路来完成。

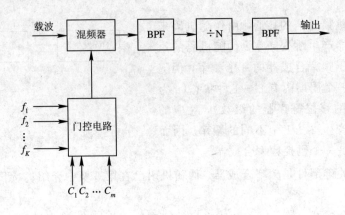

图 4 - 50　"和频—分频"基本单元框图

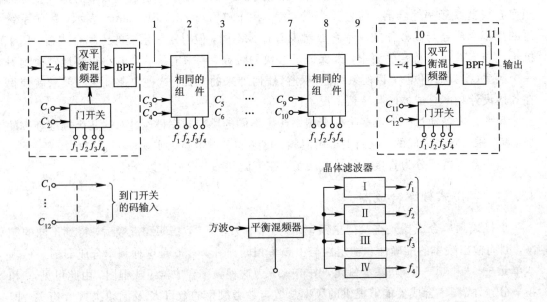

图 4 - 51　直接式频率合成器的组成框图

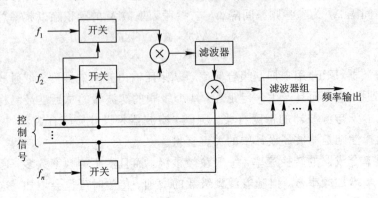

图 4 - 52　简单直接式频率合成器

4.7.4　间接式频率合成器

间接式频率合成器是用主频率(参考频率)通过锁相环路控制的一个可变的振荡器，得到不同的输出频率，如图 4 - 53 所示。压控振荡器的频率 f_v 被可变分频器 N 分频，得到 f_v/N，与输入参考频率 f_c/M 比相，通过环路滤波器滤波，把一相差信号转换为一直流信号，送给压控振荡器(VCO)，调整 VCO，使 $f_v/N = f_c/M$，因而可得 VCO 的输出频率为

$$f_v = \frac{N}{M} f_c \qquad (4 - 138)$$

鉴相频率 f_c/M 是固定的，因此环路输出是随 N 变化的一组以 $\Delta f = f_c/M$ 为频率间隔的不连续的频率。f_c/M 能够改变 VCO 的步进频率值，这也是跳频通信的波道间隔。

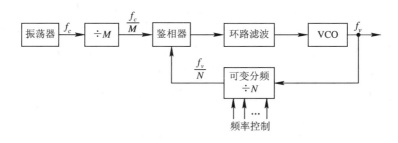

图 4 - 53　间接式频率合成器

这种频率合成器的转换时间在毫秒级，适合于中、慢速跳频；它产生的频率的稳定度取决于参考频率的稳定度，因而一般有较高的频率稳定度；结构简单，体积小，易集成。为提高间接式频率合成器的跳频速率，也可采用图 4 - 54 所示的双环电路，两个环路交替工作。采用这种环路，可以提高频率合成器的跳频速率。由于两个环路交替输出，最佳情况是跳频的每一跳的驻留时间 T_h 为环路的频率转换时间 T_s，而不是一般单环跳频系统要求的 $T_s \leqslant 0.1 T_h$，即转换时间 T_s 小于十分之一驻留时间 T_h 的要求，从而可将跳频速率提高十倍。采用双环电路，虽然可以提高跳频速率，但如何解决两个环路的相互影响是一个很重要的问题。

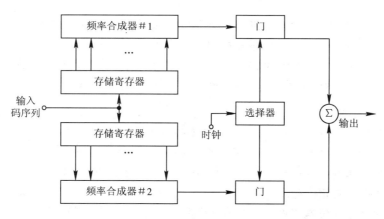

图 4 - 54　双环路频率合成器

4.7.5　直接式数字频率合成器

直接式数字频率合成器(DDS, Direct Digital Synthesis)是近年来发展非常迅速的一种器件,它采用全数字技术,具有分辨率高、频率转换时间快、相位噪声低等特点,并具有很强的调制功能和其它功能,将其应用于通信系统和其它电子设备中,可以大大简化系统,降低成本、提高系统的可靠性和其它性能。

1. DDS 的原理和特点

DDS 的组成如图 4 - 55 所示,由一相位累加器、只读存贮器(ROM)、数/模转换器(DAC)和低通滤波器组成,图中 f_c 为时钟频率。由相位累加器和 ROM 构成数控振荡器(NCO, Numerically Controlled Oscillator)。相位累加器的长度为 N,用频率控制字 K 去控制相位累加器的累加次数。对一个定频 ω,$\mathrm{d}\varphi/\mathrm{d}t$ 为一常数,定频信号的相位变化与时间成线性关系,数字累加器实现了这个线性关系。不同的 ω 值需要不同的 $\mathrm{d}\varphi/\mathrm{d}t$ 的输出,这就可用不同的值加到相位累加器来完成。当最低有效位 LSB=1 加到累加器时,产生最低的频率,因为经过了 N 位累加器的 2^N 个状态,输出频率为 $f_c/2^N$。加任意 M 比特值到累加器,输出频率为 $Mf_c/2^N$。因此,M 表示了每个时钟周期的相位增量,定义为 $\Delta\varphi$,则 NCO 的输出频率为

$$f_o = \frac{\Delta\varphi}{2^N} f_c \qquad\qquad (4 - 139)$$

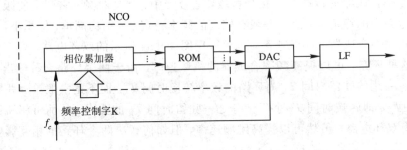

图 4 - 55　DDS 的组成

在时钟 f_c 的推动下,相位累加器通过 ROM(查表),得到对应于输出频率的量化振幅值,通过 D/A 变换,得到连续的量化振幅值,再经过低通滤波器滤波后,就可得到所需频率的模拟信号。改变 ROM 中的数据值,可以得到不同的波形,如正弦波、三角波、方波(也可以从相位累加器的溢出直接得到)和锯齿波等周期性的波形。

DDS 的特点如下:

(1) 频率转换时间快,可达纳秒级,这主要取决于累加器中数字电路的门延迟时间;

(2) 分辨率高,可达 MHz 级,这取决于累加器的字长 N 和参考时钟 f_c。如 $N=32$,$f_c=20\ \mathrm{MHz}$,则分辨率 $\Delta F=f_c/2^{32}=4.5\ \mathrm{MHz}$;

(3) 频率变换时相位连续;

(4) 非常好的相位噪声性能,其相位噪声由参考时钟 f_c 的纯度确定,随 $20\lg L$ 减小。$L=f_o/f_c$,f_o 为输出频率,$f_o > f_c$,可优于 $-120\ \mathrm{dBc/Hz}$;

(5) 输出频率带宽,最大的输出频率为 $f_c/2$,这是由 Nyquist 采样定理决定的。

2. DDS 的性能

频率合成器的主要技术指标包括波段、带宽、转换时间、相位噪声、杂散、体积、复杂度、成本等。对 DDS 而言，其波段、带宽及稳定度取决于器件和参考时钟 f_c；由于是一开环系统，频率转换时间是门电路的延迟时间，可达到 ns 级，完全可以满足任何跳频系统或其它系统的要求；体积小、成本低也是 DDS 的一大优点。剩下的问题是 DDS 输出信号的频谱纯度问题。

在一般实际应用中，DDS 的相位噪声不是大的问题。由于输出频率信号是一个稳定的固定时钟产生的，数字相位有很好的线性，这与 PLL 比较是一个主要的优点。由于输出频率低于时钟频率，一般 $f_o \leqslant \frac{1}{2} f_c$，即 $f_o < f_c$，这样输出频率的相位噪声相对于参考时钟频率的相位噪声以 $20\lg L (L = f_o / f_c)$ 改善。选择性能较好的参考时钟频率源，就可得到很好的相位噪声性能，可达 -120 dBc/Hz 以上。

在 DDS 中，相位噪声不是大的问题，而离散杂散是主要问题。DDS 中，由离散窄带杂散引起的频谱不纯比 PLL 中的宽带相位噪声引起的不纯还严重，这些杂散信号常常紧靠输出频率。杂散由两个方面因素引起，即量化误差和 DAC 误差。预测杂散的位置是容易的，但预测其幅值是不容易的。

如果在系统中用了理想的 DAC，由于波形的每一离散抽样值是理想的量化近似值，杂散信号也会产生，即杂散总是存在的。因为没有理想的 DAC，会引入 DAC 误差，这些 DAC 误差将以谐波、互调和杂散信号等形式表现出来。由量化和 DAC 误差引起的杂散会在相同频率上出现。所有的杂散信号与输出频率有关，然而，Nyquist 频率和直流分量作为"Nyquist 墙"，谐波被反射到 DDS 的带宽内，如图 4 - 56 所示。时钟频率为 40 MHz，输出频率为 12 MHz、28 MHz 和 52 MHz 为第一对混淆频率，20 MHz 为 Nyquist 频率。在图 4 - 56 中，二次谐波分量会在 24 MHz 出现，然而二次谐波杂散将由 Nyquist 频率反射，在 16 MHz 出现，第三次谐波出现在 4 MHz，四阶出现在 8 MHz，以此类推，谐波杂散的阶数越低其影响越严重。

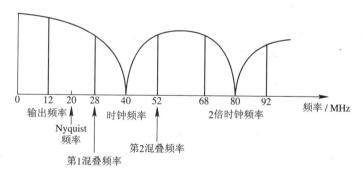

图 4 - 56　输出信号频谱图

DDS 的杂散性能的改善可以通过以下措施来实现：

(1) 增加 DAC 的位数，有效位每增加一位，DDS 的输出杂散电平将改善 6 dB；

(2) 增加有效相位位数，每增加一位，DDS 的输出杂散电平将改善 8 dB；

(3) 设计性能良好的低通滤波器，最大限度地滤除第一个混淆信号。

3. DDS 与 PLL

DDS 和 PLL 是两种频率合成技术，其频率合成的方式是不同的。DDS 是一种全数字开环系统，而 PLL 是一种模拟的闭环系统。由于合成的方式不同，因而都具有其特有的优点与不足，从设计 DDS 和 PLL 需考虑的因素的比较就可以看出这两种频率合成技术的差异。在 PLL 频率合成器中，设计时要考虑的因素为：

（1）频率分辨率即频率步长；

（2）建立时间；

（3）调谐范围（带宽）；

（4）相位噪声（谱纯度）；

（5）成本、复杂度和功耗。

而对于 DDS，设计时要考虑的因素有：

（1）时钟频率（带宽）；

（2）杂散响应（谱纯度）；

（3）成本、复杂度和功耗。

在 PLL 中，频率分辨率是不会很高的，其分辨率的高低还与其它的性能指标有关，而 DDS 的分辨率只取决于相位累加器长度 N 和时钟频率 f_c，可以做到 MHz。从建立时间看，DDS 是非常小的，可达 ns 级，而 PLL 的建立时间由于闭环是长的，一般在 ms 级。在输出带宽上，DDS 与 f_c 有关，$f_o \leqslant f_c/2$，而 PLL 一般 $f_o > f_c$。DDS 可以看成低通型的，PLL 可以看成带通型的。频率覆盖范围是这两种技术都要考虑的问题。在频谱纯度上，DDS 只需考虑杂散信号的影响，杂散信号出现的位置是"可见"的，而 PLL 要考虑相位噪声和杂散信号两种，这两种影响谱纯度的因素与 PLL 的环路参数有关。成本、复杂度和功耗是这两种技术必须考虑的问题。

这两种技术的频率合成方式不同，各有其独有的特点，不能相互代替，只能相互补充。将这两种技术结合起来，可以达到单一技术难以达到的结果，满足跳频系统及其它系统对频率合成器的各项要求。图 4 - 57 是 DDS/PLL 的一种频率合成器。由 DDS 产生分辨率很高的低频信号，再通过混频环将其提高到 51～52 MHz。采用这种结构，可以做到宽的输出带宽、非常高的频率分辨率、快速的建立时间（μs 级）、低的相位噪声和杂散以及低功率等。图 4 - 58 是 DDS 驱动 PLL

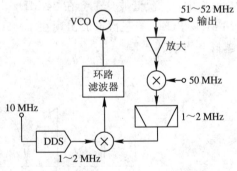

图 4 - 57   DDS/PLL 频率合成器

合成器，这种合成器由 DDS 产生分辨率高的低频信号，将 DDS 的输出送入一倍频－混频 PLL，其输出频率为

$$f_o = f_L + N f_{DDS} \qquad\qquad (4 - 140)$$

其输出频率范围是 DDS 输出频率的 N 倍，因而输出带宽宽，分辨率高（可达 1 Hz 以下），具体数值取决于 DDS 的分辨率和 PLL 的倍频次数；转换时间快，由于 PLL 是固定的倍数环，环路带宽可以较大，因而建立时间就快，可达 μs 级；N 不大时，相位噪声和杂散都可

以比较低。因此，DDS＋PLL 是当今跳频系统频率合成器的首选方案，自然受到人们的重视。

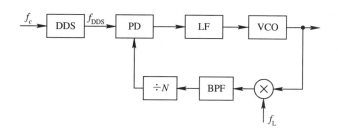

图 4－58　DDS 驱动 PLL 频率合成器

4. DDS 的调制特性

在 DDS 中，输出信号波形的三个参数：频率 ω、相位 φ 和振幅 A 都可以用数据字来定义。ω 的分辨率由相位累加器中的比特数来确定，φ 的分辨率由 ROM 中的比特数确定，而 A 的分辨率由 DCA 的分辨率确定。因此，在 DDS 中可以完成数字调制。频率调制可以用改变频率控制字来实现，相位调制可以由改变瞬时相位字来实现，振幅调制可用在 ROM 和 DAC 之间加数字乘法器来实现。因此，许多厂商在生产 DDS 芯片时，就考虑了调制功能，可直接利用这些 DDS 芯片完成所需的调制功能，这无疑为实现各种调制方式增添了更多的选择，而且用 DDS 完成调制带来的好处是以前许多完成相同调制的方法难以比拟的。如 STANFORD TELECOM 公司生产的 NCO（STEL－1177），可以完成相位、频率和振幅调制，如图 4－59 所示。

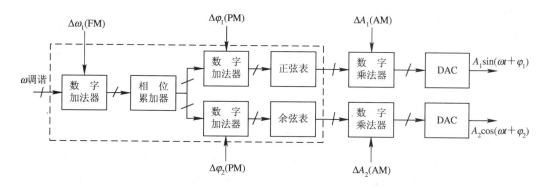

图 4－59　用 DDS 完成数字调制

用 DDS 可以完成 FSK、ASK、PSK、QPSK、MSK、QAM 等调制，其调制方式是非常灵活方便的，调制质量也是非常好的。这样，就将频率合成和数字调制合二为一，一次完成，系统大大简化，成本、复杂度也大大降低，因此，用 DDS 实现数字调制不失为一种优良的选择。

4.7.6　跳频图案

载波频率跳变的规律称之为跳频图案，它也是跳频通信技术中的一个关键问题。

1. 跳频图案的要求

(1) 每个跳频图案跳变的频率在被传输的全部频带内。

(2) 周期非常长，长到实际通信中图案不重复。如跳频电台中的移位寄存器多为 32 位，以每秒 1000 跳计算，每一跳的驻留时间 $T_h = 1$ ms，32 位移位寄存器的长度（以 m 序列为例）为

$$N = 2^{32} - 1 \approx 4.3 \times 10^9$$

则时间周期 T 为

$$T = NT_h = 4.3 \times 10^9 \times 10^{-3} = 4.3 \times 10^6 \text{秒} \approx 1194 \text{ 小时} \approx 50 \text{ 天}$$

即如果以多位寄存器的一个状态对应于一跳时，其周期长达 50 天，这在实际应用中是足够的了。

(3) 保密性高。不是简单地运用伪随机码，而是还要考虑采用别的措施，进一步增强跳频图案的保密性。许多战术跳频电台采用加密钥、加时间变量（这样可以使跳频图案随时间变化），再经非线性变换的方法，来确定跳频图案。

(4) 随机性好。这是指由伪随机码控制频率合成器产生的频率，在所用的频率集中是随机出现的，而且出现的概率应是均等的，否则在某些频率上出现概率明显大于其它频率，则在此频率上遭到的干扰机会更多，对系统的影响就更大。

(5) 在允许的时延 τ 情况下，各种跳频图案间可能重叠的频隙数最小。

(6) 给定一个允许的重叠准则，其构成的跳频图案的数目应是最大的。

2. 跳频图案的种类

跳频图案的种类一般是指用作跳频图案控制码的伪随机码和控制方法。目前，用得较多的伪随机码主要是 m 序列、M 序列和 R - S(Reed-Solomon)码。m 序列是跳频图案常用的控制码，它容易产生，但从保密的观点看，这种跳频图案用在通信系统中是有不足之处的，因为如果采用计算机模拟时，人们就能够较为容易地找到其规律性，而且 m 序列的密钥量也不够大，故这种跳频图案用在高保密跳频通信系统中不是很理想，但在一般情况下还是可用的。M 序列条数比 m 序列多得多，是非线性移位寄存器序列，因而可产生的跳频图案也就多，保密性强。R - S 码是一种最佳的近似正交码，用户数多，实现容易，是一种理想的跳频控制码。

实际应用中，跳频图案并不是简单地由伪随机码直接产生，而是一种复杂的变换关系，如许多战术跳频电台，其跳频图案的产生是由带时间信息的变量 TOD(Time of Day)、原始密钥 PK(Prime Key)和伪随机码一起（模 2 加后）经非线性变换后，确定出跳频图案。这种跳频图案由于考虑了时间信息，因而是一种时变的跳频图案，经过多重加密，就大大增加了破译跳频图案的难度。

4.7.7 跳频速率的选择

在跳频通信系统中，跳频速率与系统的抗干扰性能等因素有着直接的关系，在选择跳频速率时应主要考虑以下几点：

(1) 系统抗干扰性能的要求；

(2) 系统可检测性与接收机的性能指标；

（3）系统中各种跳频信号互相干扰的大小；

（4）系统的同步能力、环路的锁定时间；

（5）跳频实现的可能性等。

从抗干扰性能来看，快跳频比慢跳频好。如果跳频速率超过快速跟踪式干扰机的响应速率，则可免除这种干扰的威胁，对抗转发式干扰也有好处，而慢跳频抗此类干扰的能力较差。

从频谱利用率来看，快跳频不太理想。快跳频的频率驻留时间短，因此快跳频信号的频谱就宽，而且副瓣会造成邻近信道干扰。

从同步性能看，慢跳频系统要求的精度低，而快跳频系统要求的精度高。

从价格和复杂程度看，快跳频由于频率合成器复杂，因此，成本高，技术难度大。

由以上分析，综合各种因素可知，中速跳频是比较合适的，既可满足系统较高的抗干扰性能要求，又可比较容易（相对地）实现，技术难度也不是很大。总之，跳频速率的选择应根据实际要求来确定。

4.8 扩频信号的信号解调

扩频信号经解扩（解调）后成为一中频信号，解调就是从中频信号中将传输的信息恢复出来的过程。与常用的无线通信系统一样，扩频信号的解调方式是与发射端采用的调制方式相对应的。

直扩系统中采用的调制的方法很多，对应的解调方法也很多，常用的解调器有锁相环调频反馈解调器、科斯塔斯（Costas）解调器等。直扩系统中基本恢复过程本身是一个相干过程。因为本地参考信号必须是接收信号的准确估计，其次还由于相干检测器别的类型的检测器有优良的门限特性。因而直扩系统中大多采用相干检测。

在跳频系统中，很难用相干发射与相干接收方式来实现，因为每当信号改变一次频率时，锁相环将再次捕获和跟踪，这就占用了一跳中的部分时间，限制了跳频速率，从而降低了系统抗干扰能力及抗侦破能力。所以跳频信号的解调通常用非相干包络检波器，并使用积分－清洗匹配滤波器，以利于提高跳频速率。

具体的信号解调在先修课程中有过详细介绍，在此不再赘述。

本章参考文献

[1] R. C. Dixon. Spread Spectrum System(2nd Editions). 1984

[2] J. K. Holmes. Coherent Spread Spectrum System. 1982

[3] R. E. Ziemen. R. L. Peterson. Digital Communications And Spread Spectrum System. 1985

[4] G. R. Cooper，C. D. Mcgillem. Modern Communications And Spread Spectrum. 1988

[5] 樊昌信等. 通信原理. 北京：国防工业出版社，1984

[6] 查光明、熊贤祚. 扩频通信. 西安：西安电子科技大学出版社，1990

[7] 朱近康. 扩展频谱通信及其应用. 合肥：中国科学技术大学出版社，1990

[8] 但森. 相干通信技术. 北京：国防工业出版社，1977

[9] Wiooiam C. Y. ile Communications Engineering. 1982

[10] 李振玉，卢玉民. 扩频选址通信. 北京：国防工业出版社，1988

思考与练习题

4-1 相关器输入的干扰—信号功率比为 20 dB，处理增益为 32 dB，相关器内部损耗为 1.5 dB，相关器的滤波器输出信干比是多少？

4-2 画出能实现 $f(t)$ 与 $g(t)$ 的相关功能的方框图。

4-3 在相关器的乘法器输出端，当一码速为 5 Mb/s，长为 4095 chip 的码序列与一连续载波相乘时，乘法器输出端的线谱间隔和重复频率是多少？

4-4 处理增益为 30 dB，输入的干扰比所需信号大 10 dB 时，相关器输出的 $\dfrac{S+J}{J}$ 是多少？

4-5 在相关器的相乘器输出端，要求共用频道的扩展频谱信号（即与所要的信号相似，但所使用的码序列不同）有什么样的带宽？

4-6 一多径信号的多径时延 $\tau=0.1\ \mu s$，分别指出在直扩系统和跳频系统中抗这种干扰应满足什么条件？

4-7 若 30% 的可用频率受到干扰，那么在一个跳频切普中产生一个差错的总概率是多少？

4-8 一跳频系统，可用频率数 $N=1000$，在跳频频段内，有 50 个干扰频率与跳频频率相同且能形成干扰。试分别求出每比特一跳和三跳（三中取二）时的误比特率，并进行比较。

4-9 跳频电台的收发距离为 10 km，一转发式干扰机距跳频收/发机距离分别为 10 km 和 15 km，不考虑干扰机对信号的处理时间，则跳频电台的跳频速率应为多大时才能不受此干扰机干扰？若干扰机处理时间为 20 μs，则跳频速率为何值？

4-10 一频率合成器，参考频率数为 4 个，参考频率间隔为 5 MHz，混频次数为 4，则该频率合成器的输出频率数和输出频率间隔为多少？

第 5 章　扩频系统的同步

在前面几章的讨论中，我们都是以假定接收机本地参考信号与输入信号同步为前提，其中包括载波同步、码元同步、码字同步和跳频图案同步等。本章的重点就是讨论实现这些同步的各种方法，包括同步的捕获和跟踪，这是扩频通信系统至关重要的问题，也是扩频系统中的一大难题。

跳频系统和直扩系统对同步的总要求是相似的，都要求同步时间短，同步概率大，虚同步概率低，具有很强的抗干扰特别是抗人为干扰的能力以及易实现、体积小、成本低等。但由于跳频系统和直扩系统工作原理和信号处理方式的不同，因而采用的同步方式也不相同。本章我们首先讨论同步不确定性的来源，然后分别讨论直扩系统和跳频系统的同步方法。

5.1　同步不确定性的来源

扩展频谱系统中，对同步来说存在两类一般的不确定，即码相位和载波频率的不确定。在扩频接收机能够正常工作之前必须解决这个不确定性，否则系统就不能正常地接收扩频信号。码相位的分辨率必须小于 1 比特(切普)，从接收机看，中心频率的分辨率必须使解扩后的信号落到相关滤波器的频带范围内，并且将本地载波频率始终对准输入信号的载波频率，以便使解调器能正常工作，这就是解决相位不确定性和载波频率不确定性要达到的最起码的要求。

引起同步不确定性的因素主要有以下几个方面：

1. 频率源的漂移

一般通信系统中所用的频率并不像我们希望的那样稳定，它们对频率不确定的影响是不能忽略的。在扩频系统中，频率不确定性的其它结果也是显而易见的。频率源频率的漂移，将引起码元时钟速率的偏移，积累为码相位的偏移；频率源频率的漂移，还会引起载波频率的漂移，使系统性能下降。对数字通信而言，最严重的还是码相位的偏移，使系统性能下降。对码发生器，当时钟速率偏移 10 Hz 时，将变成 10 bit/s 的累积码元偏差，一小时后就会引起相位偏差 36 000 bit，这样造成系统不能正常工作。影响频率源的稳定度的因素有温度、晶体的切割方向、振幅稳定性和放大器噪声等。林赛(Lindsey)和路易斯(Lewis)详细分析了频率源的不稳定性问题。图 5 - 1 说明了各种相对码速率偏移对系统的积累偏移的影响。

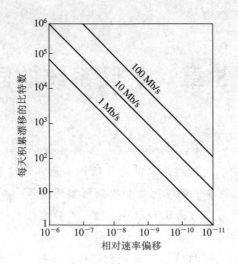

图 5-1 不同码速时相对速率偏移每日积累偏移

因此，一般的扩频系统都要求有很高的频率稳定度的频率源，至少应达 10^{-6} 数量级以上。在不通信时，有的电台为了保持一些信息，如网、时钟、密钥等，用了较高稳定度的频率源，而在开机后，为了保证通信质量，转为高稳定度的频率源。开机后频率不会同步。有一个随机相位问题，因而需要完成频率同步。

2. 电波传播的时延

同步不确定的主要来源是那些与时间和频率有关的因素。如果接收机能够精确地知道通信距离和发射时间，发射机和接收机都具有足够准确的频率源，它们就能得到所需的定时，就没有同步问题了，但这些假设本身就只是一种假设。对移动情况，由于位置的变化，必将导致传输时间的变化，因而接收机仍然需要不断地跟踪发射机的频率和相位。

3. 多卜勒频移

在发射机和接收机中使用精确的频率源，可以去掉大部分码速率、相位和载频的不确定性，但不能完全克服由于多卜勒频移引起的载波和码速率的偏移。随着移动式发射机/接收机的每一次相对位置的改变，就会引起码相位的变化。加到接收信号上的多卜勒频率不确定的大小是接收机和发射机相对速率及发射频率的函数。多卜勒频移的大小为

$$\Delta f = \frac{v}{\lambda} = \frac{vf}{c} \qquad \text{(Hz)} \qquad (5-1)$$

式中：v 为发射机与接收机的相对位移速度；f 为发射频率；c 为电磁波的传播速度，为 3×10^8 m/s。

当频率高时，多卜勒频移是一个很重要的参数，如 $f=1$ GHz 时，相对运动速度 $v=100$ km/h$=27.8$ m/s，则多卜勒频移 $\Delta f=92.7$ Hz。接收机频率 $f_{收}$ 为

$$f_{收} = f_{发} \pm \frac{vf}{c} \qquad (5-2)$$

式中频率增加的正号表示收发相互接近的运动，负号表示收发反向运动。

4. 多径效应

多径是在传输过程中由于多路径(反射、折射)传播引起的。多径效应对系统的影响主要是引起码相位、载波频率相位延迟，造成同步的不确定性。

5.2 直扩系统的同步

直扩系统的同步有以下几种：

(1) 伪随机码同步。只有完成这一同步后，才可能使相关解扩后的有用信号落入中频相关滤波器的通频带内。

(2) 位同步。实际上包括伪随机码的切普同步和传输信息的码元定时同步。

(3) 帧同步。提取帧同步后，就可提取帧同步后面的信息。

(4) 载波同步。直扩系统多采用相干检测，载波同步后，可为解调器提供同步载波；另一方面，保证解扩后的信号落入中频频带内。

后面三种同步与一般通信系统基本相同，这里主要讨论伪随机码的同步。

一般的同步可分为两步进行：

(1) 初始同步，或称粗同步、捕获。它主要解决载波频率和码相位的不确定性，保证解扩后的信号能通过相关器后面的中频滤波器，这是所有问题中最难解决的问题。当同步已经建立时，通常可以根据已得到的定时信息建立后面的同步。通常的工作方式是所谓的冷启动，就是并没有关于定时的预先信息，或至多只知道极少的信息，并不知道与所要发射机或接收机达到同步的合适的时间结构。捕获过程中要求码相位的误差小于1比特(切普)。

(2) 跟踪，或称精同步。在初始同步的基础上，使码相位的误差进一步减小，保证本地码的相位一直跟随接收到的信号码的相位，在一规定的允许范围内变化，这种自动调节相位的作用过程就称为跟踪。

跟踪与一般的数字通信系统的跟踪类似，关键还是在第一步——捕获。

5.2.1 同步过程

一般同步系统的同步过程可用图5－2来描述。接收机对接收到的信号，首先进行搜索，对收到的信号与本地码相位差的大小进行判断，若不满足捕获要求，即收发相位差大于一个码元，则调整时钟再进行搜索。直到使收发相位差小于一个码元时，停止搜索，转入跟踪状态。然后对捕捉到的信号进行跟踪，并进一步减小收发相位差到要求的误差范围内，以满足系统解调的需要。与此同时，不断地对同步信号进行检测，一旦发现同步信息丢失，马上进入初始捕获阶段，进行新的同步过程。

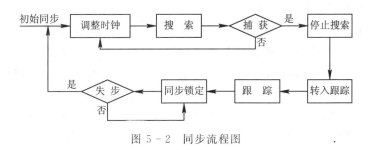

图 5－2 同步流程图

5.2.2　初始同步方法

接收机刚开始工作时，对所接收的信号的频率和相位只能大致确定一个范围，这个范围主要根据发射机和接收机的频率与时钟的相对差值、信道传输的频率不稳定性、传播时延以及收发信机本身信号源与时钟的稳定度来确定。

直扩系统中初始同步的方法很多，以相关检测的捕获、跟踪环路为主，再一个就是利用匹配滤波器方法来实现。下面介绍几种常用的初始同步方法。

1. 滑动相关法

接收机在搜索同步的过程中，本地码序列发生器以不同于发射端的码速率工作，这就相当于两码彼此"滑动"。若接收机码速率大于发射机码速率，则接收机码滑动超前，否则滞后。当两码序列重合时，滑动停止，完成捕获并转为正常码速，进入跟踪状态，下一节将专门介绍这种同步方法。

2. 同步头法

同步头法的实质是在滑动相关器中，使用一种特殊的码序列，这种码序列较短，短得足以使滑动相关器在合理的时间内通过各种可能的码状态，完成起始同步的搜索。这种专门用来建立起始同步的码，称为"同步头"。采用这种方法时，发射机在发送数据信息之前，先发同步头，供每一个用户接收，建立同步并且一直保持，然后再发送信息数据。同步头是对几乎全部同步问题的一个很好的解决方法。当采用同步头时，距离的估测是不必要的，捕获时间决定于同步头的长度。例如考虑一个航空电子系统，在接收信号之前，不能得到任何有关方向、速度和距离的信息。在每次发射开始时发射同步头，可以使普通应答系统在事先不知道相对位置的情况下工作。

典型的同步头的长度，可以从几百比特到几千比特，这取决于特定系统的要求。当要传输的信息在一个特定的频带内时，要适当地选择同步头长度，使它的重复频滤不要落入这个频带内。由于码重复而产生的 X 个干扰的频率，在距离 R_c/L 的各戒距上出现，这里 R_c 为伪随机码的切普速率，L 是码长的切普数。如果同步头的重复速率在系统的信息带宽内，则两个或多个频谱分量将在解调器的带宽内出现，好像是一对调制边带，于是有效地干扰了所要的信号。虽然同步头的重复速率可能起增加干扰的作用，但是我们还无法选择同步头重复速率使它不在信息频带内产生频率分量。无论频谱成分能分开多远，干扰频率的变化总能引起一个分量落到信号频带内。

另一个极端情况是，我们可以这样选择同步头长度和码速率，使得重复速率在信息频带内产生很多频谱分量（这意味着较长的码序列以及较低的码速率），如果同步头重复速率产生的频率分量位于信息频带之下，那么产生的这个干扰是允许的。

同步头方法有一个严重的缺陷，这个缺陷也正是由于使它工作得很好的那个码特性引起的，即可以快速捕获的较短的序列长度，更容易受到假相关的影响，而且这种短码可能被有意的干扰者复制。然而，除了这一弱点之外，同步头法要求最低、最易实现、最简单，因而最适合于各种应用的同步方法。

同步头长度的选择由以下几个标准来确定：最小码长受允许的互相关值和对干扰抑制要求的限制；最大码码长受允许搜索时间的限制；同步码的速率应和整个系统的时钟速率

一致；同步头的重复频率不得落入信号频带内。

3. 跳频同步法

跳频系统使用的伪随机码速率要比直扩系统使用的伪随机码速率低得多，因而同步建立时间也就短得多。由于使用的码速低，为达到给定的时钟误差，积累就慢得多。如时钟稳定度为 10^{-6}，对一个伪随机码速率 $R_c = 50$ Mc/s 的直扩系统，20 ms 可以积累 1 个切普的误差，而对一个码速为 50 kc/s 的跳频系统，在 20 s 内才积累一个切普的误差，因此跳频系统的码相位不确定性比直扩系统小得多。由于这个原因，直扩系统在同步建立过程中，可以用跳频状态工作，迅速建立同步，然后再转到直扩方式工作。

跳频同步可以采用两个不同速率的码序列：一个高速码用于直扩方式工作，一个低速码用于跳频，但两个码的速率应有一定的关系。例如，假设要同步的直扩伪随机码为 10^6 切普长，切普速率为 10 Mc/s，则可取 10 kc/s 的低速码，码长为 1000 切普。让这两个码序列同步，使它们的起点一致，这就得到一对序列，其中低速码 1 切普对应于高速码的 1000 切普。

先用低速码进行初始同步，这时存在的最大的同步不确定性将不大于 1000 切普，而不是高速码的 10^6 切普。因此起始同步可在 1 ms 的时间内完成。起始同步搜索到短码后，还必须继续搜索，直到同步在高速码的 1 切普范围内。由此可以看出，在 1000 切普不确定性上搜索两次，就能分辨出 10^6 切普的不确定性。

采用这种方法，需附加一跳频频率合成器，设备复杂，主要用于同步头极长的地方。只有当频率合成技术相当完善的情况下，跳频同步法对直接序列同步来讲才是一种很好的替代方法。

4. 发射参考信号法

当接收系统必须尽可能简单时，发射参考信号可以用于起始同步捕获、跟踪或同时用于两者。发射参考信号法的接收机既不用伪随机码发生器，也不用其它的本地参考振荡器，相应的伪随机码参考信号也是发射机产生的，并同所要的载有信息的信号同时发送。跳频和直扩两种系统都适合发射参考信号法。图 5 - 3 为该系统的原理框图。

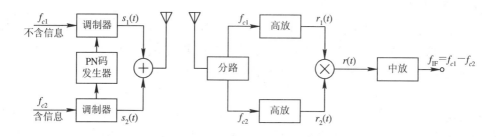

图 5 - 3　发射参考信号的同步方法

发送端把含有信息的已调信号与不含信息的 f_{c1} 同伪随机码进行调制后，合并、放大，然后发送出去。在接收端，两个频率的信号分别在两个通道中放大，经过相关运算后，取出中频，解调后还原出信息。设发送的两个信号分别为 $s_1(t)$ 和 $s_2(t)$，即

$$s_1(t) = c(t) \cos\omega_{c1}t \qquad\qquad (5-3)$$

和 $$s_2(t) = a(t)c(t)\cos\omega_{c2}t \tag{5-4}$$

式中 $c(t)$ 和 $a(t)$ 分别为伪随机码和传送的信息。在接收端，$r_1(t)$ 和 $r_2(t)$ 分别对应于 $s_1(t)$ 和 $s_2(t)$。不考虑衰减问题，$r_1(t)$ 和 $r_2(t)$ 相乘后得

$$r(t) = r_1(t)r_2(t) = a(t)c^2(t)\cos\omega_{c1}t \cdot \cos\omega_{c2}t = a(t)\cos\omega_{c1}t \cdot \cos\omega_{c2}t \tag{5-5}$$

经中频滤波后，为

$$r'(t) = \frac{1}{2}a(t)\cos(\omega_{c1} - \omega_{c2})t = \frac{1}{2}a(t)\cos\omega_1 t \tag{5-6}$$

对信号进行解调，就可恢复出 $a(t)$。若 $a(t)$ 为同步信息，就可用 $a(t)$ 调整接收机的时钟及其它同步参数，使收发双方同步。一旦同步后，就按直扩方式工作，参考信号停止工作。

这种同步方法不需接收机产生同步的码序列和本地振荡频率，从而使系统简化；它不需搜索和跟踪就可完成同步；同时，成本低、重量轻也是这种方法的一大优点。但这种同步方法易受干扰，若两个干扰频率之差为中频时，就会形成干扰。参考码信道在传输过程中引入了噪声，一旦干扰进入了有用信号信道或参考信道，在相关器内形成干扰输出，降低了信号质量。

5. 发射公共时钟基准法

发射公共时钟基准法是以某个高精度的时间作为基准，向其他用户提供标准时钟，各用户定期地和基准时钟核对，这样就可大大减少各用户之间的时间的不确定性。但这并不意味着对于同步捕获不要求搜索步骤，即使发射机和接收机的伪随机码发生器是完全定时校准的，从一个系统的发射到一个系统的接收，由于信号传输需要时间，发射信号到达接收机时与接收机有一定的时延差，而这个时延差随收发信机的位置变化，因此，总是需要一定的搜索和跟踪。甚至当伪随机码切普速率是精确的、距离已完全知道的情况下，仍然需要搜索和跟踪。这种方法只是大大缩短和简化了同步的搜索过程。

这种方法已在卫星通信中应用，未来的通信系统将会普遍采用这种方法。基准时钟法对流动用户特别有吸引力，用少量高精度频率源就可改善广大用户的频率稳定度，并向他们提供位置距离的精确数据。

6. 突发同步

突发同步法是指发射机在发送信息之前，首先发射一个短促的高速脉冲，供给接收机以足够的信息，以便使接收机建立同步。在突发同步期间，除了码字以及载波同步之外，不发送信息，突发同步后被发送的信息跟着转换到直扩信号的发射上。这种方式也可用于跳频系统。

由于同步信号是突然发射，突然猝息，对任何有意的干扰者都是出其不意的，加之这种脉冲峰值功率超过正常功率的许多倍，因而具有较强的抗干扰能力。

7. 用特殊码建立同步

在一些系统中，采用特殊码来完成同步捕获，对扩频系统的迅速锁定很有好处。在测距系统中，要求同步建立时间短，就采用了一种 JPL 组合码，它由几个短码组成。设子码序列的长度分别为 $2^m - 1$，$2^n - 1$，$\cdots$，$2^r - 1$，且 $m \neq n \neq \cdots \neq r$，即要求这些子码的长度彼此互质。组合码和 m 序列的自相关特性不一样，m 序列在一个周期内只有一个相关峰值点，

而 JPL 码则有 $P+1$(P 是 JPL 组合码中子码的数目)个，而且除了一个以外的所有自相关峰值只(并分别)与组成这个组合码的各个子码有关，最高的自相关峰值对应于整个组合码同步。

用 JPL 组合码来同步是先用一个子码与组合码进行滑动相关搜索，一旦这个子码与嵌在组合码中的它的对应子码达到同步，就产生局部相关。这个局部相关就成为进行第二个子码进行滑动相关搜索的开始信号，第二个子码的局部相关峰值增加，这个过程一直继续到组成组合码的全部子码都各自与接收信号中的对应部分同步为止。当全部子码都各自同步时，这个相关就像组合码直接被同步一样。这个方法的优点在于，它提供了快速捕获而不必用同步头，或者说除了组合码本身之外不用其它任何东西，建立时间快。比如说，当子码的长度分别为 200、500 和 1000 切普时，分别搜索各个码(共 1700 切普)的过程比搜索组合码(长度为 $200 \times 500 \times 1000 = 10^8$ 切普)要快得多。JPL 码的产生方法如图 5 - 4 所示，用此方法可以得到极长的码。这种码对于在长距离上进行无模糊的测距是很有用的，这些长码是由级数较少的移位寄存器来实现的。

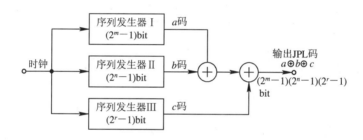

图 5 - 4　典型的 JPL 码发生器

8. 匹配滤波器同步法

这里的匹配滤波器同步与一般的匹配滤波器——积分、清洗检测器不是同一类，尽管两者都是匹配滤波器。由最佳接收理论知，若接收信号为 $s(t)$，则匹配滤波器的冲激响应 $h(t)$ 为

$$h(t) = s(T - t) \tag{5-7}$$

式中 T 为信号 $s(t)$ 的持续时间。这种方法的匹配是对伪随机码的整个码字的匹配，可在中频也可在基带进行，完成同步。中频多采用声表面波(SAW)匹配滤波器来完成(关于声表面波器件在第 6 章有专门的介绍)，基带多采用数字集成电路或专用集成芯片(ASIC)来完成。

图 5 - 5 为一基带匹配滤波器的同步器(相关器)。这里假设同步信号为 1110010，由图可知，一旦这七个切普信号进入滤波器，在输出端就可得到一峰值输出表示获得同步。

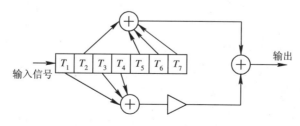

图 5 - 5　基带数字匹配滤波器

5.3　滑动相关检测

5.3.1　滑动相关同步器

滑动相关检测是一种最简单、最实用的捕获方法，图 5-6 为滑动相关同步的原理框图。采用与发端频率有差别的时钟来驱动本地码(码型已知)，由于时钟差，引起接收信号与本地产生的伪随机码的相对滑动。滑动过程中码不重叠时，相关器输出噪声，当两码接近重合和重合时，有相关峰出现，经包络检波、积分后输出脉冲电压。当输出的脉冲电压超过门限时，表示已检测到码位同步(至少到 1 切普之内)，于是给出停止搜索，转入跟踪状态的控制信号。跟踪状态用另一锁相环路来完成，转入跟踪状态后，时钟恢复到正常的频率上去。图 5-7 为滑动相关的流程图。

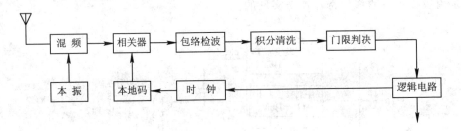

图 5-6　滑动相关同步原理框图

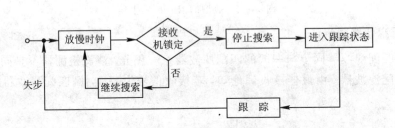

图 5-7　滑动相关同步流程图

在滑动相关过程中，因为没有载波同步，不可能进行相干检测，因而采用包络检波器进行非相干检测。相关器中包括乘法器、中频滤波器、积分清洗电路等，为了控制干扰和噪声这是必须的，积分时间应长些，比如接近 $T_a = NT_c$，这里 T_a 和 T_c 分别表示信息码宽度和伪随机码的切普宽度，N 为扩频系数。

由第 3 章已知，伪随机码具有良好的相关性能，如图 5-8 所示。当两码的相对位移 $\tau = 0$ 时，出现相关尖峰，而不相关时，相关系数很小(近似为零)。故一旦尖峰出现，就表明两条码正好重合。对这个相关峰进行处理，就可判断初始同步是否完成。

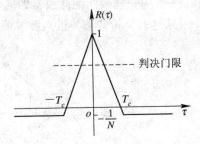

图 5-8　伪随机码的相关特性

滑动相关的主要缺点是捕获时间长，相关峰值低，这些都和检测概率有关。

为了减小噪声，提高检测概率，相关后的带宽（包括带通和积分器）要窄；从缩短捕获时间来看，应加快滑动速度，即加大收发时钟频率差，又要求带宽要宽，这两者是矛盾的。当滑动快时，相关器输出的相关脉冲窄，窄的脉冲将不易通过后面的低通滤波器；当滑动慢时，相关器输出的脉冲宽，有利于通过低通滤波器。图 5-9 给出了两种情况下相关器的输出，对应滑动的两个切普（并不是指伪随机码的两个切普宽度 $2T_c$，相对滑动后切普宽度随相对滑动速率改变）。为了使相关器输出的相关峰值通过低通滤波器，相对滑动速度受到低通滤波器上升时间或带宽的限制。

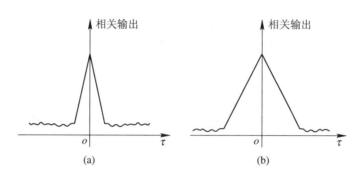

图 5-9 滑动相关器输出波形

(a) 滑动快；(b) 滑动慢

设 R_c 和 R_c' 分别为发端和收端伪随机码的速率，BW 为相关器后的低通滤波器的带宽，则低通滤波器的阶跃响应的上升时间为 $0.35/BW$。每秒钟相对滑动的切普速率为 $R_c' - R_c$，则滑过两切普的时间为 $2/(R_c' - R_c)$，要使相关峰值通过低通滤波器，则要求滑过两切普的时间大于低滤波器的上升时间，因此有

$$\frac{2}{R_c' - R_c} \geqslant \frac{0.35}{BW} \tag{5-8}$$

由此可得两码相对滑动速率与低通滤波器带宽的关系为

$$R_c' - R_c \leqslant \frac{2BW}{0.35} \tag{5-9}$$

例如，一系统的相关器后面的低通滤波器带宽为 1 kHz，则相对的滑动速率最大为 5.7 kc/s。如果码序列很长，偏移若干兆切普，滑动到相关点的时间可能是非常长的，可达几十分钟，甚至几小时、几天的时间。如前述条件，1 kHz 的带宽，最大相对滑动速率为 5.7 kc/s，若码序列长为 10^8，则最长捕获时间为 $10^8/(5.7 \times 10^3)$ s＝4.8 小时，这在实际中是难以忍受的。

相关器相关峰值不高的原因是由于码速率不一致，不可能全部重合所致。相关器相关峰还与相关器的作用时间有关。

虽然滑动相关器法同步有这样的缺点和不足，但它的基本思想仍是非常可取的。在此基础上，人们研究了许多缩短码序列的不确定性的方法，以降低滑动相关器的捕获时间，如上节介绍的同步头法、用特殊码型建立同步的方法等，都是基于滑动相关法的。

5.3.2 "滑动—保持"同步器

大多数扩频接收机的搜索过程是使接收机的码与希望接收的码在滑动相关上实现的。这个相位滑动过程是这样实现的,即对接收机时钟给以一定大小的偏移,并保持这种偏移直到合适的同步点为止,然而很少使用这种方法。代替这个搜索方法的,一般是采用以某个很小的增量将接收机的时钟周期性地移相。因此这两个码就互相以跳动方式"滑动",这种方式称为"滑动—保持"同步法,其原理如图 5-10 所示。

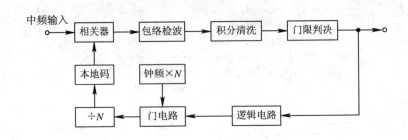

图 5-10 "滑动—保持"同步法

本地码的码速率与发端相同,未检测到同步时,处于搜索状态,步进滑动 $1/N$ 切普,与接收到的信号进行相关。若检测到同步时,就转入跟踪状态。采用这种"滑动—保持"方法搜索时,对码的相关函数有一定的影响,如图 5-11 所示。时钟偏移是连续变化的,其相关函数为一平滑的三角波,而步进搜索时变成一阶梯形的三角波。阶梯函数的精确形状因基本时钟

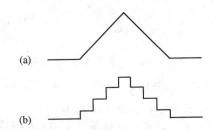

图 5-11 搜索过程相关函数
(a)连续时钟频率偏移;(b)离散时钟频率偏移

相位关系而不同。每一台阶宽度为积分时间,台阶越少,表明积分时间越长,可以滤除噪声,减小错误的同步判决,但同步精度差。若台阶数多,表明积分时间短,捕获同步的概率较大,但错误同步概率(虚警概率)也大。若两码间不确定时间为 T_n,总的捕获时间为 T_A,则

$$T_A = \frac{T_n}{T_c} \cdot s \cdot \tau \qquad (5-10)$$

式中：T_c 伪随机码切普宽度；s 为每切普的台阶数；τ 为积分时间。

5.4 直扩同步的跟踪

一旦扩频接收机与接收信号同步后,就必须使它这样工作下去:应保持锁定,用本地码准确地跟踪输入信号的伪随机码,为解扩提供必要的条件;对同步情况不断监测,一旦发现失锁,应返回捕获状态,重新同步。跟踪的基本方法是利用锁相环来控制本地码的时钟相位,常用的跟踪环是延迟锁定环(DLL——Delay Lock Loop),另一种称为 τ-抖动环(Tan Dither Loop),下面分别介绍这两种环。

5.4.1 延迟锁定环

延迟锁定环又叫早—迟码跟踪环，图 5－12 是延迟锁定环的原理图。输入的中频信号是受伪随机码调制的信号(也可以同时受到信息调制)，本地伪随机码发生器(也就是捕获时的码发生器的相位与输入码相位的差在一个伪随机码切普宽度 T_c 内)的时钟现由 VCO 控制，其时钟频率与发端码时钟频率相等。相关网络由两路相关器组成，两路相关器输入的本地伪随机码的相位差为 Δ，分别从码发生器的第 r 级和第 $r-1$ 级输出，这里 $\Delta=T_c$。

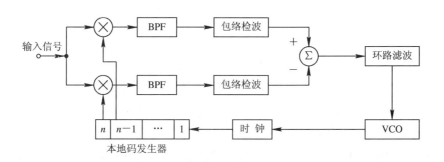

图 5－12　跟踪环

下面我们来分析这种环路的跟踪原理。设本地码与发端码经捕获后的时差为 τ，τ 应小于伪随机码的切普宽度 T_c，即 $\tau \leqslant T_c$。图 5－13(a)和(b)为两路相关器的输出经包络检波器检波后的相关函数波形。由图中可以看出，两个相关器的相关特性是相同的，差别在于其相对位置相差一个 Δ，这是由所加的本地参考码的延迟所致。由于送入环路滤波器的信号是两个相关器的差动输出信号，可得整个相关网络的相关函数波形或误差函数波形，如图 5－13(c)所示，此特性即为延迟锁定环的鉴相特性。

图 5－13(c)中给出了跟踪点的位置，令此时的 o 处为坐标原点，则由锁相原理可知，当 $|\tau| \leqslant \Delta/2$ 时则可以锁定，即跟踪范围为 $-\Delta/2 \sim +\Delta/2$。由于环路的反馈作用，相关网络输出的误差信号经环路滤波后，控制 VCO 的输出，从而调整本地伪随机码发生器的相位，使剩余相差很小，即在 $\tau=0$ 的附近工作。

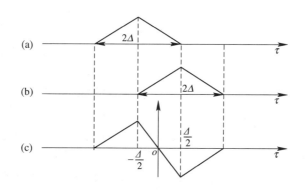

图 5－13　DLL 的相关波形
(a) 相关器 1 的相关波形；(b) 相关器 2 的相关波形；(c) 合成的相关波形

由于真正的跟踪点在 $\tau=0$，因此本地产生的伪随机码不能直接用于对接收信号的相关解扩，只有将其延迟或超前 $\Delta/2$ 后，才能用于解扩，如图 5 - 14 所示。由于这种环路的跟踪范围为 $-\Delta/2\sim+\Delta/2$ 的一个 Δ 范围内，故又称之为单 Δ 值延迟锁定环。

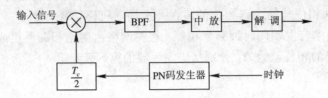

图 5 - 14　采用单 ΔDLL 跟踪环的解扩单元

5.4.2　双 Δ 值延迟锁定环

双 Δ 值延迟锁定环的跟踪原理与单 Δ 值延迟锁定环相同，惟一的差别是用于两个相关器的本地参考码的相位不同。在图 5 - 12 中的单 Δ 值延迟锁定环中是用本地伪随机码发生器的第 r 级和第 $r-1$ 的输出分别与接收信号进行相关，而双 Δ 值延迟锁定环则采用本地伪随机码发生器的第 r 级和第 $r-2$ 级的输出对接收信号进行相关，如图 5 - 15 所示。两个相关器的本地码的相位差为 2Δ。用与单 Δ 值延迟锁定环相同的分析方法，可得两个相关器的相关波形和双 Δ 值延迟锁定环的鉴相特性，如图 5 - 16 所示。由此可见，只要输入伪随机码与本地的时差 $|\tau|<\Delta$ 时，双 Δ 值延迟锁定环就可以锁定。

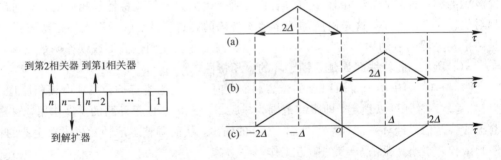

图 5 - 15　双 Δ 值 DLL 的本地码发生器　　　　图 5 - 16　双 Δ 值 DLL 的相关波形

(a) 相关器 1 的相关波形；(b) 相关器 2 的相关波形；

(c) 合成的相关函数波形

将双 Δ 值延迟锁定环与单 Δ 值延迟锁定环相比较，可以看出：

(1) 双 Δ 值延迟锁定环的跟踪范围比单 Δ 值延迟锁定环的跟踪范围大一倍，即前者的跟踪范围为 $-\Delta\sim+\Delta$，后者为 $-\Delta/2\sim+\Delta/2$；

(2) 单 Δ 值延迟锁定环在跟踪范围内相关函数的斜率比双 Δ 值延迟锁定环的斜率大一倍，这意味着单 Δ 值延迟锁定环控制灵敏度高。在同一时差 τ 的条件下，单 Δ 值延迟锁定环比双 Δ 值延迟锁定环的斜率大一倍，则单 Δ 值延迟锁定环要求的接收信噪比值比双 Δ 值延迟锁定环要求的信噪比低 3 dB；

(3) 双 Δ 值延迟锁定环可从本地码产生器的第 $r-1$ 级输出，直接用于信号的解扩，而不必像单 Δ 值延迟锁定环那样，需将伪随机码时移 $T_c/2$ 后才能用于解扩，因而得以简化。

这从图 5 - 16(c)中可以看出，跟踪点正如对应于伪随机码产生器的 $r-1$ 级的位置。

5.4.3 τ－抖动环

τ－抖动环只用一个相关支路，如图 5 - 17 所示，其工作原理与延迟锁定环类似。本地伪随机码发生器输入到相关器的码，在第 r 级和第 $r-1$ 级之间跳动。包络检波器的输出是一方波，这是因为所加本地码在跳变，相关器处于相关与不相关两种状态，或处于强相关与弱相关两种状态。包络检波器输出的方波信号经环路滤波和全波整流后，得到一直流信号去控制 VCO，从而达到跟踪的目的。

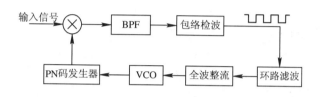

图 5 - 17　τ－抖动环

在延迟锁定环中，两个相关器的中频通道在振幅上要求完全平衡，如果不平衡，图 5 - 13 和图 5 - 16 中的鉴相特性就要偏移，跟踪点就要改变，这样平衡时的跟踪点就不是真正的跟踪点。采用 τ－抖动环后，由于只有一个相关器，因而克服了延迟锁定环由于不平衡引起的偏移，但为此付出的代价是噪声性能的降低。

5.5　跳频系统的同步

同步系统是跳频系统的重要组成部分，其性能直接影响到整个系统的性能。

5.5.1　跳频同步的内容和要求

1. 跳频同步的内容

在跳频系统中，接收机本地输出的跳变频率必须与发送端的跳频器产生的频率严格地同步，才能正确地相关解跳，使得接收到的有用信号恢复成受信息调制的固定中频信号（窄带），从而从中解调出有用信号。但由于时钟漂移，收发信机之间距离不定，产生了时间差异，又因为振荡器频率漂移等引起的收发失步，所以同步的过程就是搜索和消除时间和频率差的过程，以保证收发双方码相位和载波的一致性。跳频系统中的同步一般有以下几种：

（1）载波同步。因跳频系统中基本上是用非相干检测的方法，其同步要求与一般定频系统基本相同，一般的频率合成器就能保证。

（2）跳频图案的同步。该同步在跳频系统中是至关重要的，它可以认为是时间和频率的两维捕捉和跟踪过程。跳频图案同步要求在频率和时间上收发双方严格地同步，如图 5 - 18 所示。

（3）信息码同步。其方法和要求与一般的数字通信系统相同。

（4）帧同步。

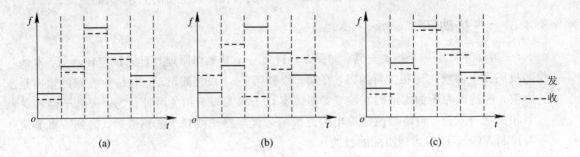

图 5 - 18　跳频图案的同步

（a）频率时间均同步；（b）时间同步频率不同步；（c）频率同步，时间不同步

在这些同步中，关键是跳频图案的同步，本节主要讨论跳频图案的同步。

跳频图案的同步可分为两步进行：捕获和跟踪。捕获是使收发双方的跳频图案的差在时间上小于一跳的时间 T_h，如图 5 - 18(c)所示。同步的频率精度由频率合成器的性能指标保证，同步的时间精度应小于两端的转换时间，如图 5 - 19 所示。

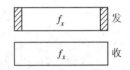

图 5 - 19　跟踪

跳频频率合成器产生的频率是由伪随机码决定的，因此跳频图案的同步实际上是收发两端伪随机码之间的同步，即解决两码之间的时间（或相位）不确定性问题，这一点与直扩系统中的码同步一样。比较直扩系统和跳频系统，由于跳频系统的跳频频率驻留时间 T_h 比直扩系统的伪随机码切普宽度 T_c 要大得多，或跳频用的伪随机码速率比直扩用的伪随机码速率要低得多，允许的绝对误差就大得多，因此跳频系统的同步应该说比直扩系统的同步容易。如时钟稳定度为 10^{-6}，直扩系统伪随机码速 R_c 为 50 Md/s，则积一个 T_c 的差只需 20 ms，而对 5 kh/s 的跳频系统，积一个 T_h 要 200 s。总的看来，由于跳频系统的时间不确定性远小于直扩系统，因此同步时间要短得多。应指出的是，这并不意味着实际中跳频系统的同步很容易解决。

2. 跳频同步的主要要求

对跳频系统的同步的主要要求为：

（1）能自动快速实现同步；

（2）在容限信号电平情况下仍能正常工作；

（3）抗干扰能力强；

（4）只对正确的跳频码信号进行同步；

（5）网内的跳频电台任何时间入网都可以实现同步；

（6）不影响信息传输质量；

（7）能够抗敌方施放的虚假同步信号。

5.5.2　跳频图案的同步

从原理上讲，同步是解决时间的不确定性，因而用于直扩系统中的同步方法（如相关检测、匹配滤波等）都可以用于跳频系统。但跳频系统与直扩系统有一个不同点，在直扩系统中，伪随机码是"可见"的（虽然很小），而在跳频系统中，从窄带看是不可见的，寄托在跳频图案中。跳频系统的同步又是使跳频图案重合，为此要取得码的部分信息，只有在跳频图案同步时才能得到，因而是相互制约的。跳频图案同步分为捕获和跟踪，关键还是在第一步捕获，如何在无或很少的先验知识的情况下，迅速完成捕获，这是人们研究的重点。

根据现有资料，跳频通信发展至今，其同步技术大体可分为两大类，即外同步法和自同步法。

1. 外同步法

外同步法又分为精确时钟定时法和同步字头法。

（1）精确时钟定时法。这种方法用高精度时钟实时控制收发双方的跳频图案，即实时控制收发双方的频率合成器的频率的跳变。由于产生跳变频率的方法是相同的，惟一不知道的是时间。若收发双方都保持时间一致，且通信距离已知，则可保证跳频图案的同步。跳频图案的同步受到时钟稳定性及移动距离变化引起的不确定性的影响。例如，时钟稳定度为 10^{-6}，每一跳的驻留时间 T_h 为 10 ms，即跳频速率 $R_h=1/T_h=100$ h/s，定时后保持 1 跳所用的时间

$$t_h = \frac{T_h}{2 \times 10^{-6}} = 5 \times 10^3(\text{s}) \approx 1.39(\text{小时})$$

只要积累不超过 1 跳的时间，接收机只要收到一跳中的少量信息，就可以完成初始同步。因而作为一般的通信，1.39 小时是可以保证的，但考虑到双方定时后的中断时间（如战斗、穿插等情况，需要较长的时间），则这个时间用于战场通信是远不够的。

这种方法用精确的时钟减小了收发双方伪随机码相位的不确定性，而且它具有同步快、准确、保密性好的特点，所以它是战术通信中常用的一种同步方法。

（2）同步字头法。将带有同步信息（如定时等）的同步字头置于跳频信号的最前面，或在信息传输过程中，离散地插入这种同步字头。收端根据同步字头的特点，可以从接收到的跳频信号中将它们识别出来，作为调整本地时钟或伪随机码发生器之用，从而使收发双方同步。与这种方法配合，接收机可处于等待状态，即在某一固定频率上等待同步头的到来，或对同步头频率进行扫描搜索。

这种同步方法具有同步搜索快、容易实现、同步可靠等特点，所以很多型号的战术跳频电台都采用这种同步方法。不过在使用此种方法时，应设法提高同步字头的抗干扰性与隐蔽性能。通常采用自相关特性好的序列作为同步码码字，并对它进行前向纠错编码。同步头信号可用所占频段的任一频道传输，这可由基本密钥控制。同步信号是按周期传送的，但在时间间隔上是不规则的。这种方法的主要弱点是，一旦同步字头受到干扰，整个系统将无法工作。

外同步法的主要优点是同步快，同步概率较高，适合于战术通信的要求。许多战术电台的同步，是把上面两种方法结合起来，这样就进一步提高了同步系统的性能。外同步法总的不足在于发端发送同步信息时不能发送信号，因而需占据发射信号的功率和一定的带宽。

2. 自同步法

为了避免外同步法的不足，可直接从接收到的跳频信号中获取同步信息。这种方法可

自动迅速地从接收到的跳频信号中提取同步信息，不需要同步头，可节省功率，且有较强的抗干扰能力和组网灵活等优点。但其同步时间相对于外同步法要长，因而主要用于那些同步时间要求不太高的系统。

自同步法是将同步信息离散地插入跳频信号的一个或多个频率中，接收机从这些频率中将离散的同步信息提取出来，用来调整接收机的有关参数(比如伪随机码的相位等)从而完成同步。发射信号的帧结构如图 5-20 所示。

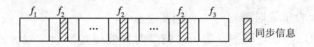

图 5-20　发射信号的帧结构

检测离散的同步信息的方法有如下几种：

(1) 串行搜索法。从理论上讲，这种方法与后验技术相比是准最佳的，且实现简单，它通过逐个搜索码相位单元的方式来完成对跳频信号的捕获，图 5-21 为串行搜索的原理框图。工作过程是这样的：收到的跳频信号与本地频率合成器产生的频率信号进行相关，经中频带通滤波器和检测器检测后，加到比较器与预先给定的门限相比较，如果未超出门限，则搜索控制电路阻止时钟脉冲进入伪随机码发生器，从而使码相位延迟一个切普；若超过门限值，则表明信号地址码与本地接收地址码的相位差小于 $T_c/2$(门限为最大相关值的 1/2 时)。于是，同步系统一方面启动伪随机码发生器，另一方面连续累计超过门限的次数。如果这个数超过预先给定的次数 m 时，即大多数脉冲码元信号超过门限，表示捕获成功。此时，本地时钟停止进入伪随机码发生器，保持原有相位状态，频率合成器自动转入下一个频率(跳频图案已知)，并自动进入跟踪，以进一步提高同步精度。

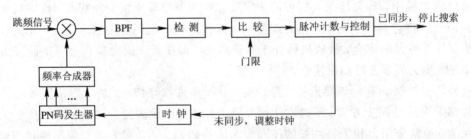

图 5-21　串行搜索同步器

(2) 并行搜索法。这种方法又称为匹配滤波器法，其原理框如图 5-22 所示。图中 f_1, f_2, …, f_m 是从跳频频率集的 N 个频率中选出的 m 个频率。m 个参考频率信号按输入的跳频信号的次序排列，分别对跳频信号进行相关，经相应的延迟后，m 路信号将同时到达相加器。如果相加器的输出大于判决门限，则表明捕获完成，比较器给出同步指示，使系统进入跟踪状态。反之，比较器输出控制本地时钟，调整本地码的相位，直到搜索完成。采用这种方法可对接收信号实现最佳的非相干检测。

从以上的分析可以看出，串行搜索能在较恶劣的环境条件下提供良好的检测性能，不易受到干扰且实现简单，其不足之处是搜索时间较长。在频率点数不多、跳频速率较快且

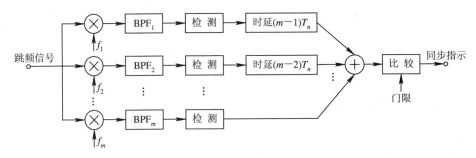

图 5-22 并行搜索同步器

要求体积小的系统中，串行搜索有很好的应用价值。并行搜索能够实时地进行搜索，捕获时间短，具有频率分集的作用，有较强的抗干扰能力，正确检测同步的概率大，但需要较多的硬件，体积庞大。并行搜索中的相关器可用声表面波滤波器来代替，在第 6 章有专门的介绍。

（3）两级捕获法。图 5-23 是这种方案的原理框图。它是将自同步法的串行搜索和并行搜索两种方法合二为一，先串行搜索后并行搜索，由有源相关器组和匹配滤波器组成，将实时搜索码元的能力与串行检测相结合。有源相关器组有 C 个相关器，每个相关器都有各自的跳频图案规律。当匹配滤波器检测出较短的一组 M 跳同步头后，发出一个起始信号给有源相关器组，使有源相关器组开始工作。每个相关器都通过 K 跳（$M \ll K$），当 K 跳完毕后，任一相关器输出超过第二门限时，搜索鉴别电路根据该相关器跳频图案的规律，预置检测电路的伪随机码的初始状态，系统进入数据接收过程。在数据接收过程中，每隔一段时间，匹配滤波器与有源相关器组联合对输入信号进行鉴别，判断系统是否出现失步。若多次鉴别均出现失步，则检测电路停止接收数据，系统重新进入搜索状态。从上述过程可以看出，若有源相关器分别对应着同步头传输阶段中不同时刻的跳频图案，这样通过利用一组同步频率传输该组频率所在不同时刻跳频规律就可建立同步，这就是本方案的出发点。

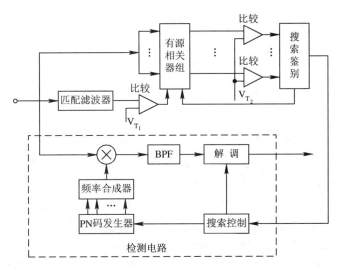

图 5-23 两级捕获同步器

从分析的结果可以看出，采用两级捕获方案的优点如下：

① 该方案的性能参数与跳速无关，这就从根本上避开了跳周期资源不足的困难。

② 选择较多的频率数及跳频图案数，可在信噪比较低的情况下获得较高的检测概率，捕获时间随着跳率的增加而减小。所以该方案的优越性随着跳速的增加表现得更明显，这个优越性对中高速跳频电台是颇有吸引力的。

③ 可改变跳频图案。该方案是一种具有很强捕获捕获性能的方案，可用在没有时间参数、跳频周期长、且又要求快速捕获和恶劣条件下可靠捕获的场合。

但是该方案的实现比较复杂，就目前的条件尚未进入实用阶段。可以预言，随着科学技术的发展及工艺水平的提高，该方案的可行性在实际中将得到证实。

3. 利用 FFT 实现快速捕获

图 5-24 是利用 FFT 实现快速捕获的原理框图，实际上是在现代谱估计的基础上提出来的。当 FFT 输出超过门限 V_{T_1} 时，就记为所测的频率是收到的跳频频率。由于经 FFT 变换后的频率不一定是跳频频率集中的某一个频率，所以加入了误差校正单元，以完成频率确定及误差修正。若设伪随机码状态与跳频图案中的频率一一对应，则经频率/伪随机码相位转换单元后，得到与该频率所对应的伪随机码的状态，然后将其置入本地伪随机码发生器，使本地频率合成器输出一个频率。如果检测器输出大于门限 V_{T_2}，则说明收端的频率与发端的频率一致，此时同步控制单元给出同步指示，同时控制开关 K_1 断开，系统进入正常的同步状态。

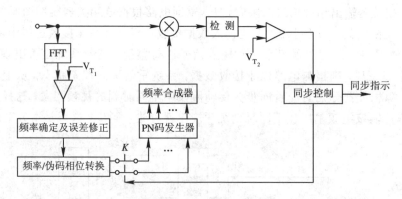

图 5-24　利用 FFT 实现快速捕获

4. 利用自递归谱估计实现同步

图 5-25 为该方案的原理框图。由于在每一跳内对应一发射频率，可首先利用自递归谱估计技术估测出每一时隙内的频率，然后由码捕获逻辑求出与该频率对应的伪随机码的最高码位，并将其置入本地码发生器。如果伪随机码发生器的级数为 r，则经过 r 个这样的估测和预置后，本地线性反馈移位寄存器将被这 r 个伪随机码状态的最高码位所占据，在不存在干扰和噪声时，测频不会出错。这样，在下一跳频时隙，收端和发端的跳频合成器将同步地跳频。当测频发生错误时，经相乘、检测和判决后，检测量就会低于门限，此时需要重新预置本地伪随机码发生器。图中的捕获控制器的输出是用来闭合或断开捕获逻辑与移位寄存器的连接以及线性反馈移位寄存器的。由上面的分析可知，这种方案的捕获时间

可以快到仅仅是伪随机码发生器级数 r 的数量级，它可在跳频速率、处理增益及信噪比适中的条件下很好地工作。但这种方法实现起来是很困难的，目前还只是停留在研究阶段。

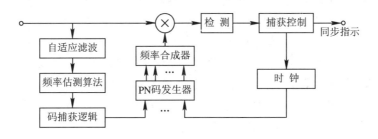

图 5 - 25　利用自递归谱估计同步器

5.6　跳频系统的扫瞄驻留同步法

跳频系统具有很强的抗干扰能力，是未来战场通信的主要设备。跳频系统的一大技术难题就是跳频同步，这是关系到系统成败的关键。对跳频同步的主要要求是快速、准确、可靠性高、保密性好、抗干扰能力强、能在容限电平情况下正常工作、不影响信息传播质量等。跳频系统几种同步方法已在上一节介绍了，本节将介绍一种扫瞄驻留同步法，这是基于精确时钟法、同步字头法、自同步法提出的一种综合的同步方法。这种方法同步时间快、同步概率大、随机性好，能够满足战术通信的各种要求，适合于中速跳频系统。

5.6.1　基本原理

在战术通信中，为了提高战术电台同步系统的抗干扰性能和保密性能，其跳频图案不是简单地由一伪随机码去控制，还需加上另外的保密、抗干扰措施，以防止敌方对同步头的故意干扰。一般需加入原始密钥 PK(Prime Key) 和时间信息 TOD(Time of Day)，由伪随机码、PK、TOD 经非线性运算后来确定跳频图案，如图 5 - 26 所示。经非线性运算后得一代码，去确定跳频系统跳频频率集中的某一频率，该频率集中的频率与经非线性运算后的代码一一对应。由前已知，跳频图案是绝对保密的，在这里应用了 PK，密钥量应是足够大的。要求产生的控制频率合成器的码序列是不重合的，即要求每次开机都不一样，因此只有密钥是不够的，还应有一个随时间变化的信息，这个时间信息就是 TOD。TOD 以每一跳

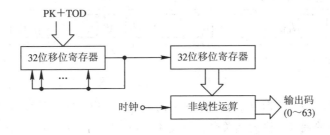

图 5 - 26　跳频图案产生框图

的时间为单位，由一高精度时钟源提供，这样可以高的精度减小收发时钟的误差。收发双方的 PK、伪随机码和产生跳频图案的方法是一致的，不同的只是时间信息 TOD，由此可见，只要知道了 TOD 值，收发双方就可完成跳频同步。PK 和 TOD 的位数一般是与产生伪随机码的移位寄存器的级数相同，如 32 或 64。若均采用 32，以每一状态决定一个频率，则跳频图案的周期为 $2^{32}T_h$。若跳速为 $R_h=500$ h/s，$T_h=2$ ms，则 $2^{32}\times2\times10^{-3}\approx8.6\times10^6$ 秒 ≈99 天，三个多月的时间，再加上 TOD 的变化，其保密程度就更高。

由上面的分析可知，由于收发双方产生跳频图案的方法相同，伪随机码、PK 均相同，不同的只是 TOD。TOD 是一个时间变量，随着时间的变化而变化，它是由一高精度时钟提供的，由于时钟有误差，因而 TOD 也会因时钟误差的积累产生误差。若能使收发双方的 TOD 保持完全一致，就可使跳频图案同步。由此可见，跳频系统的跳频同步可归结为 TOD 的同步。扫瞄驻留同步法就是在一定条件下，通过对发端同步头信号进行搜索，从中提取出发端的 TOD，用它来修正本端的 TOD，从而完成同步。

跳频图案同步的关键是使收发双方的 TOD 同步，因此同步要解决的问题是：一开始通信时如何保证频率能对上，只有对上了才能从中提取发端的 TOD；用什么频率才能对上；一旦捕获后，如何保持和进行精确的跟踪；若起始不同步，如何建立通信过程中的同步；如何减小同步所需的时间等。

精确时钟即 TOD，由各电台保持，以一高精度频率源提供，TOD 随时间变化。由于各台的时钟精度不可能一致，经过一段时间后，各台的 TOD 就会有差异，当时间稍长后，就不可能用自己的 TOD 接收到其它电台的信号(频率不同)。因此，发送同步头的目的，就是发送自己的 TOD，对方可以从同步头中提取发端的 TOD，然后用它来修正自己的 TOD，这样可使收发双方同步工作，完成信息的传输。

5.6.2　同步头的结构

发端在发送信号之前首先发送一个同步头，同步头由 n 个频率组成，按 f_1，f_2，$\cdots$，f_n 编号，依次发送。这些同步头频率的产生与跳频图案中的频率的产生方法类似。为提高跳频同步头频率的随机性和抗干扰性能，这些同步头频率也是随时间变化的，每经过 T_1 时间更换一个频率，经 nT_1 时间后，同步头频率就变成一个全新的频率集。同步头频率数 n 和换频时间 T_1 与同步保持时间有密切的关系，与同步头的抗干扰性和随机性也有很大的关系，同步头的结构如图 5-27 所示，同步头由 $n\times(n_1+n_2)$ 个频率组成。

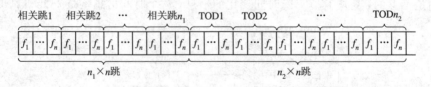

图 5-27　同步头结构

在同步头频率中，包括以下两个部分：前 $n_1\times n$ 个频率对收端而言，主要完成捕获，即完成同步头频率的捕获，称为相关跳。相关跳中由 M 个长为 L 的特征码构成，如图 5-28(a)所示。后 $n_2\times n$ 个频率主要用于完成跟踪，接收端从中提取出同步信息，调整本端的有关参数，完成收发同步，其帧结构如图 5-28(b)所示。为提高同步信息的检测概率，并不是简单地传送同步信息，而是对同步信息进行编码，一般用长为 N 的码字表示一位信息，即 $(N,1)$ 的编码，用正码表示"1"，反码表示"0"。由于中速跳频，传输同步信息就需要多跳才能完成。同步头中每个频率的帧结构完全相同，收端可从 n 个频率中任一频率提取同步信息，完成同步。为提高同步的可靠性，同步信息可以反复发送。这种同步方法的同步时间就是同步头的时间，可以控制在战场通信所要求的时间内，如控制在 0.5 s 内。

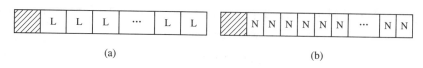

(a)   (b)

图 5-28　同步头帧结构

5.6.3　扫瞄驻留同步

扫瞄驻留同步分两步进行，即扫瞄和驻留。扫瞄是完成同步头频率的捕获，驻留是从同步头频率中提取同步信息，从而完成收发双方的同步。图 5-29 为这种同步方法的示意图。上图为发端发送的信号。每次通话(发送信号)时，发端一按 PTT(Push To Talk)开关，首先把同步头发送出去($n\times(n_1+n_2)$个频率)，然后再发送要传输的信息(信息跳)。

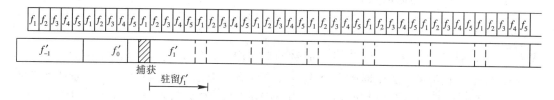

图 5-29　扫瞄驻留同步

发端通过自己的 TOD 确定出同步头频率，由于时钟误差的积累，收发双方的 TOD 有差异，因而确定的跳频同步头的频率就可能有差异。扫瞄驻留方式同步，允许的最大频率不相同数为 $n-2$，即收发双方由自己的 TOD 确定的同步头频率只要有两个相同，就可以通过同步头进入同步。图 5-29 中给出收发双方有三个频率不相同的情况下的同步示意图，同步头的频率数 $n=5$。

收端首先用自己的 TOD 确定的几个同步头频率中的中间几个频率对发端的同步头频率进行扫瞄。如图 5-29 中，发端的同步跳频率为 f_1，f_2，f_3，f_4，f_5。收端用自己的 TOD 决定的同步头频率为 f'_{-2}，f'_{-1}，f'_0，f'_1，f'_2，收发双方的同步头频率中只有两个频率相同，$f_1 \to f'_1$，$f_2 \to f'_2$，收端用自己 TOD 决定的 5 个频率中的中间 3 个进行扫瞄，即用 f'_{-1}，f'_0，f'_1 进行扫瞄。扫瞄可以采用慢扫瞄，也可以采用快扫瞄，由于考虑跳频速率为中速跳频，为了不增加跳频频率合成器的复杂程度，故采用如图 5-29 所示的慢扫瞄的方法。扫瞄速率比跳频速率低 m 倍，即若跳频速率为 R_h 时，则收端在同步时的跳频速率为 R_h/m。在扫瞄过程中，由于系统指标保证了收发双方至少有两个频率相同，因而可从相同的频率中(相关跳中)完成捕获。捕获的标准是连续接收到 K 个特征码，一旦接收到 K 个特征码，表明发端的同步头中有该频率，收端由捕获转为驻留阶段。在驻留阶段，将收端的频率停留在捕获的频率上，接收该频率上的同步信息，用接收到的对方的 TOD 修正本端的 TOD，就可完成收发双方的跳频同步。同步头频率接收完后，转入正常的信息接收。

5.6.4 性能分析

1. 同步时间

同步时间是指完成同步所需的时间。在扫瞄驻留同步过程中，同步时间就是同步头的时间，同步头的频率数为 $n(n_1 + n_2)$，则同步时间 t_s 为

$$t_s = n(n_1 + n_2)T_h \tag{5-11}$$

在战术通信中，一般要求 $t_s \leqslant 0.5 \text{ s}$，当跳频速率 $R_h = 1/T_h$ 一定后，同步头的跳频数 $n(n_1 + n_2)$ 也就受到限制。一般情况下，用于同步头的跳频数越大，同步性能越好，在频率数受限的情况下，为提高同步性能，应尽可能减少不必要的信息的传输。

2. 同步保持时间

由于同步是由 TOD 决定的，收发双方的 TOD 完全一致，双方就可同步。但 TOD 是由一频率源提供的，虽然其精度可能很高，但也会有一定的误差，随着时间的消逝，时钟的误差积累，将导致收发双方的 TOD 不一致。同步保持时间是指在同步后，下一次能通过同步头进入同步的最大时间间隔，为

$$t_h = \frac{(n-1)T_1}{2 \times \rho} \tag{5-12}$$

式中，ρ 为时钟精度；分母的 2 考虑了时钟的双向漂移；T_1 为同步头频率的换频时间。这里 t_h 是在完成同步后，由于时钟的漂移，收发双方由自己的 TOD 决定的同步头频率有 $(n-1)$ 个频率不同要经过的时间。也就是说，在同步后，只要不超过 t_h，收发双方还可以通过同步头进入同步，如果超过了 t_h，就难以完成同步，因为同步的前提是收发双方的同步头频率至少有两个相同。在实际系统中，一般有两个时钟，一个为精时钟，一个为粗时钟，分别在开机和关机时使用。这里主要考虑粗时钟，它用来保持系统的一些信息，如 TOD、PK、网号、频率集等。例如，$T_1 = 2$ 分钟，即两分钟改变一个同步头频率，同步头频率有 5 个，$\rho = 2 \times 10^{-5}$，则此时的同步保持时间为

$$t_h = \frac{(5-1) \times 2}{2 \times 2 \times 10^{-5}} = 2 \times 10^5 \text{ 分钟} \approx 140 \text{ 天}$$

这在战术通信中也是足够了的。

3. 捕获性能

1) 特征码检测概率

在扫瞄过程中，只要收到 K 个长为 L 的特征码就完成了捕获。对特征码的检测采用数字相关、大数判决的方法来完成，超过门限值就认为捕获到一个特征码，如图 5-30 所示。经解调后的数据流进入 L 级移位寄存器，与参考码进行相关，若与之匹配，即对应位相同，就可超过门限值，检测到一个特征码。因此，在选择特征码时，要考虑到特征码的相关特性，主瓣要大，旁瓣要尽可能的小，可用伪随机码作为特征码，如 m 序列，M 序列等。

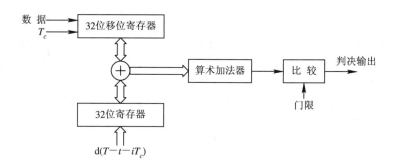

图 5 - 30　数字相关器

　　采用数字相关器的方法检测特征码,可大大提高特征码的检测概率,在信道条件比较恶劣的条件下,仍可以较高的检测概率完成特征码的捕获。

　　若恢复的基带信号误比特率为 P_b,特征码长度为 L,检测门限为 l_1,则特征码的正确检测概率 P_D 为

$$P_D = \sum_{i=l_1}^{L} C_L^i (1 - P_b)^i P_b^{L-i} \qquad (5-13)$$

式中 C_L^i 为二项式系数。表 5 - 1 和表 5 - 2 分别给出 $L=16$ 和 32 时,P_D、P_F 与 l_1 的关系,由这两个表可以看出,当信道条件非常恶劣的情况下,如 $P_b=0.1$ 时,一般的通信系统是无法正常工作的,采用数字相关器的方法,仍可以很高的概率检测到特征码。

表 5 - 1　$L=16$,P_D 与 l_1、P_b 的关系

l_1 P_b	9	11	12	14	15
P_D　0.1	.999928673	.996703247	.982996001	.78924934	.51472783
0.01	.999999999	.999999992	.999999601	.999492057	.989067108

表 5 - 2　$L=32$ 时,P_D 与 l_1、P_b 的关系

l_1 P_b	17	20	24	28	30
P_D　0.1	.999999985	.99999449	.996704616	.78850171	.366683518
0.01	1	1	1	.999982923	.996006553

2) 捕获概率

捕获的标志是捕捉到 K 个特征码,因此同步头的捕获概率 P_A 为

$$P_A \approx P_D^K \qquad (5-14)$$

表 5 - 3 和表 5 - 4 分别给出 $k=3$ 时,不同 L、l_1、P_b 时的 P_A。

表 5-3 $L=16$ 时，$K=3$，P_A 与 l_1、P_b 的关系

l_1 / P_b		9	11	12	14	15
P_A	0.1	.999786034	.990142311	.949850495	.491634874	.136374431
	0.01	.999999997	.999999976	.999998803	.998476945	.967558602

表 5-4 $L=32$ 时，$K=3$，P_A 与 l_1、P_b 的关系

l_1 / P_b		17	20	24	28	30
P_A	0.1	.999999955	.99998347	.990146391	.490239069	.049303093
	0.01	1	1	1	.99995177	.988067438

3）平均捕获时间

扫瞄捕获过程可用图 5-31 的状态转移图来表示，这是一个有吸收壁的马尔可夫链，P_D 为一特征码的检测概率，$q_D=1-P_D$ 为漏检概率。

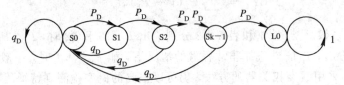

S_0：初始状态； L_0：捕获状态； $S_j=1,2,\cdots,k-1$，检测状态

图 5-31 捕获状态转移图

由图可得标准一步转移概率矩阵 $\boldsymbol{P}_1$

$$\boldsymbol{P}_1 = \begin{bmatrix} 1 & 0 & 0 & 0\cdots0 \\ 0 & q_D & P_D & 0\cdots0 \\ 0 & q_D & 0 & P_D\cdots0 \\ \vdots & \vdots & \vdots & \vdots \\ 0 & q_D & 0 & 0\cdots0 \\ P_D & q_D & 0 & 0\cdots0 \end{bmatrix} = \begin{bmatrix} \boldsymbol{I} & \boldsymbol{0} \\ \boldsymbol{R} & \boldsymbol{Q} \end{bmatrix} \tag{5-15}$$

为一 $(k+1)\times(k+1)$ 阶矩阵。由标准一步转移概率矩阵，可得到一 $k\times k$ 阶的基本矩阵 $\boldsymbol{N}$ 和归一化平均步长矩阵 $\boldsymbol{T}$，即

$$\boldsymbol{N} = (\boldsymbol{I}-\boldsymbol{Q})^{-1} \tag{5-16}$$

$$\boldsymbol{T} = \boldsymbol{N}\boldsymbol{C} \tag{5-17}$$

式中，C 为 K 个单位元素的列向量。由此可得由初始状态 S_0 到捕获状态 L_0 的归一化平均步长 t_D 为

$$t_D = \frac{1-P_D^K}{q_D P_D^K} \tag{5-18}$$

图 5 - 32 和图 5 - 33 分别给出了不同的特征码长 L、不同检测次数 K 和不同的 P_b 的条件下，t_D 与 l_1 的关系曲线。由此可见可以在较恶劣的条件下实现快速捕获。

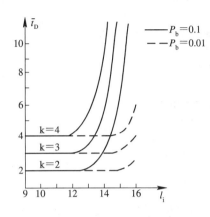 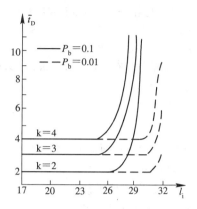

图 5 - 32　$L=16$ 时，$t_D \sim l_1$ 曲线　　　　图 5 - 33　$L=32$ 时，$t_D \sim l_1$ 曲线

4. TOD 检测概率

完成捕获后，转入驻留阶段，停留在捕获的频率上，从中提取同步信息，主要是 TOD 信息。TOD 一般可长达 32 位，但考虑到 TOD 的高位随时间变化很慢，因此只传低 s 位即可。为提高同步信息的检测概率，用长为 N 的码字表示一位信息，即 $(N, 1)$ 的编码，检测方法与特征码相同，则一位 TOD 的检测概率 P_A' 与式 (5 - 13) 类似，检测门限为 l_2。由于要求 TOD 完全相同才能达到同步，正确检测概率 P_A' 为

$$P_A' = (P_D')^s \tag{5 - 19}$$

表 5 - 5 给出了 $N=16$，$s=16$ 时 P_A' 与 l_2、P_b 的关系。

表 5 - 5　$N=16$，$s=16$ 时，P_A' 与 l_2、P_b 的关系

	l_1 / P_b	9	11	12	14	15
P_A'	0.1	.998859378	.94853633	.760025243	.022668753	.000024279
	0.01	.99999999	.999999872	.99993616	.991903799	.838710635

本章参考文献

〔1〕　R. C. 狄克逊. 扩展频谱系统. 王守仁等译. 北京：国防工业出版社，1982

〔2〕　J. K. Holmes. Coherent spread spectrum systems. New York：John Wiley sons，Inc，1982

〔3〕　R. E. Ziemer，R. L. Peterson. Digital communications And spread spectrum systems. Macmillance pub. Comp. ，1985

〔4〕　李情与，王国玉. 跳频电台的组网问题. 国防科技大学(论文报告资料). 1986，10

〔5〕　A. K. Elhakeem，G. S. Takhor and Some Shware C. Gupta. New code Acquisition Techniques in spread— spectrum communication. IEEE Trans. Commun. ，1980，COM—28(2)：249～257

〔6〕　谈振辉. 跳频通信系统的自同步. 电子信息技术. 1982，3：31～37

[7] S. S. Rappapost. A two—level coarse code Acquisition scheme for spread spectrum radio. IEEE Trans. Commun. , 1980，COM−28(9)

[8] 邱永红. 一种不受跳资源约束的跳频捕获方案. 通信技术与发展. 1989，1

[9] 曾庆书. 利用 FFT 实现跳频系统的快速同步. 1987

[10] 曾兴雯，杜武林. 跳频电台的扫瞄驻留同步法. 通信技术与发展. 1992，6

[11] 钟义信. 伪噪声编码通信. 北京：人民邮电出版社，1979

[12] 复旦大学. 概率论(第三册). 北京：人民教育出版社

思考与练习题

5−1　一个 10 Mb/s 的码发生器，它的比特速率平均精确度为 $1×10^{-9}$，经过 2.5 天后，可以预期的同步不确定是多少？

5−2　如果上面系统使用 10 kb/s 的码发生器，结果如何？

5−3　一个码时钟速率为 10 Mc/s 的直接序列扩频系统，以每小时 980 英里的相对速度离开机场，在机场收到的多卜勒频移是多少？若以每小时 580 英里的速率飞回机场，则多卜勒频移又是多少？

5−4　若 5−4 题中载频率为 375 MHz，则在机场收到的信号频率分别为多少？

5−5　一直扩系统，伪码速率为 5 Mc/s，相关器后滤波器带宽为 2 kHz，用滑动相关法同步，则本地码速率应为多少？若伪码长度为 10^6，则同步搜索时间为多少？

5−6　单 Δ 值跟踪环为什么比双 Δ 值环要求的信噪比要小？

5−7　一跳频系统，跳频速率为 200 h/s，同步头频率为 10 个，若收发双方的时钟精度为 10^{-6}，同步头频率平均每两分钟改变一个，只要收发双方的同步头频率有 2 个相同就可通过同步头进入同步，则通过同步头进入同步的同步保持时间为多少？

5−8　试对自同步法和外同步法进行比较，分别指出它们的优缺点。

第 6 章　特殊器件在扩频系统中的应用

扩展频谱技术具有许多特有的优点，将其用于通信系统中，可以大大提高系统的抗干扰性能及其它性能，因而受到人们的重视。目前，扩频技术已渗透到了通信系统及电子系统的各个领域。增加扩频技术后，必然会大大增加系统的复杂程度和成本，因此影响了扩频技术的发展。扩频技术的发展得益于大规模集成电路、微处理机以及一些新型器件，正是这些器件的出现和迅速发展，才促进了扩频技术的迅速发展。本章中我们将介绍一些用于扩频系统中的特殊器件，重点放在声表面波(SAW——Surface Acoustic Wave)器件和用于扩频系统的一些专用集成电路(ASIC)芯片。

6.1　声表面波器件

声表面波技术是 20 世纪 60 年代末期才发展起来的一门新兴技术，它是声学和电子学相结合的产物。声表面波器件是与电荷耦合器件(CCD)、静磁波器件(MSWD)一样迅速发展起来的新型器件。由于声表面波的传播速率比电磁波慢十万倍，而且在它的传播路径上容易取样和进行处理，因此用 SAW 器件在 VHF 和 UHF 波段内以十分简单的方式提供了用其它方法不易得到的信号处理功能，因此声表面波技术在雷达、通信和电子对抗中得到了广泛的应用。

在扩频技术中，SAW 器件有着十分广泛的应用前景，它可使扩频系统简化、性能提高，使之更能适应抗干扰和其它的通信对抗的要求。SAW 器件有 SAW 滤波器、SAW 延迟线、SAW 卷积/相关器、SAW 振荡器等，在扩频系统中可完成滤波、频率源、扩频调制、解扩解调、同步等功能。本章我们在简单介绍 SAW 器件的工作原理和结构的基础上，重点介绍 SAW 器件在扩频系统中的应用。

6.1.1　声表面波器件

声表面波是沿物体表面传播的一种弹性波，在一百多年前，人们就对这种波进行了研究。1885 年，瑞利根据对地震波的研究，从理论上阐明了在各向同性固体表面上弹性波的特性。但由于当时科学技术水平的限制，这种弹性表面波一直没有得到实际的应用。直到 20 世纪 60 年代，随着半导体平面工艺以及激光技术的发展，出现了大量人造单晶，这为声表面波技术的发展提供了必要的物质和技术基础。国外对声表面波技术有意识地、认真地开发和研究大约始于 1967 年，从此声表面波技术的发展速度十分惊人。1966 年美国IEEE 超声波会议只有两篇声表面波方面的文章，而到 1972 年就增加到了 95 篇，占会议论文总数的 68%。在短短的几年中，一些声表面波技术器件就脱离了实验室阶段进入实际的使用中，并过渡到进行批量生产。现在，声表面波技术已经在电子工业中产生了重大的影响,成为一种不可缺少的新型器件。

SAW 器件是一种声-电器件,SAW 器件使用的材料绝大多数是压电材料,在压电基片上沉积两个叉指换能器(IDT, Inter Digital Transducer),借助于基底材料的压电效应,进行声-电能量的相互转换。SAW 器件要完成的功能是通过在压电材料上对传播的声信号进行各种处理,利用声-电换能器的特性来实现的。

1. SAW 器件的结构

声表面波是一种只在固体表面传播的弹性波——瑞利波(弹性波是机械振动在弹性媒质中传播的一种波)。图 6-1 为 SAW 器件的结构图。SAW 器件的基片是压电材料,表 6-1 给出了制作声面波器件基片材料的主要指标。在压电介质中,由于存在压电效应,所以伴随弹性波的传播,必然会出现诱导电荷产生电磁波。声表面波传播时,表面质点的振动幅度最大,愈往深处振幅愈小。因此,声表面波的能量只集中在压电基片的表面,当深度大于一个波长时,能量只剩下百分之十。所以,要求压电材料的表面要十分光滑,沟沟坎坎会对声表面波的传播造成极大的阻碍作用。当沟沟坎坎的深度超过一个波长时,声表面波就无法通过。声表面波的传播速度比电磁波传播速度几乎低五个数量级,是声波中最低的,利用它的这一特性,可使系统小型化成为可能。

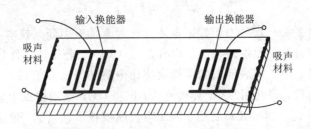

图 6-1 SAW 器件结构图

表 6-1 几种压电晶体材料的主要性能

材料名称	分子式	切向	传播方向	v_a/(m/s)	k^2/%	温度系数/(ppm/℃)	传播损耗/(dB/cm)
石英	SiO_2	ST	X	3157	0.16	0	0.95
铌酸锂	$LiNbO_3$	Y	Z	3485	4.3	-85	0.31
锗酸铋	$Bi_{12}GeO_{20}$	(100)	(011)	1681	1.2	-122	0.89
陶瓷	P_2T-8	Z	—	2200	4.3		2.3
氧化锌	ZnO	X	Z	2675	1.12		2.25
铊酸锂	$LiTaO_3$	Y	Z	3230	0.66	-35	0.35

在压电基片上沉积了两个叉指换能器,一个为输入换能器,一个为输出换能器,这种换能器的作用是完成声-电的能量转换。当交变电信号加到输入换能器上时,由于压电材料的压电效应,产生机械振动而激励产生声表面波。激励的声表面波将向两个方向传播,由于左端有吸声材料,将传向左端的声表面波吸收,不产生反射,避免了反射波的干扰。向另一方向传播的声表面波在压电材料的表面传播到达输出换能器,再由声波转换为电信

号。由于声表面波的传播速度极慢，可以在其传播过程中对声信号进行取样和变换，完成要完成的各种功能。压电基片右端的吸声材料的作用与左端吸声材料相同，用于防止声信号的反射，减小或避免对有用信号的干扰。由此可见，声表面波器件是一种电—声—电的能量变换器件。

2. 叉指换能器

声表面波叉指换能器是由沉积在压电材料基片上形如人的手指交叉状的金属图案构成。它是激发和检测声表面波的一种声—电换能器，由于它的声—电转换损耗低，设计灵活并容易制作，因而得到了广泛的应用，成为各种声表面波器件的重要组成部分。图 6 - 2 为叉指换能器的结构图。

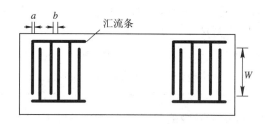

图 6 - 2　IDT 结构图

由图 6 - 2 可以看出，叉指换能器是一电极交错、相互联接的两端器件。图中互相交叉的金属条称为叉指电极，简称"指"，a 代表指宽。指与指之间的空隙叫做指间隔或指间，b 表示指间。两条指与两个指间隔组成一对指，这是叉指换能器中最小的组成单元。图中的叉指换能器通常称为单叉指换能器，因为这里的一对指的宽度正好对应于声表面波的一个波长，即

$$\lambda = 2a + 2b \tag{6-1}$$

通常情况下，指宽等于指间($a=b$)，因而

$$\lambda = 4a \tag{6-2}$$

由此可得叉指换能器的中心频率或工作频率(声同步频率)f_0 为

$$f_0 = \frac{v_s}{\lambda} = \frac{v_s}{4a} \tag{6-3}$$

式中 v_s 为声波传播速度。

图中 W 代表相邻两指互相重叠部分的长度，称为指长，只能在这个长度范围内产生声表面波，因为指长决定了发射声表面波波束宽度。有时又称指长为声孔径，声孔径的大小是由与波长的相对比值来衡量的，例如声孔径为 100 个波长，即表示指的重叠长度等于100 个波长的长度。显然，不同的频率有不同的声孔径，叉指指条全部汇集到上下两条粗大的金属条上，这两条金属条称为汇流条，实际上是电信号的引出电极，外加电信号及输出电信号就接于此电极上。

当交变电压加到输入换能器的两个端子上时，在基片内就建立起交变电场。因为基片是压电材料，此交变电场经过压电效应，在基片内激发起相应的弹性振动，此弹性振动在基片内传播就形成弹性波。由于叉指电极是周期性排列的，并且它们的极性正负交替，所以各对叉指激发的弹性表面波可以互相加强，这就是叉指换能器激发声表面波的物理本

质。输出换能器的结构与输入换能器的结构相同，它的作用是将声信号转换成电信号，其工作原理正好与输入叉指换能器相反。

设叉换能器具有 $n+1$ 条长度相同的叉指电极，因为叉指电极的极性是正负相间排列的，所以，当加上交变电压时，叉指换能器中每一对叉指电极都会在媒质内激发起声表面波，而整个换能器激发的声表面波则是它们的叠加。假设叉指换能器中每一对叉指电极都激发一个等幅正弦声表面波，且这些波在换能器下面的传播是无衰减的（实际上是有衰减的，这里的假设无衰减是为了分析方便）。因为换能器中金属电极是周期性排列的，所以相邻的叉指电极对激发的声表面波的相位差为

$$\Delta\theta = \omega\tau = \omega\frac{L/2}{v_s} = \frac{L\omega}{2v_s} \tag{6-4}$$

式中，L 为叉指电极的周期，v_s 为声表面波的传播速度，ω 为角频率。整个叉指换能器的总输出是全部叉指电极对输出的矢量和，即

$$A(t) = a_0\,\mathrm{e}^{\mathrm{j}\omega t}\left[1 - \mathrm{e}^{-\mathrm{j}\Delta\theta} + \mathrm{e}^{-\mathrm{j}2\Delta\theta} - \cdots(-1)^{n-1}\mathrm{e}^{-\mathrm{j}(n-1)\Delta\theta}\right] \tag{6-5}$$

式中，括号内的正负号是由于加在换能器上相邻指条上的电压极性相反的缘故，a_0 是每一对叉指电极激发波的振幅。当相邻叉指电极对之间的相位差 $\Delta\theta = \omega L/(2v_s) = \pi$ 即 $\omega = \omega_0 = 2\pi v_s L$（$\omega_0$ 是同步频率）时，上式括号内的每一项都变成 $+1$，所以叉指换能器总的输出为

$$A(t) = \frac{n}{2}a_0\,\mathrm{e}^{\mathrm{j}\omega t} \tag{6-6}$$

上式表明，当外加信号电压频率等于叉指换能器的声同步频率 ω_0 时，即当 $\omega = \omega_0$ 或 $\tau = L$ 时，叉指换能器激发的声波最强。

当外加信号电压的频率 ω 不等于声同步频率 ω_0 时，但接近于 ω_0 并且在 ω_0 附近时，令 $\omega = \omega_0 + \Delta\omega$，此时相邻叉指电极对的相位差为

$$\Delta\theta = \omega\tau = (\omega_0 + \Delta\omega)\frac{L}{2v_s} = \pi + \frac{\Delta\omega}{\omega_0}\pi \tag{6-7}$$

将上式代入式(6-5)，得

$$A(t) = Na_0\,\mathrm{Sa}\left(N\pi\frac{\Delta\omega}{\omega_0}\right)\mathrm{e}^{\mathrm{j}\left(\omega t + N\pi\frac{\Delta\omega}{\omega_0}\right)} \tag{6-8}$$

式中，$N = n/2$ 为叉指换能器的周期数目。由上式可以得到叉指换能器的以下基本特性：

（1）叉指换能器的输出是频率的函数，幅频特性为抽样函数 $\mathrm{Sa}(N\pi\Delta\omega/\omega_0)$，如图 6-3 所示，称为等指长叉指换能器的频率响应。当 $\omega = \omega_0$ 时，$\mathrm{Sa}(N\pi\Delta\omega/\omega_0) = 1$，此时 $A(t) = Na_0\mathrm{e}^{\mathrm{j}\omega t}$，输出最大。当 $N\Delta\omega/\omega_0 = \pm 1$ 时，$\mathrm{Sa}(N\pi\Delta\omega/\omega_0) = 0$，叉指换能器的输出 $A(t) = 0$，此时对应于叉指换能器频率响应

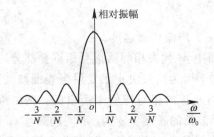

图 6-3　叉指换能器的频率特性

的第一对零点，第一对零点之间的频率间隔为 $2\Delta\omega/\omega_0 = 2/N$。由此可见，叉指换能器所有的周期数 N 越大，即指条数越多，它的第一对零点之间的频率间隔越小，即带宽越窄。

（2）叉指换能器激发声表面波的强度与它包含的叉指电极周期数 N 成正比，N 越大，

激发越强。

（3）叉指换能器激发的声表面波的相位随频率呈线性关系。

由以上讨论可知：叉指换能器的基本特性与它的结构参数密切相关。叉指换能器的工作频率取决于它的叉指电极排列周期 L，L 越短，工作频率越高。同时，叉指换能器的工作带宽取决于它所含有的叉指电极对数目，指条数越多，频响越窄。

3. 叉指换能器的冲激响应

在信号分析中已知，一个系统或者一个网络可用它的冲激响应 $h(t)$ 或频率响应 $H(\omega)$ 来描述。对叉指换能器或者声表面波器件也可用这两种冲激响应来描述。用冲激响应来描述、分析和设计声表面波叉指换能器，这是因为叉指换能器的冲激响应的形状和它的几何结构之间有特别简单的关系，即知道了叉指换能器的冲激响应就可以完全决定此叉指换能器的结构参数。由于冲激响应 $h(t)$ 与频率响应 $H(\omega)$ 为傅里叶变换对，因此理论上要获得所需的任何频率响应，只需简单地取所需频率响应的傅里叶反变换得到冲激响应 $h(t)$，然后根据冲激响应即可得到叉指换能器的结构。

首先看图 6 - 4(a)所示的叉指换能器，当一个单位冲激电压加到叉指换能器上时，换能器将产生一个相应的声信号，显然此声信号是叉指换能器中每对叉指电极所产生波的叠加。由于叉指电极在空间上是按先后周期排列的，所以它们所激发的波也是按电极位置先后排列的。因此，在单位冲激函数电压的作用下，叉指换能器所激发的声信号的波形必然是周期性变化的，它的空间周期与叉指电极排列的空间周期相等，且一一对应。声信号的持续时间就等于声波在叉指换能器上的渡越时间。

当叉指换能器输入一个单位冲激电压时，换能器所激发的声信号是一个正弦波串，也就是说，叉指换能器上的冲激响应是一个正弦波。它的持续时间等于声波在换能器上的渡越时间；它所包含的周期数就等于换能器所具有的叉指对数目，并且彼此一一对应；它的脉冲响应的包络与叉指换能器指条重叠的包络也是一一对应的。这就是叉指换能器的冲激响应和它的几何结构之间的简单关系。因此，一个指条宽度和间隔都是均匀的，并且指条重叠长度也是均匀的叉指换能器，它的冲激响应可以立即由上述结论得出，如图 6 - 4(a)所示。指条重叠如三角形的叉指换能器的冲激响应如图 6 - 4(b)所示。

为了获得不同冲激响应或频率响应的声表面波器件，需设计出各种各样叉指图形的换能器。有各种各样的叉指换能器，但决定叉指换能器性能的参数并不算多，各种不同性能的叉指换能器实际上就是这些参数变化的结果，所以说叉指换能器具有设计灵活的特点。这些可变参数包括指宽与指间、指长、叉指电极的方向、汇流条的数目及配置等。

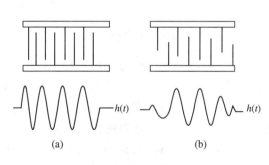

图 6 - 4　IDT 的冲激响应

叉指换能器主要有等指长叉指换能器（如图 6 - 4(a)所示）、变指长叉指换能器（如图 6 - 4(b)所示）、变指宽（或指间）叉指换能器、单向传播叉指换能器等等。图 6 - 5 给出了几种叉指换能器及对应的频率响应。图 6 - 5(a)为辛格函数加权的变指长叉指换能器，其频率响应近似为一门函数；图 6-5(b)为海明函数加权的变指长叉指换能器；图 6-5(c)为变指间叉指换能器，又称为色散叉指换能器。

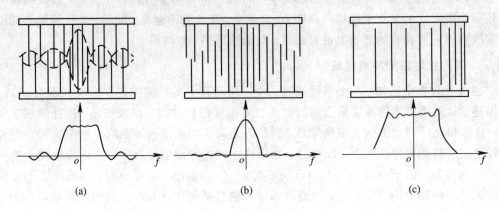

图 6-5　几种 IDT 及对应的频率响应

(a) 辛格函数加权；(b) 海明函数加权；(c) 色散换能器

4. 声表面波器件的制作过程

声表面波器件的制作过程大致可分为基片准备、叉指图形制作和器件复制三大部分，如图 6-6 所示。

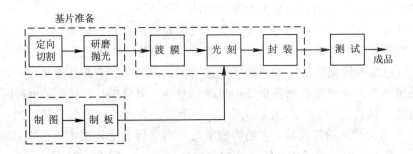

图 6-6　SAW 器件的主要制作过程

6.1.2　声表面波器件的特点

由前已知，声表面波器件的工作原理是：基片的输入换能器通过逆压电效应将输入的电信号转变成声信号，此声信号沿基片表面传播，最终由基片右边的输出换能器将声信号变成电信号输出。整个声表面波器件的功能是通过对在压电基片上传播的声信号进行各种处理，并利用声－电换能器的特性来实现的。声表面波器件有如下特点：

（1）声表面波具有极低的传播速度和极短的波长，比相应的电磁波的传播速度和波长约小五个数量级。在 VHF 和 UHF 频段内，电磁波器件的尺寸是与波长相比拟的。同理，作为电磁器件的声学模拟——声表面波器件，它的尺寸也是和声波波长相比拟的。因此，在同一频段上，声表面波器件的尺寸比相应电磁波器件的尺寸减少了很多，重量也随之大大减轻。例如在电子系统中经常遇到的延迟线问题，若要延迟 $10~\mu s$，用同轴线作为延迟线，长度 d 为

$$d = c\tau = 3 \times 10^8 \times 10^{-5} = 3 \times 10^3 \text{ m} = 3 \text{ km}$$

即需 3 公里长的同轴线。而用声表面波延迟线，如用铌酸锂，由表 6 - 1 知，$v_s = 3485$ m/s，延迟 10 μs，则物理长度为

$$d = v_s\tau = 3485 \times 10^{-5} = 3.485 \text{ cm}$$

这表明，声表面波技术能实现电子器件乃至系统的超小型化。

（2）由于声表面波沿固体表面传播，传播速度极慢，这使得时变信号在给定瞬时完全呈现在晶体基片表面上。于是当信号在器件的输入和输出之间行进时，就容易对信号进行取样和变换。这就给声表面波器件以极大的灵活性，使它能以非常简单的方式去完成其它技术难以完成或完成起来过于繁重的各种功能。比如脉冲信号的压缩和展宽、编码和译码以及信号的相关和卷积等。用声表面波器件进行数字信号处理，可以进行实时处理，其相应的运算速度可达每秒 10^{11} 的数量级，这是任何数字技术无法比拟的。

此外，在很多情况下，声表面波器件的性能还远远超过了最好的电磁波器件所能达到的水平。比如，用声表面波可以做成时间－带宽乘积大于 5000 的脉冲压缩滤波器；在 UHF 频段内可以做 Q 值超过 50 000 的谐振腔，以及可以做成带外抑制 70 dB、频率达 1 GHz 的带通滤波器等。

（3）由于声表面波器件是在单晶材料上用半导体平面工艺制作的，所以它具有很好的一致性和重复性，易于大量生产，而且当使用某些单晶材料或复合材料时，声表面波器件具有极高的温度稳定性，例如用石英晶体时。

（4）声表面波器件的抗辐射能力强，动态范围大，可达 100 dB。这是因为它利用的是晶体表面的弹性波而不涉及电子的迁移过程。

声表面波技术目前也存在一些不足。首先，由于受工艺的限制，声表面波器件的工作频率被局限在 5～10 MHz 以上，2～3 GHz 以下；另外，由于它采用单晶材料，制作工艺要求精度高、条件苛刻，使它的成本较高、价格较贵。

6.1.3　声表面波技术的应用

声表面波技术发展很快，到目前已研制出了许多声表面波器件，如 SAW 滤波器、延迟线、匹配滤波器、振荡器、色散延迟线、相关/卷积器、抽头延迟线等。由于声表面波器件具有小型化、可靠性高、一致性好、多功能以及设计灵活等优点，因此在通信、雷达、空中交通管制、电子战、微波中继、声纳以及电视中得到广泛的应用。特别是在某些场合，与其它的技术相比，声表面波技术提供了一种更加经济的、解决其它技术难以解决的问题的途径。声表面波技术的影响遍及许多领域，其中包括：

（1）日益趋于集成化和积木式的系统设计；

（2）没有 SAW 技术，从电视接收机到电子战接收机的一切设备就不可能获得高性能的技术指标；

（3）SAW 技术和数字信号处理技术的结合；

（4）民用高保真电视以及军用信道化电子战接收机、脉冲雷达和火箭自导导弹的多信道系统趋向；

（5）较高中频的采用，它能大幅度降低图像和其它混频装置的假响应，此"高中频"趋向最终将淘汰变容调谐的高频滤波器或消除它们附带的调谐和跟踪问题；

(6) SAW 射频混合电路，如采用频率稳定的小型 SAW 滤波器的振荡器和发射机；

(7) 便携式设备如小型呼叫联络机和汽车电话的市场需求的增长等。

因此，SAW 技术有广阔的发展领域和十分光明的应用前景。

6.2 声表面波抽头延迟线

声表面波抽头延迟线(SAWTDL，SAW Tap Delay Line)是扩频系统和信号处理中应用较广，也是比较成熟的一种器件。这种器件结构简单，易于设计制作，功能多样，可完成编码调制器(扩频调制器)、解扩解调器(或匹配滤波器)、同步等功能。还可以在声表面波抽头延迟线的基础上构成可编程声表面波抽头延迟线，其应用就更加灵活。

6.2.1 声表面波抽头延迟线

声表面波抽头延迟线的基本结构如图 6-7 所示。声表面波抽头延迟线由两个叉指换能器构成，左边的为输入换能器，根据不同的功能，可以设计出不同的输入叉指换能器，常见的有等指长和变指长叉指换能器。一般情况下，它的指宽等于指间，即 $a=b$，这样输入换能器的中心频率(声同步频率或工作频率)为 $f_0=v_s/4a$。右边为抽头延迟线，通过叉指对与汇流条的不同的连接方式，可以完成不同的编

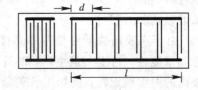

图 6-7 SAWTDL 的基本结构

码。如若第一对叉指的连接对应于"1"码的话，则第二、四对叉指也对应于"1"码，而第三、五、六对叉指与第一对相反，则对应于"0"或"−1"码。叉指对的指宽与指间与输入换能器相同，两叉指对的间距 d 表示了对应编码序列的码元宽度。若码元宽度为 T_c，则 d 与 T_c 的关系为

$$d = T_c v_s \tag{6-9}$$

式中 v_s 为声表面波的传播速度。l 对应整个码字的持续时间，若码字由 N 个码元组成，则 l 为

$$l = Nd = NT_c v_s \tag{6-10}$$

下面我们来看声表面波抽头延迟线的冲激响应。当输入一个冲激电压时，输入换能器就激发起一个与所需信号频率相同的声信号，此声信号到达抽头延迟线，通过压电效应，在叉指换能器上产生与输入声信号相对应的信号，即输出一个码元。由于输出换能器中分离的各叉指电极对之间的间隔刚好等于一个码元长度，所以输出换能器上由相继电极对产生的码元是彼此相接的，并且各码元的相位取决于叉指电极对的极性，即取决于电极连接到汇流条的方式，所以输出换能器中所有分离的叉指电极组输出的总和即构成一双向相位编码信号。图 6-7 的声表面波抽头延迟线对应的冲激响应如图 6-8 所示，为编码"110100"的 PSK 已调信号。利用声表面波抽头延迟线的这一特

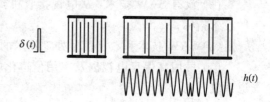

图 6-8 SAWTDL 的冲激响应

性，可以完成编码（扩频）调制功能；用它作为匹配滤波器，又可以完成解码（解扩）解调功能，用于系统中，使系统大大简化，系统性能可以大大提高，为系统的小型化创造了条件。

6.2.2　扩频调制器

声表面波抽头延迟线可用作扩频调制器。由前已知，把输出叉指换能器的叉指电极与汇流条采用不同的连接方式，就可得到不同的编码。在输入换能器上加一个窄脉冲 $\delta(t)$，就可在输出端得到一个冲激响应 $h(t)$ 是经过编码（扩频）的已调信号（如 PSK 调制）。对抽头延迟线按照一定的要求进行编码，则 $h(t)$ 就是要求的已扩调制信号，用此方法就可产生出扩频调制信号。不同的调制方式，只需在制作声表面波抽头延迟线时考虑，其它电路完全相同。

1. 直扩信号的产生

图 6-9 为产生直扩信号的原理框图。窄脉冲产生器产生双极窄脉冲，脉冲速率与信息流的速率相同，一般窄脉冲的宽度在毫微秒的数量级。声表面波抽头延迟线的抽头数为 N，其编码一般为一伪随机码，如 m 序列等。当前 N 可以做到 31、63、127、255、511，甚至可以做到 1023。由信息码控制选通开关电路，当 $a_n=1$ 时，开关向上，一个正极性脉冲触发声表面波抽头延迟线，产生一个冲激响应 $h_1(t)$，此冲激响应对应于 $a_n=1$ 的扩频调制信号，其持续时间正好等于信息码元宽度 T_a。由此可知，该扩频信号的扩展倍数为 $N=T_a/T_c$，T_c 为伪随机码的码元（切普）宽度。当 $a_n=-1$ 时，开关向下，一个负极性脉冲触发声表面波抽头延迟线，产生的冲激响应与 $a_n=1$ 时的冲激响应反相，即产生一个 $-h_1(t)$。

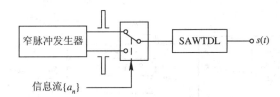

图 6-9　直扩信号产生的原理图

若信息 $a(t)$ 为

$$a(t) = \sum_{n=0}^{\infty} a_n g_a(t - nT_a) \qquad (6-11)$$

式中 a_n 为信息码，

$$g_a(t) = \begin{cases} 1, & 0 \leqslant t < T_a \\ 0, & \text{其它} \end{cases}$$

由此可得输出的扩频调制信号为

$$s(t) = \sum_{n=0}^{\infty} a_n h_1(t) g_a(t - nT_a) \qquad (6-12)$$

若调制方式为 PSK，则 $h_1(t)$ 为

$$h_1(t) = \sum_{i=0}^{N-1} c_i g_c(t - iT_c) \cos\omega_0 t \qquad (6-13)$$

式中：$c_i(i=0,1,\cdots,N-1)$ 为伪随机码切普，$c_i \in [-1,1]$；T_c 为伪随机码切普宽度；

ω_0 为载波频率；$g_c(t) = \begin{cases} 1, & 0 \leqslant t < T_c \\ 0, & \text{其它} \end{cases}$。

用此方法产生直扩调制信号，把直扩和调制电路合二为一，可使发射端的复杂程度降低，而且改变调制方式时不需改变调制电路，只需更换声表面波抽头延迟线即可。如采用 MSK 调制，一般的调制电路相对于 PSK来说要复杂得多，但采用声表面波抽头延迟线与 PSK 声表面波抽头延迟线的不同点仅仅是其输入换能器不同，如图 6 - 10 所示。图

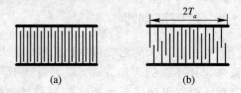

图 6 - 10   PSK 和 MSK SAWTDL 的输入 IDT
(a) PSK；(b) MSK

6 - 10(a) 为 PSK 声表面波抽头延迟线的输入叉指换能器的结构图，为等指长叉指换能器。图 6 - 10(b) 为 MSK 声表面波抽头延迟线的输入叉指换能器结构图，为变指长叉指换能器，其加权系统为余弦函数，输入换能器的渡越时间等于抽头延迟线对应的伪随机码的切普宽度的两倍。这两种调制的声表面波抽头延迟线的输出换能器(抽头延迟线)是完全相同的。

2. 软扩频

在第 2 章已介绍了软扩频技术，实际上是 (N, k) 的一种编码，即用 2^k 条长为 N 的伪随机码去对应 k 位信息的 2^k 个状态。产生软扩频信号的方法是先进行 (N, k) 编码，然后再用已扩展的信号去调制载波，获得扩频已调信号。若采用声表面波抽头延迟线，就可将扩频和调制功能合二为一，一次完成，如图 6 - 11 所示。

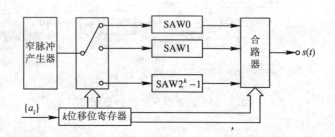

图 6 - 11   SAWTDL 扩频调制器

窄脉冲产生器产生单极性窄脉冲，重复周期 $T = kT_a = NT_c$。由于采用 (N, k) 的编码，需 2^k 条长为 N 的伪随机码，这些伪随机码应满足一定的相关特性要求。2^k 条长为 N 的伪随机码对应 2^k 个声表面波抽头延迟线。k 位信息码确定开关电路的动作，使之把窄脉冲产生器与对应的声表面波抽头延迟线的输入端相连接，这样一个窄脉冲去触发该声表面波抽头延迟线，其冲激响应就是所需的已扩已调信号。不同的 k 位信息码，对应的声表面波抽头延迟线有不同的输出，将不同时刻的输出信号用合路器合并起来，就得到了连续的经过扩频和调制的输出信号，从而完成了扩频调制任务。

设输入信号 $a(t)$ 为

$$a(t) = \sum_{n=0}^{\infty} a_n g_a(t - nT_a) \qquad (6 - 14)$$

式中：a_n 为信码；$g_a(t)$ 为门函数。令 $n=jk+l$，这里 j：$0\sim+\infty$，$l=0,1,\cdots,k-1$，代入上式，得

$$a(t) = \sum_{j=0}^{\infty} \sum_{l=0}^{k-1} a_{jk+l} g_a(t - jkT_a - lT_a)$$

$$= \sum_{j=0}^{\infty} \Big[\sum_{l=0}^{k-1} a_{jk+l} g_a(t - lT_a) \Big] g(t - jT)$$

$$= \sum_{j=0}^{\infty} a_j(t) g(t - jT) \tag{6-15}$$

式中

$$\left. \begin{aligned} a_j(t) &= \sum_{l=0}^{k-1} a_{jk+l} g_a(t - jT_a) \\ T &= kT_a = NT_c \end{aligned} \right\} \tag{6-16}$$

令

$$m = \sum_{l=0}^{k-1} a_{jk+l} 2^l \tag{6-17}$$

则此时的 m 即为 $a_j(t)$ 所确定的把窄脉冲连接到对应的声表面波抽头延迟线的编号。如果第 m 个声表面波抽头延迟线对窄脉冲的响应为 $s_m(t)$，则总的输出信号为

$$s(t) = \sum_{j=0}^{\infty} s_m(t - jT) g(t - jT) \tag{6-18}$$

$$g(t) = \begin{cases} 1, & 0 \leqslant t < T \\ 0, & \text{其它} \end{cases}$$

用此方法，还可产生 FH/DS 信号，此时，2^k 个声表面波器件的中心频率是不同的。

用声表面波抽头延迟线一次完成扩频和调制功能，使系统简化，可靠性提高。用此方法可产生高速的伪随机码，而不会像一般的产生扩频信号时受到数字电路的速度限制，它主要受工艺水平的限制。调制方式灵活，不同的调制方式只需在设计声表面波抽头延迟线时考虑，而毋需改变电路，这对于那些实现起来较为复杂的调制方式将会具有很大的吸引力，例如 MSK 调制。同时，也为解扩、解调和同步带来了方便。这种方法也有它的不足之处，声表面波抽头延迟线一旦制作完成，伪随机码也就确定，不能更改，但可以采用可编程抽头延迟线来解决这一问题。由于专门研制，频率在 $10\sim200$ MHz 比较成熟。由于插入衰减较大和基片的问题，使器件的长度(或抽头数)受限，国内目前只能做 127、255 和 511，国外有 1023 的报道。

6.2.3　解扩解调器

由最佳接收理论可知，接收滤波器的冲激响应与发送信号之间的关系为

$$h(t) = s(T_0 - t) \tag{6-19}$$

式中 T_0 为发送信号的持续时间。因此，对扩频调制信号的解扩和解调可用声表面波匹配滤波器的方法来完成。要实现匹配滤波器功能，用声表面波抽头延迟线是很容易实现的。若接收信号 $s(t)$ 为

$$s(t) = c(t) \cos\omega_0 t \tag{6-20}$$

由式(6－19)有

$$h(t) = c(T-t) \cos\omega_0(T-t) = c(T-t) \cos\omega_0 t \qquad (6-21)$$

式中：$c(t)$ 为伪随机码；T 为伪随机码的周期。由此可见，用于解扩解调的声表面波抽头延迟线的编码应为 $c(T-t)$，即是发端扩频用的伪随机码的镜像码。例如，发端用的伪随机码 $c(t)$ 为 11101100，则用于解扩解调的声表面波抽头延迟线的编码应为 00110111。

图 6－12 为声表面波抽头延迟线作为匹配滤波器的原理图。图 6－12(b) 为作为解扩解调用的抽头延迟线，为输入信号 $s(t)$（图 6－12(a)）的匹配滤波器。由于编码完全相同，不同的是解扩解调用的抽头（编码）与扩频调制的抽头（编码）的时序正好相反。在图 6－12 中，$s(t)$ 的编码为 110100（参见图 6－8），声表面波抽头延迟线的编码为 001011，故又可称图 6－12(b) 的声表面波抽头延迟线是图 6－8 的声表面波抽头延迟线的反时器。当输入信号 $s(t)$ 完全进入声表面波抽头延迟线时，由于输入信号的码字与声表面波抽头延迟线的编码（电极）完全相同，各叉指电极对激发的电压相加，输出一个相关峰。而当 $s(t)$ 没有与抽头延迟线重合时，各叉指电极对收到的信号由于同相和反相互相抵消，输出电压远小于相关峰值。因此，只要对相关峰进行处理，就可完成扩频信号的解扩解调功能，恢复出传送的信息。

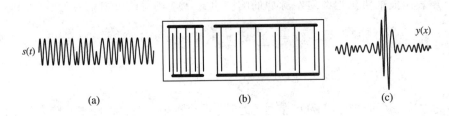

图 6－12　SAWTDL 匹配滤波器

若扩频调制和解扩解调均采用声表面波抽头延迟线来完成，则两种器件可在制作时一次完成。用作解扩解调的声表面波抽头延迟线只需把用作扩频调制的声表面波抽头延迟线的输入换能器与抽头延迟线的位置交换即可。因而在制作时，可一次完成两种器件，如图 6－13 所示。由图可以看出，该抽头延迟线由三部分组成，左、右为两个换能器，两个换能器完全一样，中间为抽头延迟线。若左边的换能器与抽头延迟线构成扩频调制用的声表面波抽头延迟线的话，则右边的换能器与抽头延迟线构成解扩解调用的声表面波抽头延迟线，即对扩频调制声表面波抽头延迟线产生的信号相匹配。因此，用吸声材料将右边的换能器涂掉，就得到扩频用的声表面波抽头延迟线，涂掉左边的换能器，就可得到解扩解调用的声表面波抽头延迟线。采用这种制作方法，可以对用声表面抽头延迟线产生的扩频调制信号实现最佳匹配，而且可以弥补由于工艺等问题引起的器件性能的缺陷（如包络起伏、

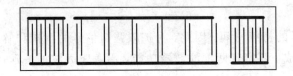

图 6－13　两种 SAWTDL 的制作

码元宽度的精确度、中心频率偏移等）。

1. 相干检测

对图 6 – 9 所示的直扩信号产生器产生的信号，可用图 6 – 14 所示的电路完成对直扩信号的解扩解调。接收到的扩频调制信号经放大后，送到解扩解调用的声表面波抽头延迟线。声表面波抽头延迟线是一种无源器件，处于等待状态，一旦与输入信号相匹配，就会产生一个相关峰，如图 6 – 12(c)所示。采用相干检测的方法，把相关峰检测出来，通过积分、抽样判决，就可将传输的信号恢复出来。

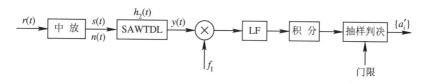

图 6 – 14　直扩信号的相干检测

由前已知，发送的信号 $s(t)$ 为

$$s(t) = \sum_{n=0}^{\infty} a_n h_1(t) g_a(t - nT_a) \tag{6 – 22}$$

设接收端声表面波抽头延迟线的冲激响应为 $h_2(t)$，则应为

$$h_2(t) = h_1(T_a - t) \qquad 0 \leqslant t \leqslant T_a \tag{6 – 23}$$

经匹配滤波后的输出信号为

$$y(t) = s(t) * h_2(t) = \frac{1}{2} \sum_{n=-\infty}^{\infty} a_n R(t) \cos \omega_0 t \tag{6 – 24}$$

式中，$R(t)$ 是伪随机码 $c(t)$ 的相关函数（包括自相关和部分相关，以及 $c(t)$ 与 $-c(t)$ 的互相关）。当 $t = T_a$ 时，$R(t) = R(T) = N$，为相关峰值，正相关还是负相关取决于传送的信号 a_n，$a_n = 1$ 时是正相关，$a_n = -1$ 时是负相关。通过相干检测后，就可将 $\{a_n\}$ 恢复出来，完成信息的传输。

2. 软扩频信号的解扩解调

图 6 – 14 的相干检测需要接收端产生与接收信号同频同相的恢复载波，这种解调方式利用了相位信息，可以增加系统的输出信噪比。但由于提取载波，必然会增加系统的复杂程度，且系统的性能与恢复载波的频率和相位的精度有密切的关系，在某些环境条件要求比较苛刻（如移动通信等）的情况下，希望系统尽可能的简化。采用非相干检测虽然会有一定的信噪比的损失（与相干检测相比），但可以减小系统的复杂程度。

对软扩频信号，可用声表面波抽头延迟线组来完成解扩解调，如图 6 – 15 所示。由于采用 (N, k) 编码，则需 2^k 个声表面波抽头延迟线分别对应扩频用的 2^k 条伪随机码，与之相匹配。接收到的扩频信号被送入声表面波抽头延迟线匹配滤波器组的输入端，由于扩频所用的伪随机码的自相关特性、互相关特性及部分相关特性均可满足系统提出的要求，可以保证在某一时刻输入信号只能与 2^k 个声表面波抽头延迟线匹配滤波器组中的一个相匹配。因此，对接收端的声表面波抽头延迟线匹配滤波器组而言，每隔 $T = kT_a = NT_c$ 出现一个尖峰（相关峰）。设第 m 个声表面波抽头延迟线匹配滤波器的冲激响应为

$$h_m(t) = c_m(T - t)\cos\omega_0 t \qquad m = 0,1,2,\cdots,2^k - 1 \tag{6-25}$$

式中，m 由式(6-17)描述，则第 m 个声表面波抽头延迟线匹配滤波器的输出

$$y_m(t) = s(t) * h_m(t) \qquad m = 0,1,2,\cdots,2^k - 1 \tag{6-26}$$

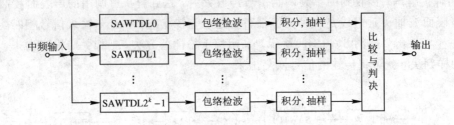

图 6-15 软扩频信号的解扩解调

$s(t)$ 为扩频信号，由式(6-18)所描述，为

$$s(t) = \sum_{i=0}^{\infty} s_j(t - iT)g(t - iT)$$

$$= \sum_{i=0}^{\infty} c_j(t - iT)g(t - iT)\cos\omega_0 t \tag{6-27}$$

代入式(6-26)，可得

$$y_m(t) = \frac{1}{2}R_m(t)\cos\omega_0 t \qquad m = 0,1,2,\cdots,2^k - 1 \tag{6-28}$$

式中

$$R_m(t) = R_{imp}(t) + R_{jmp}(t) \qquad i,j,m = 0, 1, 2, \cdots, 2^k - 1 \tag{6-29}$$

$$R_{imp}(t) = \int_{-T}^{0} c_i(\tau + T)c_m(T - \tau)\,\mathrm{d}\tau \qquad i,m = 0, 1, 2, \cdots, 2^k - 1 \tag{6-30}$$

$$R_{jmp}(t) = \int_{0}^{t} c_j(\tau)c_m(T - t + \tau)\,\mathrm{d}\tau \qquad j,m = 0, 1, 2, \cdots, 2^k - 1 \tag{6-31}$$

由此可见，声表面波抽头延迟线匹配滤波器输出的包络由两部分组成，$R_{imp}(t)$ 和 $R_{jmp}(t)$ 分别为第 m 个声表面波抽头延迟线用的伪随机码 $c_m(t)$ 与第 i 个和第 j 个声表面波抽头延迟线对应的伪随机码 $c_i(t)$ 和 $c_j(t)$ 的部分相关特性，只有当 $j=m$ 时，第 m 个声表面波抽头延迟线与输入信号在 $t=T$ 时刻相匹配，此时

$$y_m(t) = \frac{1}{2}R_m(t)\cos\omega_0 t = \frac{1}{2}R_{jm}(t)\cos\omega_0 t \qquad m = 0, 1, 2, \cdots, 2^k - 1 \tag{6-32}$$

这里

$$R_m(t)\big|_{t=T} = R_{jm}(t)\big|_{t=T} = \int_{0}^{T} c_m(\tau)c_m(T - T + \tau)\,\mathrm{d}\tau = T \tag{6-33}$$

为 $c_m(t)$ 的相关峰值，$T=NT_c$。其余的 2^k-1 个声表面波抽头延迟线由于 $j \neq m$，与发送信号不匹配，即伪随机码不相同，因此不会出现相关峰。对相关峰进行检测，声表面波抽头延迟线匹配滤波器组的输出经包络检波、积分、抽样保持，得到 2^k 个模拟量进行比较，找出最大的一个对应的支路号，就可恢复出对应的 k 位信息。不同的声表面波抽头延迟线输出的相关峰对应不同的 k 位信息。此时声表面波抽头延迟线的编号 m 与 k 位信息的关系由式(6-17)确定，即将 m 用 k 位二进制数来表示，这 k 位二进制数就是对应的 k 位信息，这

样就可以完成对接收到的信号的解扩解调。图 6-16 是采用$(N,1)$编码时，两个声表面波抽头延迟线构成的解扩解调器的波形图。

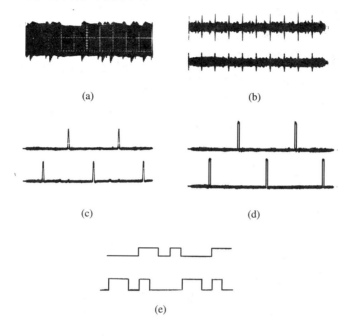

(a)　　　　　　　　　(b)

(c)　　　　　　　　　(d)

(e)

图 6-16　SAWTDL 组解扩解调器波形图

(a) 扩频已调信号；(b) SAWTDL 输出；(c) 包络检波器的输出；
(d) 判决输出；(e) 上：发送数据，下：接收端恢复数据

由前面的分析可知，声表面波抽头延迟线输出的包络一般情况下是两个部分相关（自相关或互相关）特性之和，在一定的条件下是所用伪随机码的自相关特性$(i=j=m)$或所用伪随机码的互相关特性$(i=j\neq m)$。因此，在选择伪随机码的时候，要同时考虑到所用的伪随机码组的自相关特性。确切地说，要求所用的伪随机码组除了自相关峰以外，自相关旁瓣、互相关峰、组合部分相关峰要尽可能的小，只有这样才可能在利用声表面波抽头延迟线匹配滤波器组完成解扩解调时，增加相关（相关峰值）与非相关（相关旁峰）的鉴别率，提高解扩解调的性能。因此，伪随机码组性能的好坏直接关系到系统的性能。

利用声表面波抽头延迟线构成解扩解调器，将解扩解调合二为一，一次完成，可以大大简化接收系统，提高了系统的可靠性及各项指标；用声表面波抽头延迟线完成解扩解调，方式灵活，不同的调制方式，只需用不同调制方式的声表面波抽头延迟线，若用可编程声表面波抽头延迟线，还可以改变伪随机码，这样系统就更加灵活；采用声表面波抽头延迟线匹配滤波器组完成解扩解调，可使同步系统也大大简化，此时毋需伪随机码的同步，而伪随机码的同步正是扩频系统的一大难题，同时还可免除载波提取，这样系统的同步只是信息码元的同步和其它必需的同步；利用声表面波抽头延迟线组完成解扩解调，还可以克服多径干扰甚至利用部分多径能量，提高系统的抗干扰能力，改善系统的误码性能。

3. 抗多径干扰

在移动通信和室内通信的环境下，多径干扰是非常严重的。在系统设计时，必须考虑

采用一些抗多径干扰的措施，以保证系统在多径环境下正常工作。如前所述，扩频系统，特别是直扩系统具有很强的抗多径能力。其抗多径的机理就是利用伪随机码的相关特性，在时间上把主通道的相关峰与多径信号引起的相关峰分开，滤除甚至利用多径相关峰的能量，从而达到抗多径甚至利用多径的目的。声表面波抽头延迟线是一种中频无源器件，它处于一种等待状态，一旦与之相匹配，就会有一个相关峰输出。多径信号是所传信号经不同路径传播到达接收机的信号，与所需信号（正常接收的信号）的不同点在于它们的幅度和到达的时间。因此，多径信号在声表面波抽头延迟线中也要产生相关峰。反映到波形上，多径峰的幅度一般情况下比正常相关峰要小，时间上有一个时延 τ，时延 τ 正是多径信号的时延，如图 6-17 所示。

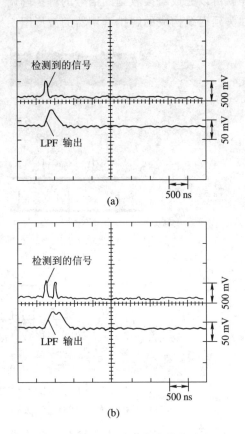

图 6-17　SAWTDL 接收多径信号波形图
(a) 无多径；(b) 有多径

由图 6-15 所示的声表面波抽头延迟线解扩解调器对扩频信号进行解扩解调，声表面波抽头延迟线在一定的条件下（伪随机码的切普宽度 T_c 小于多径时延 τ），可以把主相关峰和多径峰区分开来，在对声表面波抽头延迟线输出进行处理时，经包络检波后，可选择不同的积分时间来达到抗多径和利用多径的目的。当积分时间为相关峰的宽度（$2T_c$）时，积分正好把相关峰积完，而将多径峰滤除。考虑到多径峰也是信号的一部分，适当地增加积分时间，还可以部分利用多径能量，相应地提高信号的能量，从而提高系统的性能。当多径时延已小于一个伪随机码的切普宽度 T_c 时，多径峰与相关峰重叠，在中频叠加，对相关峰形成干扰。这时，可以采用别的方法来达到抗多径干扰的目的，如采用分集等措施。

6.2.4　同步

用声表面波抽头延迟线作为匹配滤波器完成扩频信号的解扩解调，一次完成解扩解调功能，不仅可以简化系统，提高系统的可靠性和其它性能，而且可以大大简化系统的同步，这正是用声表面波抽头延迟线的最大好处。

一个扩频系统的同步一般包括伪随机码同步、信息码的位同步、载波同步等。在这些同步中，最重要，也是最难解决的是伪随机码的同步，它包括伪随机码的码字同步和伪随机码的切普同步。伪随机码的同步是扩频系统的一大难题，由于伪随机码的速率很高，同步精度要求高，因而同步时间长、难度大。扩频系统正常的解扩解调是建立在伪随机码的同步之上的,因此伪随机码的同步是关系到扩频信号解扩性能乃至整个系统性能好坏的关键,许多系统为此花费了大量的精力和财力。

声表面波抽头延迟线是一种中频无源器件,处于一种等待状态,一旦进入声表面波抽头延迟线的信号与之相匹配,就立即输出一个相关峰,即表明收发双方的伪随机码同步,也表明接收到了相应的传输信号。声表面波抽头延迟线在解扩解调的过程中自动完成伪随机码的同步,不需要搜索时间,也不需要另外的部件提供一个同步的伪随机码。由此可见,采用声表面波抽头延迟线后,接收机不需要一个伪随机码的同步单元,这就免除了扩频系统最难解决,为之付出重大代价的伪随机码同步。对相关峰进行非相干处理,则可免除恢复载波的提取。采用声表面波抽头延迟线后,也为位同步信号的提取带来了极大的方便。由于声表面波抽头延迟线组每隔一个伪随机码的周期 T 出现一个相关峰(无论何支路),把这相关峰检测出来,形成一脉冲串,送到锁相环(PLL),就可获得位同步信号。图 6-18 为声表面波抽头延迟线位同步电路。

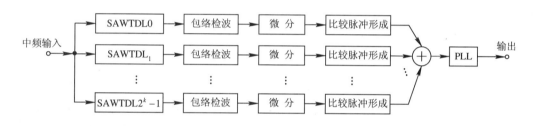

图 6-18 SAWTDL 位同步电路

1. 相关峰的检测性能

由式(6-29)已知,声表面波抽头延迟线输出的包络是两个部分相关函数之和,实际上是扩频所用的伪随机码组的相关特性。$t=T$ 时,有

$$R_m(t) = R_{jm}(T) = \int_0^T c_j(\tau)c_m(\tau)\,\mathrm{d}\tau \qquad j,m = 0,1,2,\cdots,2^k-1 \qquad (6-34)$$

当 $j=m$ 时,$R_m(T)=T=NT_c=kT_a$,为 $c_m(t)$ 的自相关峰值。为提高相关峰的检测概率,降低虚警概率,要求除了 $j=m$,且 $t=T$ 时出现相关峰外,其它情况下 $|R_m(t)|$ 应尽可能小,即要求所选伪随机码的自相关旁瓣、互相关峰及组合部分相关峰尽可能小。为分析方便,除相关峰以外,设 $|R_m(t)|=LT_c$,L 为伪随机码的相关特性最大旁瓣值。

若输入噪声为高斯白噪声,则声表面波抽头延迟线的输出通过包络检波器后的输出服从广义瑞利分布,由此可得相关时和不相关时的概率密度函数

$$f_1(v) = \frac{v}{\sigma_0^2}I_0\left(\frac{NT_c v}{2\sigma_0^2}\right)\exp\left[-\frac{v^2+(NT_c/2)^2}{2\sigma_0^2}\right] \qquad (6-35)$$

$$f_2(v) = \frac{v}{\sigma_0^2}I_0\left(\frac{LT_c v}{2\sigma_0^2}\right)\exp\left[-\frac{v^2+(LT_c/2)^2}{2\sigma_0^2}\right] \qquad (6-36)$$

式中 $I_0(\cdot)$ 为第一类零阶修正贝塞尔函数。图 6-19 为 $f_1(v)$ 和 $f_2(v)$ 的图形。

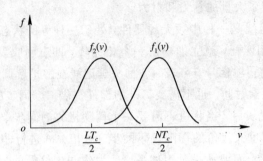

图 6 - 19 $f_1(v)$ 和 $f_2(v)$ 的图形

声表波抽头延迟线的输出经包络检波器检波后,与一门限 V_{th} 相比较,若超过门限 V_{th},表明检测到相关峰,否则,没有检测到相关峰。由此可得相关峰检测概率 P_D 和虚警概率 P_F 为

$$P_D = \int_{V_{th}}^{\infty} f_1(v)\, dv = Q\left(\frac{NT_v}{\sigma_0}, \frac{V_{th}}{\sigma_0}\right) \qquad (6-37)$$

$$P_F = \int_{V_{th}}^{\infty} f_2(v)\, dv = Q\left(\frac{LT_v}{\sigma_0}, \frac{V_{th}}{\sigma_0}\right) \qquad (6-38)$$

这里,σ_0^2 为声表面波抽头延迟线的输出噪声功率,$\sigma_0^2 = n_0 NT_c/4$,n_0 为高斯噪声的功率谱密度。考虑输入谱密度为 n_0 高斯白噪声,则由此可得声表面波抽头延迟线的输入信噪比 γ_i 为

$$\gamma_i = \frac{S_i}{N_i} = \frac{1/2}{n_0 B} = \frac{T_c}{4n_0} \qquad (6-39)$$

图 6 - 20 给出了不同的 N、L 及 V_{th} 时,P_D、P_F 与 γ_i 之间的关系曲线,由此可见,在信道条件比较恶劣的条件下,仍然可以很高的检测概率检测相关峰,且虚警概率可以达到系统的要求。例如,在 $\gamma_i = 4$ dB,$N=32$,$L=8$,$V_{th} = 12T_c$ 时,$P_D \geqslant 0.999999$。

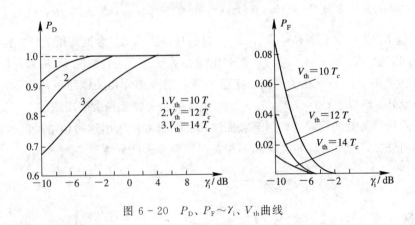

图 6 - 20 P_D、$P_F \sim \gamma_i$、V_{th} 曲线

2. 位同步信号的精度

当相关峰超过门限电平 V_{th} 时,形成一个脉冲,形成脉冲的精度直接关系到位同步信号的性能。

（1）无噪情况。在无噪时，相关峰值点正好对应 $t=T$ 时刻，即正好是 k 个数据码元的末了时刻，为精确的位定时。采用门限判决后，形成脉冲与 V_{th}、伪随机码长度 N 有关，如图 6-21 所示。由此可得形成脉冲的偏移量 ΔT 为

$$\Delta T = \frac{NT_c - 2V_{th}}{NT_c} \tag{6-40}$$

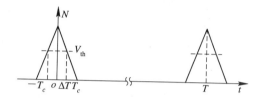

图 6-21　时钟偏移示意图

图 6-22 给出了 ΔT 与 V_{th}、N 的关系曲线。在此基础上可得形成脉冲与精确码周期定时信号的相位差

$$\Delta\theta = 360° \times \frac{\Delta T}{T} = 360° \times \frac{NT_c - 2V_{th}}{N^2 T_c^2} \tag{6-41}$$

并给出 $\Delta\theta$ 与 N、V_{th} 的关系曲线，如图 6-23 所示。

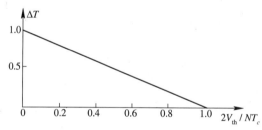

图 6-22　$\Delta T - V_{th}$、N 的关系曲线

图 6-23　$\Delta\theta$ 与 V_{th}、N 的关系曲线

对信号码元的位同步而言，$T = kT_a$，有

$$\Delta\theta_a = k\Delta\theta = 360° \times k \times \frac{NT_c - 2V_{th}}{N^2 T_c^2} \tag{6-42}$$

利用相关峰形成的脉冲与精确的时钟最大误差为 T_c，选择合适的 V_{th}，N 越大，误差越小。由于相关峰的检测概率很高，在一些特殊场合，可以直接利用形成的脉冲作为位同步信号（$k=1$ 时，$T=T_a$，伪随机码的周期就是信号码的码元宽度），这就意味着可在一二个数据码元的时间内完成同步信号的提取。

（2）噪声对相关峰的影响。噪声会使声表面波抽头延迟线输出相关峰的大小发生变化，V_{th} 一经确定不会变化，噪声将导致形成脉冲宽度发生变化，从而引起相位抖动，如图 6-24 所示。

相位抖动与声表面波抽头延迟线输出噪声标准差 σ_0 有关，相关峰基本上在 $(NT_c/2)-\sigma_0 \sim (NT_c/2)+\sigma_0$ 范围内变化，则相位抖动 $\Delta\theta_\tau$ 为

$$\Delta\theta_\tau = 360° \times \left(\frac{\Delta T_+}{T} - \frac{\Delta T_-}{T} \right)$$

$$= 360° \times \frac{8\sigma_0 V_{th}}{N(N^2 T_c^2 - 4\sigma_0^2)}$$

$$(6-43)$$

考虑到声表面波抽头延迟线的输入信噪比 $\gamma_i = T_c/(4N_0)$，则有

$$\Delta\theta_\tau = 360° \times \frac{1}{N\sqrt{N}} \frac{8V_{th}'\sqrt{\gamma_i}}{4N\gamma_i - 1}$$

$$(6-44)$$

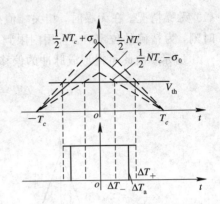

图 6-24 噪声对相关峰及形成脉冲的影响

这里 $V_{th}' = V_{th}/T_c$。图 6-25 给出了 $\Delta\theta_\tau$ 与 γ_i 的关系曲线。

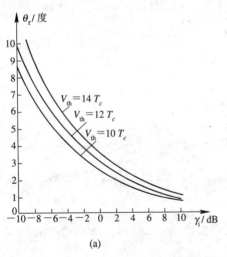

(a)

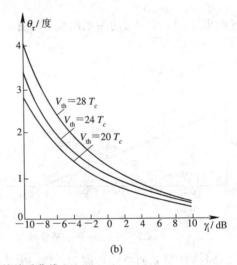

(b)

图 6-25 $\Delta\theta_\tau$ 与 γ_i 的关系曲线

对于信号码元的位同步，有

$$\Delta\theta_{a\tau} = k\Delta\theta_\tau = 360° \times \frac{k}{N\sqrt{N}} \frac{8V_{th}'\sqrt{\gamma_i}}{4N\gamma_i - 1} \qquad (6-45)$$

由上面的分析可以看出，噪声的影响将导致形成脉冲的相位抖动，在较恶劣的信道条件下，抖动还是比较小的，许多数字系统是可以容忍的。加上锁相环，一是对形成的伪随机码周期同步信号倍频得到信息码元位同步信号，二是对同步信号提纯。图 6-26 给出了同步信号的波形图，这里扩频方式为 $(N, 1)$。图中(a)为声表面波抽头延迟线输出波形，(b)为包络检波器输出波形，(c)为门限检测输出，(d)中上为合成脉冲波形，下为锁相输出波形。

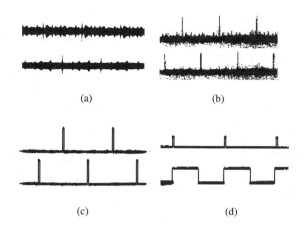

图 6 - 26 位同步信号波形图

(a) SAWTDL 输出；(b) 包络检波器输出；(c) 门限检测输出；(d) 上：合成脉冲，下：位同步

6.2.5 带固定延迟线的声表面波抽头延迟线

在扩频系统中，对扩频信号的解扩一般采用相干检测方式来完成，这就需要接收机完成伪随机码的同步和载波恢复，这些都要大大增加系统的复杂程度。采用声表面波抽头延迟线完成扩频信号的解扩解调，可以免除伪随机码的同步和载波恢复，这是声表面波抽头延迟线用于扩频系统最具有吸引力之处。但随 k 的增加，声表面波抽头延迟线的数目增加很快，如何降低声表面波抽头延迟线的数量，也是实际系统要考虑的问题。采用图 6 - 9 类似的方式产生的扩频信号，利用了伪随机码的正码和反码，采用图 6 - 14 所示的相干检测，可以将声表面波抽头延迟线的数目减少一半。但采用相干检测需要载波，这又增加了系统的复杂程度。

为了降低系统的复杂程度，免除载波恢复电路，可采用差分相干解调的方法来完成对声表面波抽头延迟线输出的解调，如图 6 - 27 所示，由声表面波抽头延迟线和一个声表面波固定延迟线、乘法器、滤波器等组成。声表面波延迟

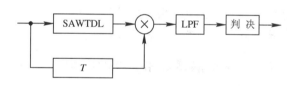

图 6 - 27 SAWTDL 差分解调

线的延迟时间与声表面波器件，声表面波抽头延迟线输出的是对输入信号相关后的信号（见式(6 - 24)），固定延迟线输出的只是输入信号的延时 T 的等幅波扩频信号，将此两个信号相乘，经低通滤波器滤波后，就可得正相关峰或负相关峰，经判决后，恢复出传输的信号。

声表面波抽头延迟线和声表面波固定延迟线可以做成一个器件，用其构成的解扩解调器如图 6 - 28 所示。它的工作原理是：输入的扩频信号加到组合声表面波抽头延迟线的输入换能器，输入换能器是对应于发送信号用的伪随机码抽头延迟线，当输入的扩频信号与抽头延迟线相匹配时，在输出换能器 1 上得到一个相关峰。由于接收的扩频信号是所用伪随机码的周期性（正码或反码）已调信号，因此在输出换能器 1 上得到一个周期性（周期为伪随机码的周期 T）的相关峰（正相关或负相关），如图 6 - 29 所示。周期性的相关峰经过固定延迟线的延迟（延迟时间为 T），在输出换能器 2 输出，输出换能器 2 的输出是输出换能

177

器 1 的延迟信号，将输出换能器 1 的输出和输出换能器 2 的输出相乘，经低通滤波器滤波、积分判决后，就可恢复出传输的信息。

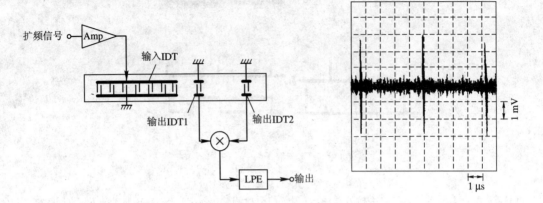

图 6 - 28　组合 SAWTDL 解扩解调器　　图 6 - 29　组合 SAWTDL 的相关响应

把图 6 - 28 与图 6 - 27 所示两种解扩解调方式相比较，可以看出，图 6 - 28 所示方案比图 6 - 27 所示的方案更优越。对相关峰的延迟相乘，可以提高相关输出信号的主旁瓣比值，如相关输出信号的主旁瓣比为 4 : 1，经延迟相乘后其主旁瓣比可提高到 16 : 1，而图 6 - 27 所示方案仍为 4 : 1，提高主旁瓣比后，对提高系统性能大有好处；采用组合声表面波抽头延迟线后，可以改善系统的信噪比，相乘后相当于平方律检波，信号功率相对于噪声功率大大提高；采用组合声表面波抽头延迟线方案，可减少固定延迟线的插入损耗，组合时，固定延迟线的插入损耗一般在 1～2 dB，若采用单独的声表面波固定延迟线，由于增加了两次换能，插入损耗一般在 1～10 dB 以上(若用石英晶体做成的声表面波延迟线其插入损耗可达 5 dB 以上)，就必须用放大器来弥补延迟线的插入损耗，大的插入损耗将导致系统信噪比的恶化；采用这种组合方式，可以减小体积，提高稳定性和可靠性，可使器件的成本降低到分离的声表面波抽头延迟线和固定延迟线的成本的 60%。

6.2.6　频率偏移对相关峰的影响

声表面波抽头延迟线作为匹配滤波器，为了保证获得理想的相关峰，要求中频频率 f_0 与声表面波抽头延迟线的声同步频率(中心频率)相等，若中频频率 f_0 偏离声表面波抽头延迟线的声同步频率，或由于工艺等问题，制成的声表面波抽头延迟线的工作频率偏移设计频率，将使声表面波抽头延迟线输出的相关峰的主旁瓣比降低，引起系统处理增益的降低和性能恶化。

设声表面波抽头延迟线的中心频率为 f_0，接收信号的频率 $f = f_0 + \Delta f$，有一频差 Δf，Δf 将引起声表面波抽头延迟线相关峰的恶化。在声表面波抽头延迟线与输入信号匹配时，相关特性为

$$|\rho| = \left| \frac{\sin(N\pi\Delta f T_c)}{\sin(\pi\Delta f T_c)} \right| \qquad (6 - 46)$$

当 $\Delta f = 0$ 时，

$$|\rho|_{\max} = \lim_{\Delta f \to 0} |\rho| = \lim_{\Delta f \to 0} \left| \frac{\sin(N\pi\Delta f T_c)}{\sin(\pi\Delta f T_c)} \right| = N \qquad (6 - 47)$$

当 $\Delta f \neq 0$ 时，

$$|\rho| = \frac{N}{N} \left| \frac{\sin(N\pi\Delta f T_c)}{\sin(\pi\Delta f T_c)} \right| = |\rho|_{\max} \eta_N \qquad (6-48)$$

这里

$$\eta_N = \frac{|\sin(N\pi\Delta f T_c)|}{N|\sin(\pi\Delta f T_c)|} \qquad (6-49)$$

是由 Δf 所造成的相关峰下降因子。只考虑 Δf 的影响，处理增益损失为

$$L_P = 20 \lg\eta_N = -20 \lg \frac{N|\sin(\pi\Delta f T_c)|}{|\sin(N\pi\Delta f T_c)|} \quad \text{(dB)} \qquad (6-50)$$

很显然，Δf 越大，声表面波抽头延迟线输出的主旁瓣比下降就越快，系统的处理增益损失 L_P 就越大。图 6-30 给出了 Δf 与声表面波抽头延迟线主旁瓣比的关系曲线，图 6-31 为声表面波抽头延迟线输出主旁瓣比与频率偏移 Δf 的实测关系曲线。

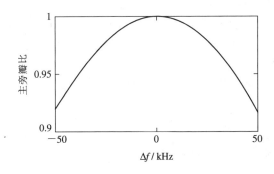

图 6-30　主旁瓣比与 Δf 的关系曲线

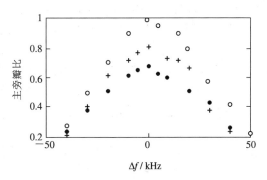

图 6-31　主旁瓣比与 Δf 的实测关系曲线

6.2.7　FH/DS 系统的快速同步

FH/DS 信号具有良好的保密、抗干扰和多址能力，特别是采用快速 FH/DS（即跳频速率每秒几千甚至上万跳）更具显著的优越性。这种系统的关键技术之一就是快速同步问题。用声表面波抽头延迟线作为匹配滤波器，可实现 FH/DS 信号的快速同步，图 6-32 为同步单元原理框图。

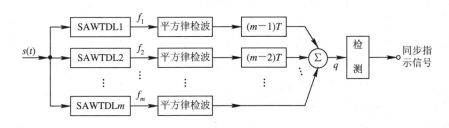

图 6-32　FH/DS 同步单元

在一般的系统中，发送信号之前首先发送一个同步头，捕捉到此同步头，就可获得同步。FH/DS 系统中，同步头一般由 M 个频率构成，每个频率的持续时间为 T，在每个频率上，为直扩信号。同步单元中的声表面波抽头延迟线的中心频率分别为 $f_1 \sim f_M$，这 M 个

频率不同频。M 个声表面波抽头延迟线按同步头的频率顺序由上到下排列。

接收到的 FH/DS 信号 $s(t)$ 分别送到 M 个声表面波抽头延迟线的输入端，由于不同频，且伪随机码亦可不同，因而在一个时间间隔 T 内，只有一个声表面波抽头延迟线得到一个相关峰的输出。由于声表面波抽头延迟线的排列是按同步头的频率顺序排列的，因而出现相关的顺序也是按此顺序出现的。对这些相关峰值分别进行适当的时延，这样当 M 个同步频率都进入同步单元后，这些相关峰值同时出现，将其求和得到统计量 q，与门限比较，若超过门限值，则表明同步头已捕获。

用声表面波抽头延迟线匹配滤波器组完成 FH/DS 信号的快速捕获，是在射频或中频上对 M 个跳频频率和调制的直扩码同时进行匹配处理使得同步无搜索时间（同步时间为 M 个频率的驻留时间之和），对时间完全不定的信号，完成了瞬时快速同步，实现了最佳的非相干检测。声表面波抽头延迟线的应用使系统结构简化，同时也使系统具有良好的灵活性。在实际通信中，考虑到系统的保密性，需要经常变换跳频和直扩码。由于声表面波器件是无源固体器件，这种变换还是比较方便的，特别是采用可编程声表面波抽头延迟线，变换扩频码更加方便。采用多个声表面波器件并行捕获结构，利用大数判决方法和实际上的频率分集作用，以及自身的扩频增益，使该系统具有较强的抗干扰能力，能在信噪比低和恶劣的环境条件下正常工作。这种同步方法的抗干扰性能还与声表面波抽头延迟线的个数 M 和直扩用的伪随机码的长度 N 有关，M、N 越大，抗干扰能力越强，但也不可避免地增加了同步时间和系统的复杂程度。

6.3 声表面波相关/卷积器

声表面波相关/卷积器有大带宽、高速、实时处理信号的能力，又具有足够长的时延，用相当简单的方式精确地完成卷积相关，是一类程序化程度很高的自适应器件。它被广泛应用于通信、雷达、导航、电子对抗等系统的信号处理，近十年来发展非常迅速，有些器件已用于实际系统之中。

6.3.1 声表面波卷积器

由信号分析可知，如图 6 - 33，对某一线性系统 $h(t)$，若输入信号为 $f(t)$，则系统 $h(t)$ 对 $f(t)$ 的响应 $y(t)$ 为输入信号 $f(t)$ 与系统冲激响应 $h(t)$ 的卷积，即

$$y(t) = f(t) * h(t) \tag{6-51}$$

即由此可见，系统确定后，输入与输出信号之间的关系也就确定了，$h(t)$ 在设计后不能更换，在信号处理时，有时希望能改变 $h(t)$，完成不同的功能。若能找到这样一种器件或系统，能完成两个信号的卷积，即完成式（6 - 51）的卷积功能，输入信号 $f(t)$ 和系统的冲激响应 $h(t)$ 都以输入信号形式出现，如图 6 - 34 所示，而且输出信号 $y(t)$ 仍然满足式（6 - 51）的关系，能完成这样功能的器件就称为卷积器。有了这种卷积器后，就大大增加了信号处理的灵活性，改变卷积器的参考信号 $h(t)$，就可对输入信号 $f(t)$ 进行

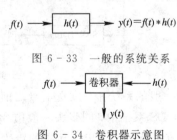

图 6 - 33　一般的系统关系

图 6 - 34　卷积器示意图

不同的处理，从而完成不同的功能。实现这种卷积，可用一时间积分卷积器(TIC，Time Integral Convolver)来完成，其原理如图 6－35(a)所示，图(b)为 $f(t)$ 和 $h(t)$ 均是方波时的 TIC 的输出波形。由图 6－35(a)可得 TIC 输出 $y(\tau)$ 为

$$y(\tau) = \int f(t)h(\tau - t)\,\mathrm{d}t \tag{6-52}$$

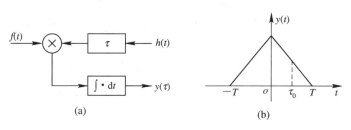

图 6－35 (a) TIC 原理框图；(b) 输出波形

由此可见，这种时间卷积器只能得到在 τ 时刻的卷积值，而不是一般所需的全部卷积值。声表面波卷积器是一种空间卷积器(SIC，Space Integral Convolver)，它有多种类型，如压电半导体卷积器、气隙耦合卷积器、多带耦合卷积器、声束压缩卷积器、外部二极管卷积器等，常用的、发展较快的是气隙式卷积器，图 6－36 为气隙式声表面波卷积器的结构图，上图为俯视图，下图为正视图。基片两端各有一个叉指换能器，它们分别输入参考信号 $h(t)$ 和被处理的信号 $f(t)$，中间区域称为互作用区，两端输入的电信号通过叉指换能器激发的声信号在互作用区相遇并互相叠加。在互作用区上方有一块 n 型硅片，离基片很近，使用一种特殊手段保证硅片既不与基片接触，又保证近万分之一毫米左右的间隙，间隙充满空气。硅片顶部涂有金属膜形成输出电极，以便将互作用产生的信号(卷积)输出。例如基片两端同时输入一个高频调制的方波时，输出信号即为一个三角波调制信号，如图 6－37 所示。图中，下图为两端输入信号，上图即为卷积输出波形。因为输入信号同时相向传播，所以输出信号时宽等于输入信号时宽。由此可见，用图 6－36 所示的声表面波器件，可以很方便地实现信号的卷积处理。

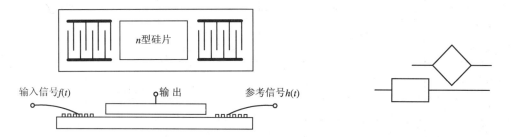

图 6－36 气隙式 SAW 卷积器　　图 6－37 SAW 卷积器输入与输出信号波形

设在基片上反向传播的两个输入信号分别为 $f_1(t)$ 和 $f_2(t)$，并假设激励的声表面波传输无耗，则声表面波的振幅与 $f_1(t-x/v_s)$ 和 $f_2(t+x/v_s)$ 成正比，这里 x 是传播距离，v_s 为声表面波的传播速度。考虑输入信号为有限持续的连续波信号，且持续时间远小于声表面波卷积器的互作用区的长度。则输出信号 $f_3(t)$ 与 $f_1(t-x/v_s)$ 和 $f_2(t+x/v_s)$ 的乘积积分成正比，即有

$$f_3(t) = \int_{-\infty}^{\infty} f_1\left(t - \frac{x}{v_s}\right) f_2\left(t + \frac{x}{v_s}\right) \mathrm{d}x \tag{6-53}$$

令 $\tau = t - \dfrac{x}{v_s}$，代入上式可得

$$f_3(t) = \int_{-\infty}^{\infty} f_1(\tau) f_2(2t - \tau)\, \mathrm{d}\tau \qquad (6-54)$$

上式即为 $f_1(t)$ 和 $f_2(t)$ 的卷积表达式。

根据在两组输入叉指换能器上输入的信号频率相同或不同，分别对应于简并型和非简并型。对简并型，输入信号频率均为 ω_1，输出频率为 $2\omega_1$。对非简并型，若输入信号频率为 ω_1 和 ω_2 时，则输出频率为 $\omega_1 + \omega_2$。由式（6-54）可以看出，$f_3(t)$ 为 $f_1(t)$ 与 $f_2(t)$ 的卷积式，式中 $f_2(t)$ 中时间系数 2 表明，声表面波卷积器的输出恰好压缩一半。从物理学的观点看，之所以出现这种情况是由于反向传播的波具有 $2v_s$ 的相对速度所致。表 6-2 给出了部分声表面波卷积器的性能参数，其中卷积效率定义为

$$\eta = 10 \lg \left(\frac{P_o}{P_1 P_2} \right) \quad \mathrm{dBm} \qquad (6-55)$$

式中：η 为卷积效率；P_o 为卷积输出到负载的功率；P_1、P_2 分别为卷积器两输入端的输入信号功率。

据有关报道，声表面波卷积器时间可达 16 ms，输入带宽 160 MHz，输入中心频率 350 MHz，卷积效率 −65 dB，时间带宽积达到 2560。

表 6-2　几种 SAW 卷积器的典型参数

参　数 ＼ 结构形式	声束压缩型 BWO	Si/LN 气型 小柱式	1	2	MZOS R_1 模	MZOS R_2 模	双向放大	外部二极管	三端对	LN 弹性卷积器
中心频率/MHz	156	300	300	500	185	225	125	115～155	160	300
信号带宽/MHz	50	100	90	200	8	30	13.5	13.5	30	100
声束宽/mm	0.1	0.75		0.71	1					0.076
时间带宽积	600	1000	2000	2400	28		280		300	1000
卷积效率/dB	−71	−66	−70	−77	−58	−57	−8	−22～−33	−60	−70
最大输入功率/dBm		14								
最大输出功率/dBm			−42							
动态范围/dB	65	50	50	46	46	65	65		50	50
互作用长度/(cm/μs)	12	3.5 10	22	12	3.5	1.28	7.5	37	12	10
波纹/dB										0.5
旁瓣抑制/dB	40								30	740
延迟线插入损耗/dB		29～35	30		23					22
气隙 Å		3000	5000	3500						
驻波比			<6							
优值 V−M/W	1.2×10^{-4} (LN)	5×10^{-3}								
研制厂家	Thomson-CSF	MTI 指标 实验室仪器公司	Texas		Pardue 大学	Sptrvy 中心		Thomson 公司		

6.3.2 声表面波相关/卷积器

如果把图 6-36 气隙式卷积器上面的硅片做成 PN 二极管或肖特基二极管阵列，则该器件就成为记忆（存储）功能的声表面波卷积/相关器（或相关/卷积器），如图 6-38 所示。这种器件可以产生和处理任何波形，它具有记忆（存储）功能，可将参考信号储存起来。在二极管阵列上加一偏置电压，在卷积器的输入换能器上加上需处理的信号，二极管阵列就自动将输入信号反转存储起来，而且这种存储是无畸变全息（包括振幅、频率和相位）存储，如图 6-38(a)所示。在输入换能器上加一脉冲信号，就可将存储的信号读出，读出的信号是输入信号的反转信号，如图 6-38(b)所示。对信号的相关如图 6-38(c)所示，输入要处理的信号，若与参考信号相关，就可得到相关峰值。

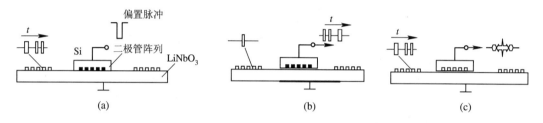

图 6-38 SAW 卷积/相关器

(a) 写入；(b) 读出；(c) 用储存参考信号相关

这种声表面波卷积/相关器的优点主要有：

（1）参考信号存储于器件之中，为静态的，故毋需知道外部待处理信号何时到达，并且信号可以随时处理，因此不存在"同步"问题。

（2）参考信号在存储过程中自动地将信号在时间上反转，所以作相关处理时不需要两个信号中的某一个是时间反转信号，并且输出信号是真正的相关或卷积，而不是和频。

（3）电信号和光信号均可存储、卷积和相关，"写入"和"读出"信号较为灵活，且能随时很容易地将信号抹掉。

（4）存储为无畸变全息（包括振幅、频率和相位）存储，"读出"信号是无破坏性的，即可多次重复读出（据称可连续读出十万次无任何影响）。

（5）"写入"时间响应快（典型的可快到 0.1 ns）。

（6）带宽大（几十至几百兆赫兹，甚至更高）。

（7）存储时间长（几毫秒至几天，甚至更长）。

美国德克萨斯仪表公司中心研究所已研制出声表面波存储相关/卷积器（在 GaAs/LiNbO₃ 混合基片上），中心频率为 73.5 MHz，相关带宽为 8 MHz，存储时间为 6.965 μs，外相关效率为 -55 dBm，线性动态范围大于 70 dB。

6.3.3 应用

声表面波卷积器在扩频系统中有广泛的应用前景，用它可以完成扩频调制、解扩解调、同步等功能，可以大大降低扩频系统的复杂程度，提高系统的性能，图 6-39 为扩频接收机的原理框图，用声表面波卷积器对接收到的信号进行卷积相关，完成解扩解调功能。把声表面波相关/卷积器作为匹配滤波器，可以完成扩频信号的解扩解调和同步，其工作原理与声表面波抽头延迟线类似，但其参考信号可变（包括扩频码、扩频码码速、扩频码码长等），因此用于系统中更具灵活性。

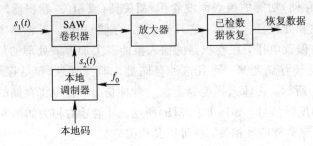

图 6-39　SAW 卷积器扩频接收机原理图

6.4　声表面波延迟线

延迟线在电子系统中应用很广，是一种不可缺少的器件。声表面波延迟线是一种新型的延迟线，这种延迟线结构简单、延时长、稳定。延迟线有多种类型，除了 6.2 节中介绍的抽头延迟线外，还有本节将要介绍的固定延迟线和色散延迟线，本节还将介绍它们的一些应用。

6.4.1　固定延迟线

固定延迟线就是延迟时间一定的延迟线，这种延迟线一经制成，只能用于延迟某一时间。固定延迟线是声表面波器件中最简单的一种，其结构如图 6-40 所示，它由基片和在其表面设置的两个叉指换能器组成。它的工作原理是：基片左端的叉指换能器将输入电信号转变成声信号，此声信号在两个换能器之间的声媒质表面上传播，然后由基片右端的叉指换能器将声信号还原成电信号输出，信号在以声传播过程中完成延时，延迟时间 τ 的大小取决于基片媒质的声表面波速度 v_s 和两换能器之间的距离 s，即

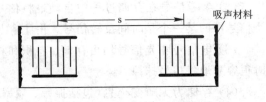

图 6-40　SAW 延迟线结构

$$\tau = \frac{s}{v_s} \tag{6-56}$$

延迟线的工作频率及带宽取决于两个叉指换能器的指宽、指间及叉指对数。由于声表面波在固体中的传播速度比电磁波慢五个数量级，所以用声表面波来实现信号的延迟可以大大缩小器件尺寸；由于声表面波的能量集中在固体的表面，因此容易在传播过程中提取和存入信息，以实现多种信号处理；声-电换能器是用成熟的半导体平面工艺制作而成的，因此精度高，一致性好；晶体基片的温度系数小，所以延迟线受温度的影响小，温度稳定性好；工作频率范围宽（10 MHz～5.2 GHz），器件的通频带窄到 $0.0005f_0$，宽到 $0.7f_0$（f_0 为延迟线中心频率）；延迟线可长可短，短到几百毫微秒，长到几百微秒。

6.4.2　声表面波振荡器

利用声表面波固定延迟线，加上放大器，可构成声表面波振荡器(SAWO)，如图 6 - 41 所示。它是由声表面波延迟线、一个放大器和一个压控可变移相器构成的。它的工作原理与普通的 LC 振荡器相似，声表面波延迟线的输出经放大后正反馈到它的输入端，因此，只要放大器的增益能补偿延迟线及移相器的损耗，同时满足一定的相位条件，这种振荡器就可以起振，振荡条件为

$$G_A(f) - L_s(f) - L_E(f) = 0 \text{ dB} \tag{6-57}$$

和

$$\varphi_A(f) + \varphi_s(f) + \varphi_E(f) = 2N\pi \tag{6-58}$$

式中 $G_A(f)$、$\varphi_A(f)$、$L_s(f)$、$\varphi_s(f)$、$L_E(f)$、$\varphi_E(f)$ 分别为放大器、延迟线和移相器的增益（衰减）和相位特性，N 为两换能器中心距离的波长数。若通过外加信号控制移相器的相位，就可构成压控振荡器和调频振荡器。

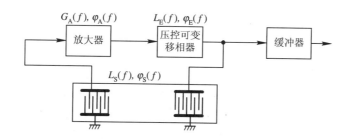

图 6 - 41　SAWO 原理图

声表面波振荡器与 LC 振荡器、晶体振荡器相比有如下特点：

(1) 将大的频率调节能力和可达到较高的频率稳定性结合起来。

(2) 利用普通的光技术，可使声表面波振荡器的基波频率达到 1 GHz，而不像晶体振荡器那样需一系列倍频后才能达到，从而大大减少了输出信号的谐波分量，减少了由于倍频带来的噪声，改善了短期频率稳定度；元件数少，可靠性大大增加。

表 6 - 3 为声表面波振荡器与 LC 振荡器、晶体振荡器的性能比较。

表 6 - 3　各种振荡器性能比较

振荡器类型	频率范围	有效 Q 值	最大频偏	温度系数 ppm/℃（30~70℃）
LC	1 kHz~100 GHz	$10~10^4$	$\pm 3 \times 10^{-1}$	10
石英晶体	10 Hz~20 MHz	$5 \times 10^3 \sim 2 \times 10^6$	$\pm 5 \times 10^{-4}$	<1
SAWD	10 MHz~2 GHz	$10^2 \sim 10^4$	$\pm 10^{-2}$	1
波固体源	10 MHz~1 GHz		$\pm 5 \times 10^{-4}$	<1

声表面波振荡器在扩频系统中可以作为振荡器使用，也可用它构成跳频系统中的频率合成器。声表面波频率合成器体积小、重量轻、结构紧凑、耗电省、频率转换速率快，在高

速跳频中具有特殊的优越性，表 6-4 列出了声表面波频率合成器和普通的直接频率合成器的性能比较。

由表中可以看出，声表面波频率合成器比普通直接频率合成器跳频速率快 180 倍，体积重量小 10 倍，只有功率大了 0.8 瓦。图 6-42 为用声表面波振荡器构成频率合成器的原理框图。

表 6-4　一种 SAW 直接频合与普通直接频合性能比较

参　　数	普通直接频率合成器	SAW 直接频率合成器
频率范围	1152～1470 MHz	1152～1470 MHz
频率间隔	1 MHz	1 MHz
输出功率	+10 dBm	+10 dBm
跳变时间	18 μs	0.1 μs
体积	200 英寸^3	20 英寸^3
重量	10 磅	1 磅
直流功率	2 W	2.8 W

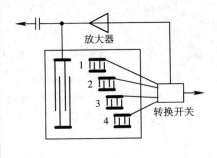

图 6-42　SAW 频率合成器

6.4.3　色散延迟线

对不同的频率有不同延迟时间的延迟线称为色散延迟线，这种色散延迟线分为线性调频型和非线性调频型两种，前者的延迟时间与频率成正比，而后者是非线性变化的。图 6-43 是声表面波色散延迟线的示意图。图 6-43(a)中左边的叉指换能器（发射叉指换能器）的叉指中心距是线性变化的，因此每对叉指最有效地激发的声表面波频率也是呈线性变化的。从图 6-43(a)可看出，激发高频声表面波的指条离右边叉指换能器（接收叉指换能器）近，而激发低频声表面波的指条离接收叉指换能器远，这就造成了信号的延迟时间随频率而变化的情况，其变化规律取决于叉指条中心的距离的变化，若为线性变化，延迟随频率的变化也呈线性变化，如图 6-43(b)所示，这就是声表面波色散延迟线的工作原理。图中，f_{max} 和 f_{min} 分别为发射叉指换能器最有效激发声波的最高频率和最低频率，两者之差 $B = f_{max} - f_{min}$ 称为色散延迟线的频带宽度，与 f_{max} 和 f_{min} 对应的延迟时间之差 T 称为色散延迟线的时间宽度，$(f_{max} + f_{min})/2$ 称为色散延迟线的中心频率 f_0。T 与 B 的乘积称为时间－带宽积，又叫压缩比（将声表面波色散延迟线作脉压线时）。当一个很窄的电脉冲

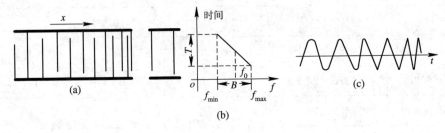

图 6-43　SAW 色散延迟线

(a) 结构；(b) 时延－频率特性；(c) 波形

输入图 6－43(a)所示的色散延迟线时，由于窄脉冲不同频率成分延迟时间不同，所以色散延迟线的输出就变成一个时宽为 T、带宽为 B、中心频率为 f_0 的线性调频信号，如图 6－43(c)所示。

若将图 6－43(a)所示的色散延迟线的发射换能器绕其中心旋转 180°放置，接收换能器仍然为均匀宽带换能器，这也是一个声表面波色散延迟线，它的 T、B 和 f_0 保持不变，只是它的时延－频率特性刚好与前一种相反，即它对频率高的信号延时大，对频率低的信号延时小。为了区分这两种色散延迟线，前一种叫负斜率色散延迟线，后一种叫正斜率色散延迟线。

若将负斜率色散延迟线产生的线性调频信号输入正斜率色散延迟线，并且两条延迟线的时宽 T、带宽 B 和中心频率 f_0 都相同，则正斜率色散延迟线的输出是输入线性调频宽脉冲信号在时间上的压缩了的窄脉冲信号。这是因为输入到正斜率色散延迟线的线性调频信号中的高频成分虽然后进入，但它在正斜率色散延迟线中经过较长的路程才能到达输出换能器。因此输入的线性调频信号经过色散延迟线后，其中高频和低频成分之间的所有频率分量同时到达输出换能器，所有频率分量的能量在时间轴上集中，并且由于输入的线性调频信号的时宽和中心频率完全相等，因此压缩后的信号与输入信号有确定的对应关系。

设输入的线性调频信号为 $s(t)$，则用来进行压缩的色散延迟线的脉冲响应必然为

$$h(t) = s(T - t) \tag{6-59}$$

色散延迟线的输出为

$$g(t) = \int_{-\infty}^{\infty} s(\tau) h(t - \tau)\, \mathrm{d}\tau = \int_{-\infty}^{\infty} s(\tau) s(T - \tau + t)\, \mathrm{d}\tau \tag{6-60}$$

若线性调频信号 $s(t)$ 为

$$s(t) = \begin{cases} \cos 2\pi \left(f_0 t + \dfrac{B}{2T} t^2 \right) & |t| \leqslant \dfrac{T}{2} \\ 0 & |t| > \dfrac{T}{2} \end{cases} \tag{6-61}$$

则有

$$g(t) = \sqrt{TB}\, \mathrm{Sa}(\pi B t)\, \cos \omega_0 t \tag{6-62}$$

图 6－44 为色散延迟线输出信号 $g(t)$ 的波形图。比较式(6－61)和式(6－62)可以看出，色散延迟线输出信号(即压缩后的信号)的峰值比输入信号的幅度增大了 $\sqrt{TB}$ 倍，同时压缩信号的主瓣宽度(－4 dB 电平点之间的频率间隔)比输入信号的时间小了 TB 倍。通常将 TB 称为色散延迟线的压缩比，是色散延迟线的重要性能指标。

声表面波色散延迟线有非常广泛的应用前景，在雷达、通信、导航、频谱分析、傅里叶变换等方面显示出了它的优越性。下面给出声表面波色散延迟线的应用例子。

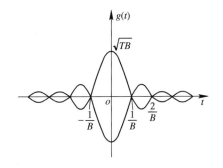

图 6－44　压缩后的波形

1. 声表面波鉴频器

声表面波色散延迟线在自动调谐接收机中作鉴频器，用它能快速准确地测量外来信号的频率。虽然测量频率的方法很多，但是没有哪一种测量方法能在测量精度、灵敏度、响应时间、带宽及可靠性、简单性等方面都是令人满意的，而色散延迟线则有最好的综合性能。图 6－45 为声表面波色散延迟线鉴频器的原理图，它的工作原理是：被测试信号经过混频器与本地振荡信号混频到中频以后，加到色散延迟线的输入端，同时使计数器开始计数，而色散延迟线的输出信号被用来关闭计数器，因为信号通过声表面波色散延迟线的延迟时间与信号的频率成正比，所以在信号通过色散延迟线的延迟时间内，计数器的计数正比于被测信号的频率。这种方法简单、精度高、响应时间快、体积小、造价低，可靠性高。

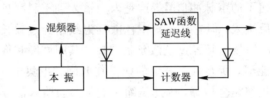

图 6－45　SAW 鉴频器

2. 压缩接收机

压缩接收机实际上是一个快速频谱分析仪，其框图如图 6－46 所示。它的工作原理是：被测信号与线性调频的本振信号混频产生一中频线性调频信号，送至声表面波色散延迟线。因为信号与色散延迟线完全匹配，所以输入信号被色散线压缩，并且压缩脉冲出现的时间受被测信号的频率控制，所以不同频率的被测信号所产生的压缩脉冲在显示屏上具有不同的位置，这样被测信号的频谱就直接显示在显示屏上。显然，色散延迟线的带宽 B 越大，能测量的信号频率范围越宽；色散延迟线的时宽越大，则频率分辨率越高。因此，它能够以很高的鉴频能力瞬时地将处于一个很宽的射频频谱内的所有信号鉴别出来，从而在密集信号环境下具有很高的信号截获能力。

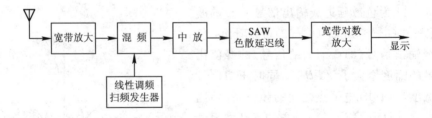

图 6－46　压缩接收机方框图

6.5　专用集成芯片

用于扩频系统的特殊器件有两大类：一类是前述的声表面波器件(SAWD)、电荷耦合器件(CCD)和静磁波器件(MSWD)，它们均为模拟器件，可以覆盖无线电波的很宽频带；另一类是具有扩频处理功能的专用集成电路(ASIC)。

扩频专用集成电路采用大规模或超大规模集成电路工艺，把具有扩频、解扩(甚至调制、解调及同步等)功能的电路浓缩在很小的芯片上，具有体积小、重量轻、功耗低、使用灵活及性能可靠等优点。另外，专用集成电路的模块化结构，使整个系统的设计大大简化，系统成本大大降低。

用于扩频系统的专用集成电路主要有两种，即直扩处理芯片和跳频处理芯片。直扩处理芯片大多以数字化处理的方式，在中频或基带上完成扩频、解扩、调制、解调，甚至同步功能。

到目前为止，研究开发出的扩频专用集成电路虽然不少，但还不十分丰富，比较典型的主要有以下几种：

(1) Stanford Telecom 公司的系列 ASIC 芯片，如 Stel－1032 数字下变换器、Stel－3340 数字匹配滤波器、Stel－2120 差分 PSK 解调器、Stel－1032 伪随机码产生器及数控振荡器(NCO)等。其最典型的高集成度扩频 ASIC 芯片是 Stel－2000A。

(2) Zilog 公司的可编程的直扩收/发单片，采用 CMOS 工艺，可支持 BPSK、QPSK 两种调制方式，双工/半双工收发模式，最大数据速率可达 2.048 Mb/s，有两个独立的 PN 码，以数字形式来实现中频和基带的全部处理过程。Z8700、Z8720 等的结构和功能与 Stel－2000A 很相似。

(3) 美国 Intersil 公司(原 Harris 公司)的直扩无线收发芯片，包括 HFA3724 中频处理单片、HFA3824 和 HFA3861 扩频调制处理芯片等。

(4) 美国 RF MD 公司的直扩发送芯片 RF2423(支持多种调制方式)、带 PLL 频率合成器的 915MHz 扩频接收芯片 RF2908 以及 2.4 GHz 的扩频收发芯片 RF2938 等。

(5) Sirius 公司的高速直接序列扩频 ASIC 芯片 SC2001，它是一个全数字芯片，可编程的伪随机码序列的最大长度为 1023，它的最大伪码速率为 11.75 Mc/s，中频调制可以采用 BPSK、QPSK、OQPSK 和相应的差分调制方式，当 PN 码设为 1 时，可以实现非扩频的常规调相通信。

(6) Unisys 公司的扩频无线收发单片，可支持多种调制方式，数据速率为 100 b/s～64 Mb/s，切普速率达 64 Mc/s。

(7) GEC PLESSEY 公司的跳频处理模块 DE6002/3 和许多公司的蓝牙(BlueTooth)芯片。

下面介绍几种典型的扩频 ASIC 芯片。

6.5.1　Stel－2000A

Stel－2000A 是一个功能很强的可编程扩频处理芯片，它由发射单元和接收单元两部分组成，其内部逻辑如图 6－47 所示。片内设置有 86 个字节的寄存器，可以对芯片功能进行编程，因此设计和使用都非常灵活。

并/串变换、去扰处理、数控振荡器及定时电路等部分组成。对信号的处理也比较复杂，它可以完成由数字中频输入到基带数据输出的全部处理过程。但是，对接收信号有一个特殊的要求，就是输入的必须是数字化的正交信号。因此要求接收信号在送入 Stel - 2000A 之前，必须进行正交数字化处理。

设经正交数字化处理的两路信号分别为：

$$I_{IN}(t) = \frac{1}{2} A_r \cos[\omega t + \varphi_i(t)] \tag{6-64}$$

$$Q_{IN}(t) = \frac{1}{2} A_r \sin[\omega t + \varphi_i(t)] \tag{6-65}$$

式中：A_r 为接收信号幅度；$\varphi_i(t)$ 为瞬时相位，在不同调制上取值不同。实际上，上述两信号均为经 A/D 变换后的数字信号。

(1) 数字下变换器。数字下变换器完成由数字中频信号到数字基带信号的变换，其内部逻辑组成如图 6 - 48 所示。四个乘法器的 $\cos\omega t$、$\sin\omega t$ 信号由内部 NCO 提供，并通过内部反馈控制，使其锁定在输入信号频率上。乘法器相乘的结果为

$$I_{dat} = \frac{1}{2} A_r \cos\varphi_i(t) \tag{6-66}$$

$$Q_{dat} = - \frac{1}{2} A_r \sin\varphi_i(t) \tag{6-67}$$

这是两个基带信号。该基带信号再经积分猝灭处理，把若干个样点累加合并（一个 chip 内保证有两个样点输出，这样可以允许基带采样速率和伪码速率异步工作而不影响后级相关峰检测），得到的输出信号形式不变，但幅值发生了变化：

$$I_{out} = A \cos\varphi_i(t) \tag{6-68}$$

$$Q_{out} = - A \sin\varphi_i(t) \tag{6-69}$$

这里的 I_{out} 和 Q_{out} 为 19 bit 的数字信号，通过 Barrel 窗，得到 3 bit 的近似值。

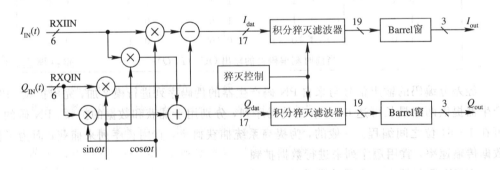

图 6 - 48 数字下变换器示意图

顺便指出，对于低速传输系统，令 $Q_{IN}=0$，即不进行正交分路，直接把输入信号经单路 A/D 送入 Stel - 2000A 即可。

(2) 数字匹配滤波器。数字匹配滤波器由两组 64 位延迟移位寄存器、乘法器阵列、算术加法器和一组系数寄存器组成，如图 6 - 49 所示。系数寄存器存放 PN 码，其序列和长度都可编程。用于捕获和数据解扩的 PN 码的切换由芯片内部自动完成。

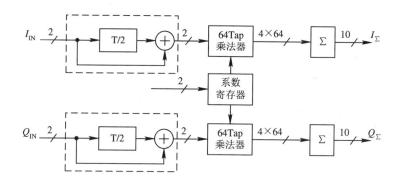

图 6 - 49　数字匹配滤波器原理图

送入匹配滤波器的信号是 2 样点/chip 的 3 bit 基带信号。如图 6 - 50 所示，其中虚线称为前样点，实线称为后样点。波形（a）为基带采样脉冲，周期为 $T/2$；波形（b）为基带信号，周期为 T。送入匹配滤波器的 I_{IN} 和 Q_{IN} 的两路 3 bit 基带信号，经前端延迟相加后，送入移位寄存器组。移位寄存器的级间延迟时间 T 为 chip 周期，但在移位时钟端进行了迟延 $T/2$ 的相加处理，使得后样点序列的相关峰值远大于前样点序列的相关峰值。这样就可以使基带采样时钟与接收信号的伪码时钟异步工作，从而回避扩频通信中需精确的伪码同步这一难题。但需强调指出的是，这样做时基带采样时钟的二分频与接收信号的伪码时钟之间的频差不能太大，一般应控制在晶体振荡器频率稳定度的精度之内。

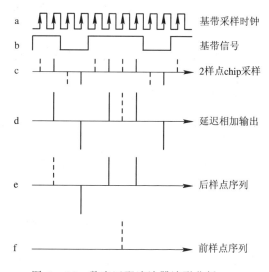

图 6 - 50　数字匹配滤波器波形分析

经匹配滤波器后的相关峰函数形式与式（6 - 68）和（6 - 69）相同，但幅值因累加而变为 $A_{\sum}$，即

$$I_{\sum} = A_{\sum} \cos\varphi_i(t) \qquad (6-70)$$

$$Q_{\sum} = - A_{\sum} \sin\varphi_i(t) \qquad (6-71)$$

（3）差分解调。令

$$S_{in}(k) = I_{\sum}(k) + jQ_{\sum}(k) \qquad (6-72)$$

$$S_{out}(k) = S_{in}(k)S_{in}^*(k-1) \qquad (6-73)$$

定义

$$Dot(k) = \mathrm{Re}[S_{out}(k)] \qquad (6-74)$$

$$Cross(k) = \mathrm{Im}[S_{out}(k)] \qquad (6-75)$$

分别为点积和叉积。将式（6 - 70）和（6 - 71）代入上述式子，并取 $A_{\sum}(K) = A_{\sum}(K-1) = A_{\sum}$，则有

$$Dot(k) = A_{\sum}^2 \cos(\varphi_k - \varphi_{k-1}) \qquad (6-76)$$

$$Cross(k) = A_{\sum}^2 \sin(\varphi_k - \varphi_{k-1}) \qquad (6-77)$$

在 DBPSK 调制方式下，

$$Dot(k) = \pm A_{\sum}^2 \qquad (6-78)$$

即为差分解调输出。在 DQPSK 调制方式下，

$$Dot(k) = \pm \frac{1}{\sqrt{2}} A_{\sum}^2 \qquad (6-79)$$

$$Cross(k) = \pm \frac{1}{\sqrt{2}} A_{\sum}^2 \qquad (6-80)$$

即为差分解调并行输出结果，再经并/串变换即可完成数据解调。

3. 采用 Stel - 2000A 的直扩系统的设计

采用 Stel - 2000A 直扩系统，一般有两种方案可供选择。根据系统传输速率的不同，可分别采用单路 A/D 和双路 A/D 方案。如图 6 - 51 所示。

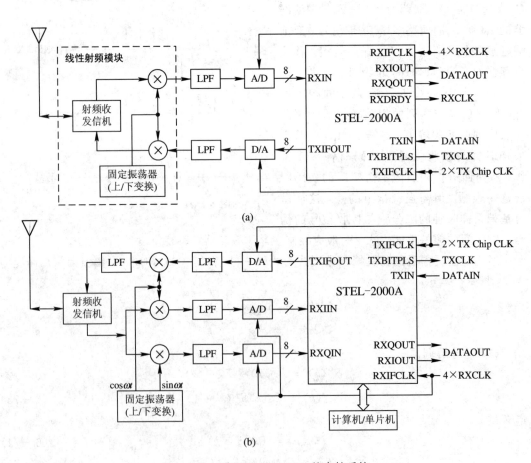

图 6 - 51　采用 Stel - 2000A 的直扩系统
(a) 单路 A/D 直扩系统；(b) 双路 A/D 直扩系统

采用单路 A/D 的直扩方案一般适合低速传输系统,且要求中频的采样速率为 8 倍的伪码切普速率。这是因为单路输入经数字下变换器后包含有中频的二次谐波分量,只有提高中频的采样速率,才能通过积分猝灭滤波器将其消除。否则会影响系统性能。而在双路输入时,经数字下变换后不存在中频的二次谐波分量,因此,伪码的切普速率和信息的比特速率均可选用较高的速率。

不论何种方案,都必须根据芯片的极限参数和系统的数据传输速率来决定 PN 码的长度、中频采样速率、中频频率和基带采样速率等参数。Stel - 2000A 的最大切普速率为 11.264 Mc/s,最高中频采样频率为 45.056 MHz,这是芯片本身决定的。设 PN 码的码长为 N,则一般选择 PN 码的最大长度为

$$N_{\max} \leqslant \frac{11.264}{R_{\mathrm{b}}} \text{(Mb/s)} \quad \text{(BPSK)} \tag{6-81}$$

或

$$N_{\max} \leqslant \frac{22.528}{R_{\mathrm{b}}} \text{(Mb/s)} \quad \text{(QPSK)} \tag{6-82}$$

式中,R_{b} 为系统要传送的数据速率,以 Mb/s 计。应当指出,用于捕获的 PN 的长度不受上述限制。为了提高捕获概率,宜取较长的 PN 码。为了方便与外设等其它设备的同步,一般取用于数据扩频 PN 码长的整数倍。

当数据率 R_{b} 和伪码长度确定后,伪码的切普速率也就确定了。Stel - 2000A 规定,基带采样速率是切普速率的两倍,即

$$\text{基带采样速率} = 2R_{\mathrm{b}} \cdot N \tag{6-83}$$

由于 Stel - 2000A 中规定积分猝灭滤波器至少需要两个样点相加(在一个切普时间内),所以一般中频采样速率选为切普速率的偶数倍(至少为 4 倍)。过高的中频采样速率无多大必要,反而会使 A/D 变换器的成本提高。芯片内部 NCO 的频率 f_{NCO} 与中频采样时钟有以下关系:

$$f_{\mathrm{NCO}} = \frac{FCW \cdot f_{\mathrm{sIFCLK}}}{2^{32}} \tag{6-84}$$

式中 f_{sIFCLK} 为中频采样时钟,FCW 为内部可编程寄存器的值,在 $0 \sim 2^{32}$ 之间可变,另外,f_{sIFCLK} 还应满足

$$f_{\mathrm{sIFCLK}} > 2f_{\mathrm{NCO}} \tag{6-85}$$

中频频率的选择应满足基带信号的带宽要求。同时,还要尽量降低中频频率,以便降低 A/D 变换器的成本。一般的,选择 $20 \sim 30$ MHz 左右为宜,顺便指出,中频频率和中频采样时钟没有直接关系。中频频率可以高于中频采样速率,也可以低于中频采样速率。

6.5.2 Intersil 扩频处理芯片

美国 Intersil(原 Harris)公司于 20 世纪 90 年代末推出了一套用于无线局域网(WLAN)的 ASIC 芯片组——Prism。Prism Ⅰ 针对于 IEEE 802.11 无线局域网,数据速率高达 2 Mb/s,主要包括:射频功放 HFA3924/5、RF/IF 变换器 HFA3624、正交调制解调器 HFA3724/6、LNA 放大器 HFA3824、双频率合成器 HFA3524 以及直扩基带处理芯片 HFA3824。它是一组扩频无线收发机芯片,它们可以组合使用,也可以单独使用。Prism Ⅱ

针对于 IEEE 802.11b 无线局域网，数据速率高达 11 Mb/s，主要包括：射频功放 HFA3983、RF/IF 变换器 HFA3683、正交调制解调器 HFA3783 以及直扩基带处理芯片 HFA3861。下面简要介绍 HFA3824 和 HFA3861。

1. HFA3824

HFA3824 是按照 IEEE 802.11 设计的直接序列扩频基带处理芯片。由于设计灵活，通过编程控制，HFA3824 也可以用于一般扩频系统中。

1）特征

(1) 内部 I/Q, 3 bit 基带 A/D, 6 bitRSSI A/S。

(2) DPSK 调制/解调器，可支持 DBPSK、DQPSK。

(3) 数据率可达 4 Mb/s，切普速率可达 22 Mc/s。

(4) 单/双天线分集模式。

(5) 独立的发(TX)、收(RX)数据口，支持全双工工作。

(6) 独立串行控制总线，便于设置与处理。

2）组成及工作原理

HFA3824 是一个直接序列扩频(DSSS)基带处理器，可以实现基带数据的分组发送与接收，可以半双工或全双工工作，其原理图如图 6-52 所示。

HFA3824 主要包括以下一些器件：

(1) A/D 变换器。双 3-bit 高速 A/D 变换器分别对 I 和 Q 路信号进行模数变换(由 44 MHz 的主时钟采样)，6-bit 的 A/D 变换器对 RSSI 信号进行模数变换(采样速率为 2 Ms/s)。I/Q 支路频率响应为 $0.8T_c$(T_c 为 chip 宽度)，采样速率为 2 Samples/chip。这里需要说明的是，为了防止 ADC 饱和，充分利用 ADC，芯片内采用了一个检测电路来采样 ADC 的满量程，从而得到一个输出，称为 AGC_{out} 信号。这个输出信号有两个用途：一是控制外部的 IF 放大器(这种情况下可不用 HFA 3724 中的 IF 限幅放大器)；二是控制内部 ADC 的参考电压，使输出不限幅。RSSI 信号与其它信号(如信号质量的估计值 SQ, Signal Quality Estimate)一起控制信道是否接入。

(2) PN 码匹配滤波器。双 PN 码匹配滤波器(可编程到 16 位)作为相关器分别对 I 和 Q 路数字信号进行相关解扩，提供超过 10 dB 的扩频处理增益。为了提高数据速率，我们选用 11 位的巴克码，获得的扩频增益为 10.41 dB。

(3) 差分 BPSK/QPSK 编解码器。差分 BPSK/QPSK 编解码器分别对发送和接收的 BPSK/QPSK 信号进行编码和解码。使用 44 MHz 的主时钟，由于每 chip 采样两次，则 DQPSK 调制解调方式的数据速率可达 4 Mb/s。

(4) 数据加解扰器。数据加解扰器对所有发送的数据(BIT)，包括 Preamble、Header 和 MPDU 部分，都要进行加扰；对所有接收的数据(BIT)都要进行解扰。加扰和解扰使用同一扰码和同一算法。这里使用的扰码多项式为 $F(x)=1+x^{-4}+x^{-7}$。

(5) PN 码产生器和接口控制电路。

另外，HFA3824 还提供了天线分集的功能，它输出的 ANTSEL 可用于射频模块的天线选择。

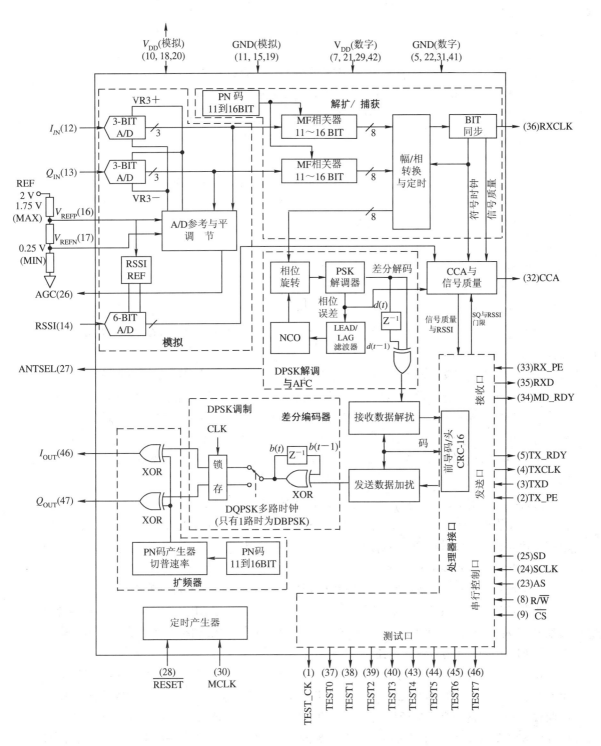

图 6-52 HFA3824 组成框图

HFA3824 与外部的接口有如下几种：

（1）发送端口（TX_PORT）用来接收来自 NIC 的需要发送的数据。

（2）接收端口（RX_PORT）把接收到的已解调的数据送到网络接口控制（NIC）。

（3）控制端口（CONTROL_PORT）用来设置、读写 HFA3824 内部的 56 个寄存器（CR）的状态。通过正确配置寄存器，可实现 HFA3824 的各种功能，且可以动态调整。HFA3824 的编程就是通过此端口来完成的。输入信号强度检测和信道空检测（CCA）可避免数据阻塞，优化网络传输。还可以由外部控制端口设置为各种功耗模式。

（4）测试端口（TEST_PORT）除了基本的发送、接收模块之外，HFA3824 还包括 8 位的测试总线，用于测试芯片的内部信号，实时反映芯片的工作情况。

（5）电源使能（EN）端口及 A/D 变换器端口。

需要强调的是每个数字端口都有其严格的时序关系，只有在满足时序的条件下 HFA3824 才能正常工作。尤其是控制端口，它们是设置并保证 HFA3824 正常工作的关键。

HFA3824 可以处理连续的和分组的数据，其前导码（Preamble）和帧头（Header）可以内部自行产生，也可由外部提供。

HFA3824 的工作过程如下：

发送时通过发端口（Tx_Port）把要发送的数据送入芯片，片内自动形成帧头、CRC 校验等，然后进行加扰（这一步骤可以直通，即不加扰，当然解扰时也要直通），加扰后的有扰数据经过调制和扩展频谱，最后通过差分编码，得到两路输出 I_{out} 和 Q_{out}，这两路信号通过其它处理后发射出去。

接收时，两路正交扩频基带信号送至芯片，经内部 A/D 变换器得到数字的正交扩频信号。再经过数字匹配滤波器的相关处理，得到解扩后的信号。将已解扩的两路信号送至 PN 码捕获和位同步跟踪环路，从而得到 SQ 的估值信号，并建立起伪码同步和位同步。同时，把已解扩的信号送入 PSK 解调器，经过解调、差分译码和解扰码处理，得到包含帧头和 CRC 校验等其它的数据信号。然后在接口控制单元进行拆帧和 CRC 校验，送出真正的数据信号。

需要指出的是，此芯片内的解扩、解调处理与 Stel - 2000A 类似，只不过是 PN 码的长度、速率及数据速率不同罢了。这里的 PN 长度为 16 位可编程，速率可达 22 Mc/s，数据速率可达 4 Mb/s。另外，符号跟踪捕获单元可以实现对信号的检测及对天线分集的选择，这也是与 Stel - 2000A 不同的地方。

一个用 HFA3824 实现扩频通信的例子如图 6 - 53 所示。其中利用单片机 AT89C52 作为控制器，控制整个系统工作状态及实现基带数据处理；利用 EPROM 及 D/A 变换器构成直接数字频率综合器（DDS），实现中频调制解调；其它外围电路包括地址锁存器、静态 RAM、EEPROM 及其它辅助电路。

在图 6 - 53 中，单片机完成两个功能。一个功能是模拟以后实际工程中的数据采集单元或控制中心，利用它的 RS232 接口与 AT89C52 进行数据通信；另一个功能是用作在现场调整一些参数的设置，包括扩频码长度的选择、对应的扩频码、数据率、功率等。其中对扩频码及其长度，通信的数据率这几个参数的调整，实际上是改变 HFA3824 内部寄存器的设置。

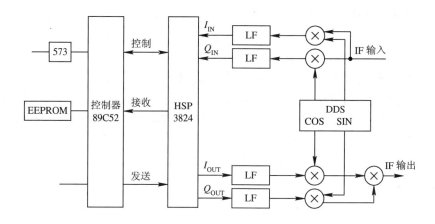

图 6-53 用 HFA3824 实现扩频通信框图

2. HFA3861

HFA3861 完成对基带信号的调制与解调，针对不同的工作模式，其调制方式是不同的。通常有 DSSS/DBPSK/1 Mb/s，DSSS/DQPSK/2 Mb/s，CCK（Complementary Code Keying，补码键控）/5.5 Mb/s 和 CCK/11 Mb/s 四种处理模式。

HFA3861 提供了集成的 A/D 变换器，用于对中频正交 MODEM HFA3783 的模拟信号进行发送和接收。允许通过控制总线来配置 HFA3861，提高了灵活性，可以满足不同的需要。接收和发送 AGC 采用 7 bit 控制，能在通信机的模拟部分获得最佳性能。

图 6-54 示出了 HFA3861 的组成框图。

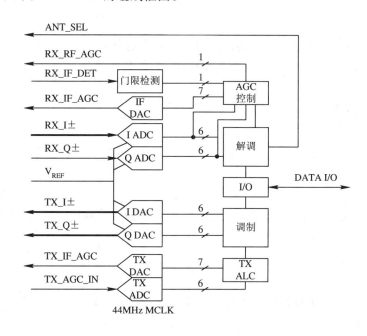

图 6-54 HFA3861 组成框图

HFA3861 的功能特性和引脚说明如下：

1）MAC 控制端口

MAC 控制端口负责从 BBP 寄存器中串行读/写数据。

(1)［4］SCLK：编程串行总线时钟。SCLK 是输入时钟，与内部主控时钟 MCLK 是异步的。SCLK 的最大时钟速率是 11 MHz，或者是 MCLK 频率的一半，两者选较低的一个。

(2)［3］SD：串行双向数据总线，用于传送地址和数据（从 BBP 内部寄存器中）。

(3)［5］R/W＃：用于对 BBP 的输入，来改变 SD 总线上读/写数据的方向。

(4)［6］CS＃：使能串行控制端口的片选信号。

2）MAC 发射端口

(1)［55］TXCLK：BBP 的时钟输出，用于同步接收 TXD 数据线上的数据。时钟速率依赖于编程于头部信号域中的数据速率。

(2)［62］TX_PE：发信机的使能信号。

(3)［58］TXD：从 MAC 控制芯片传往 BBP 的发送数据。

(4)［59］TX_RDY：从 BBP 传向 MAC 控制芯片，表示序文与报头信息已经产生，BBP 准备接收 MAC 传来的数据报文。

(5)［60］CCA：空闲信道检测信号，用于向 MAC 输出，表明信道空闲，可以进行数据发送。

3）MAC 接收端口

(1)［52］RXCLK：比特时钟输出信号，用于通过 RXD 串行总线将头信息与负荷数据传至 MAC。

(2)［61］RX_PE：接收机的使能信号。

(3)［53］RXD：BBP 向 MAC 输出的解调过的头信息和数据。

(4)［54］MD_RDY：BBP 输出信号，表明头数据和数据报文可以传至 MAC 芯片。

4）中频信号处理部分

(1)接收部分：

①［10］RX_I＋

②［11］RX_I－：输入到 BBP 内部 6 bit A/D 变换器的模拟的 I 路接收信号，分两路平衡差分输入。

③［13］RX_Q＋

④［14］RX_Q－：正交相位模拟接收信号，输入到内部的 6 bit A/D 变换器，分两路平衡差分输入。

(2)发送部分：

①［23］TX_I＋

②［24］TX_I－：I 路基带扩频数字信号，数据以码片速率平衡差分输出。

③［29］TX_Q＋

④［30］TX_Q－：Q 路基带扩频数字信号，平衡差分输出。

5）AGC 电路

(1)接收控制模块：

① [19]RX_IF_DET：由中频处理器 HFA 3783 输出至 HFA 3861，是 AGC 控制的接收功率检测器；用于控制射频和中频的放大能力。

② [34]RX_IF_AGC：模拟输出至中频处理器，控制接收增益。在中频，增益控制是线性的。

③ [38]RX_RF_AGC：数字输出至 HFA 3683，存在两种状态，控制射频增益模式。在 HFA 3683 内，接收时可以选择高/低两种增益模式，两者相差 30 dB，有效地扩大了接收机的动态范围。

（2）发送控制模块：

① [18]TX_AGC_IN：作为检测射频发送信号的功率输入，从而决定中频的增益控制。

② [35]TX_IF_AGC：对中频增益控制的模拟驱动。

6）时钟电路

（1）[42]MCLK：在 BBP 中需要有一个时钟输入，在本设计中为 44 MHz，内部被二分频或者四分频用于产生收/发信机时钟。

7）其它控制信号

（1）天线捕获选择信号：

① [39]ANTSEL#

② [40]ANTSEL：两者结合起来进行差分驱动，用于进行天线分集选择。

（2）复位信号：

① [63]SLEEP：将接收机置于休眠模式，配置寄存器的值不受影响和改变。

（3）内部工作状态设置信号：

① [16]Vref

② [21]Iref：分别用于 BBP 内部 A/D、D/A 变换器的电压和电流参考设置。

6.5.3　SC2001

SC2001 是 Sirius 公司推出的用于 CDMA 的长码直接序列扩频 ASIC 芯片，其可编程的伪随机码序列最大长度为 1023，最大伪码速率为 11.75 Mc/s。利用 SC2001，可以实现全双工通信。

1. 组成

SC2001 的内部结构如图 6-55 所示，它包括发射和接收两大部分。其中发射部分包括数据格式转换、扩频码调制、信号成形滤波、数据内插、信号电平控制和中频调制。接收部分包括中频解调、信号增益控制、信号成形滤波、数据抽取和扩频码相关解扩。

SC2001 有两个传输通道，当通信方式为同步 CDMA 时，一个通道是导频信道，另一个通道是传输信道。当通信方式为异步 CDMA 时，两个通道均可为传输信道。

SC2001 采用了数控振荡器（NCO）和直接数字频率合成器（DDS），提供各种所需的定时信号和载波信号。

为了实现广泛的应用，SC2001 在芯片内的发射和接收电路中集成了脉冲成形滤波器，这个成形滤波器是 35 阶的根升余弦（RRC）滤波器，滚降因子为 0.4。

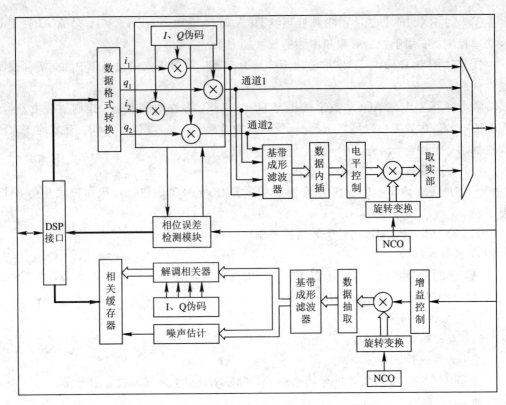

图 6 - 55 直接序列扩频芯片 SC2001 的内部结构

2. 工作原理

SC2001 将扩频伪随机码存储在芯片内的寄存器中。扩频调制是采用复数乘法来实现的。通过控制寄存器可以选择所需要的独立伪随机码个数以及中频调制方式。扩频调制的结构如图 6 - 56 所示,其中 f_c 为伪码速率,I_1、I_2、Q_1、Q_2 为伪随机编码,i_1、q_1、i_2、q_2 为四个支路的输入数据,i、q 表示扩频后输出的数据。

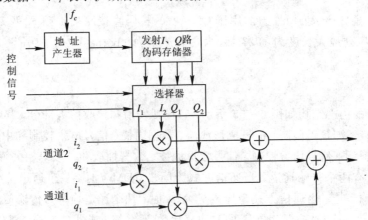

图 6 - 56 QPSK 方式下扩频调制电路图

经过扩频后输出的复信号为:
$$i + \mathrm{j}q = i_1 I_1 + i_2 I_2 + \mathrm{j}(q_1 Q_1 + q_2 Q_2) \tag{6-86}$$

接收端的伪随机码也是存储在芯片中的寄存器中的。通过复数乘法器来实现相关解调，并通过选择不同的积分时间，可以得到不同的相关值。这些相关值可以分为前相关值、中相关值和后相关值，其中前相关值和后相关值是用来实现同步，中相关值用来实现数据解调。扩频相关解调的结构如图 6-57 所示，其中符号的含义和图 6-56 相同。

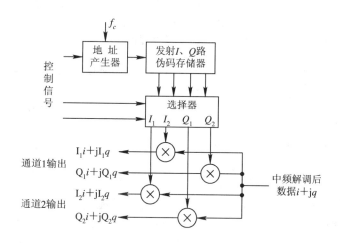

图 6-57　QPSK 方式下扩频解扩电路结构图

通道 1 解扩后的输出信号为：

$$I_1i + jI_1q = [i_1I_1 + i_2I_2 + (q_1Q_1 + q_2Q_2)] \cdot I_1 = i_1 \tag{6-87}$$

$$Q_1i + jQ_1q = [i_1I_1 + i_2I_2 + (q_1Q_1 + q_2Q_2)] \cdot Q_1 = jq_1 \tag{6-88}$$

通道 2 解扩后的输出信号为：

$$I_2i + jI_2q = [i_1I_1 + i_2I_2 + j(q_1Q_1 + q_2Q_2)] \cdot I_2 = i_2 \tag{6-89}$$

$$Q_2i + jQ_2q = [i_1I_1 + i_2I_2 + j(q_1Q_1 + q_2Q_2)] \cdot Q_2 = jq_2 \tag{6-90}$$

根据扩频伪随机码理论，可知伪随机码的自相关函数为 1，互相关函数为 0。从而可以化简上面两式。

可以看出在理想情况下，通道 1 和 2 解扩后的 4 路数据和扩频调制前的 4 路输入数据一样。在实际电路中，可能会有一些偏差，这些偏差可以通过后续 DSP 处理来去除。

需要指出，接收端的相关解扩器对通道 1 产生 8 路复相关值和 1 路噪声估计值，对通道 2 产生 4 路复相关值和 1 路噪声估计值。这两个通道的 12 路相关值和两路噪声估计值送入 DSP 中进行后续解调处理，从通道 1 的 4 路相关值中可以计算出载波信号和码定时信号，这 4 路相关值是通道 1 的 I 路前相关值、后相关值和 q 路的前相关值、后相关值。从通道 1 的剩余 4 路中相关值可以解调出通道 1 的 i 路数据和 q 路数据。从通道 2 的 4 路相关值中可以解调出通道 2 的 i 路数据和 q 路数据。所谓前相关值、中相关值和后相关值的区别是做相关的码片长度不同，前相关值、中相关值和后相关值会晤的做相关的码片位置如图 6-58 所示，其中 E 表示前，M 表示中，L 表示后，f_c 表示一个支路的伪码速率。

SC2001 还可以在两个 PN 伪码之间快速切换，也就是每个数据符号间可以切换 PN 伪码。这两个 PN 伪码的长度可以不同，从而实现变速率通信。

此外，SC2001 还在发射端采用了信号电平控制电路，在接收端采用了增益调节电路，这使它的应用范围更加广泛。

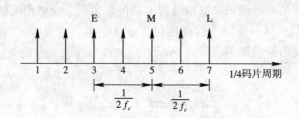

图 6-58 前相关、中相关和后相关的码片位置

3. 电路参数设计

SC2001 的最大参考时钟频率 f_x 为 47 MHz，此时要求晶振的信号占空比为 1:1。发射电路和接收电路使用独立的时钟频率，这叫做过采样伪码时钟 f_0，最高的过采样时钟频率为参考时钟频率的一半。

当使用 SC2001 芯片内的中频调制器时，中频载波由 NCO 产生。NCO 的定时信号为过采样伪码时钟 f_0，它等于 $8 \times H \times f_c$，其中 H 是内插因子，取值范围是 (1, 1023)。f_c 为伪码速率，中频的奈奎斯特频率 IF_N 为 NCO 的一半，为 $4 \times H \times f_c$。可用的中频范围由中频的奈奎斯特频率 IF_N 来决定。当采用滚降系数为 0.4 的信号成形滤波器，则扩频后的信号绝对带宽为 $0.7 \times f_c$。这时采用 QPSK 调制方式的可用中频范围是 $0.7 \times f_c \sim (4 \times H - 0.7) f_c$。

6.5.4 DCA（Digital Correlator Array）

数字相关器阵列 DCA 是由西安电子科技大学综合业务网理论及关键技术国家重点实验室于 1996 年研制成功的用于无线以太网（Wireless Ethernet）或无线局域网的基带处理芯片。它采用多进制扩频调制技术来提高给定带宽下的信息传输速率。这与正交多进制扩频技术是不同的：正交多进制扩频技术采用了一组正交序列来对信息进行编码调制；而 DCA 采用的是软扩频技术，即采用同一条伪码的不同移位序列对信息进行多进制调制。这样既利用了多进制调制的优点，也同时具有 CDMA 的多址能力。

1. DCA 的组成原理

图 6-59 是 DCA 的组成示意图。它主要由时钟产生电路、总线接口及数据变换电路、扩频电路、解扩电路、接收信号强度检测电路、伪码时钟提取电路等六个模块组成。

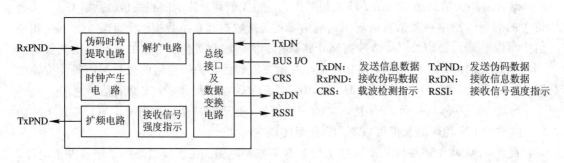

图 6-59 DCA 的组成

下面对 DAC 的各模块介绍如下：

（1）时钟产生电路为芯片内部提供所需的不同时钟。

（2）扩频电路完成从数据到伪码的软扩频（非线性编码），并用伪码时钟把数据发送出去。DCA 采用了（32，5）的软扩频技术，其原理是：对一个 32 chip 的伪码，它共有 32 个不同相位的循环移位序列，而 5 bit 的数据有 32 种不同的组合。在这两者之间建立一种对应关系，从而充分利用同一条伪码的自相关特性。这种软扩频方法的实质是一种 5 bit 数据空间到 32 chip 伪码空间的一种映射。

（3）伪码时钟提取电路以本地高频时钟抽样，然后利用数字序列状态大数判决来进行时钟恢复。该电路可满足在高速、突发、移动环境下，对伪码时钟恢复提出的捕获时间短而且精度高的要求。它比传统方法捕获时间短，精度高，可在一个伪码周期内同步。

（4）解扩电路对输入的伪码数据进行解扩处理。通过运用数字相关器组，采用并行处理的方法，32 个比较值可在一个伪码周期内完成相关、统计运算。解扩电路是该芯片的核心。它由数字相关器组、译码电路、缓冲电路、同步载波检测电路构成。

（5）接收信号强度指示电路：产生用于支持越区切换所需的接收信号强度指示信号。

（6）总线接口及数据变换电路：计算机通过这部分电路对芯片内部状态寄存器进行编程和操作，这包括伪码的写入和读出、接收信号强度指示的读出、数字相关器的门限值的写入。

DCA 的技术指标如表 6-5 所示。

表 6-5　DCA 技术指标

扩频方式	软扩频（32，5）
伪码速率	20 Mc/s（周期 T_c＝50 ns）
基带信息速率	3.125 Mb/s（BPSK 调制） 6.25 Mb/s（QPSK 调制）
参考伪码	32 位 可编程
门限值	5 位
接收信号强度指示（RSSI）	6 位
电源工作电压	＋5 V
工作温度	0～70℃

2. DCA 数字相关原理

DCA 数字相关器的组成如图 6-60 所示。它由数字相关器组、译码电路、缓冲电路、载波检测电路构成。其相关原理可用图 6-61 所示的数字相关器组来描述。

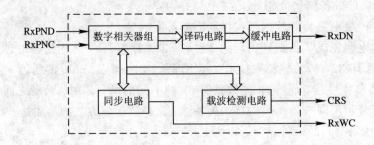

图 6 - 60　数字相关器组成框图

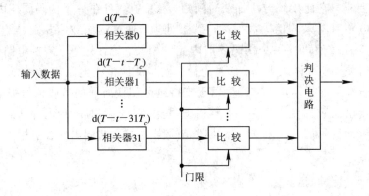

图 6 - 61　数字相关器组模型

　　数字相关器完成输入伪码数据与参考伪码的相关处理，检测出输入的伪码：$d(t-iT_c)$，$i=0，1，\cdots，31$，从而完成对信号的解扩。根据扩频方式(32，5)，数字相关器组由长为 32 的数字相关器构成。每一个相关器对应伪码 $d(t)$ 的一个循环移位序列 $d(t-iT_c)$，其冲激响应为

$$h_i(t) = d(T - t - iT_c)，\quad i = 0，1，\cdots，31 \tag{6-91}$$

式中：T 表示伪码周期；T_c 表示一个伪码时钟周期，$T=32T_c$。为了下面叙述方便，我们也称 $d(t-iT_c)$ 为 $d(t)$ 的 i 相位伪码序列。注意 $d(t)$ 对应 0 相位序列。

　　数字相关器组的输入信号是经解调后的伪码基带信号(扩频基带信号)，它可表示为

$$c(t) = \sum_{n=-\infty}^{\infty} d(t - jT_c - nT) \tag{6-92}$$

这里 j 代表伪码的相位或位移量。在一个伪码周期 T_c 的时间内考虑到伪码的相关特性，只能有一个相关器输出超过门限。依超过门限的相关器的编号，恢复出对应的 5 bit 信息。

　　在数字相关器组中的最基本单元是数字相关器。图 6 - 62 是一个数字相关器组的构成图。它由一个长为 32 chip 的移位寄存器和一个 32 chip 参考寄存器、模 2 加电路、算术加法器和比较器等组成。由伪码时钟(由伪码时钟恢复电路得到)打入的输入数据 RxPND 进入移位寄存器一位并使伪码寄存器右移一位，然后移位寄存器与参考寄存器进行比较(模 2 加)。算术加法器计算 32 位模 2 加结果中"0"的个数，经与门限比较从而判定是否收到伪码码字。

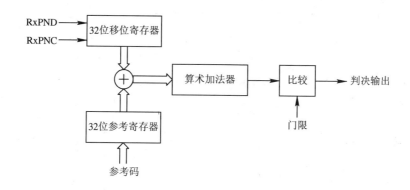

图 6 - 62 数字相关器原理图

6.5.5 跳频处理单元 DE6003

DE6003 是 GEC PLESSEY 公司设计生产的微型扩频收发器，其扩频方式为跳频方式，主要特性如下：

（1）工作频段：2400～2483.5 MHz。

（2）半双工模式。

（3）跳频频率间隔为 1 MHz，收/发频率（信道）的选择，由 8 位二进制码决定，规律如下：

2400 MHz	00000000
2401 MHz	00000001
2402 MHz	00000010

......

（4）收/发控制为 d7，收/发转换时间≤4 μs。

D7＝0   发

D7＝1   收

（5）频率稳定度：≤20 ppm

（6）发射功率有 10 mW 和 100 mW 两个电平可选。

（7）调制方式为限带调频。

（8）数据速率可在 100 kb/s～1 Mb/s 之间选择。

（9）接收灵敏度为 －85 dBm（在误比特率≤10^{-5}，数据速率为 100～700 kb/s 的情况下）。接收机动态范围≥70 dB，选择性为 80 dB（频率偏差≥2 MHz）。

（10）具有天线分集控制功能。分集模式为选择分集。

DE6003 可以广泛地用于跳频无线收发系统，如便携计算机通信系统、无线局域网系统、保密系统、语言通信、远程监控系统等。具有体积小、重量轻、设计和使用灵活和性能可靠等特点。

图 6 - 63 为 DE6003 的框图，其中采用了天线分集。

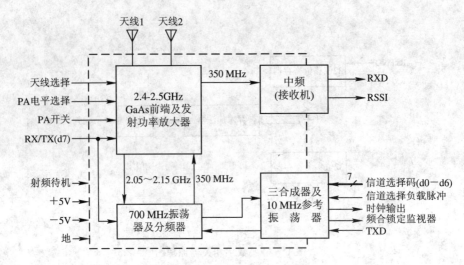

图 6 - 63 DE6003 内部组成框图

本章参考文献

［1］ D. P. Morgan. Surface – wave Devices for Signal Processing. 1985

［2］ 武以立. 声表面波原理及其在电子技术中的应用. 北京：国防工业出版社，1983

［3］ 吴连法. 声表面波器件及其应用. 北京：人民邮电出版社，1983

［4］ 曾兴雯，杜武林. SAWTKL 在扩频通信中的应用. 西安电子科技大学学报. 1993，20(2)：135～141

［5］ 曾兴雯，尹伟谊. 利用声表面波抽头延迟线实现突发通信快速同步. 电子学报，1999，22(7)：94～97

［6］ 曾兴雯，尹伟谊，贾亚光. 扩频系统伪随机码的选择. 通信技术与发展，1993，3：53～57

［7］ Dosfers K and Pardit M. Perforfmance of SAW tapped delay line in an improved synchrixing circuit. IEEE Trans. Commum. , 1982，COM－30(1)

［8］ Kaxuyuk，TAKEHARA. A SAW－Based Spread Spectrum Wireless LAN system. IEICE Trans. Commum. , 1993，COM，E76－B(8)：990～995

［9］ 李忠诚. 声表面波技术在航空航天系统和其它领域中的应用. 北京：航空航天部二院北京长峰声表面波公司资料. 1990,5

［10］ HFA3824、HFA3861、SC2001 数据手册(data sheet)

［11］ 富永顺一. SAW MSK 匹配滤波器及其应用. 压电与声光，1987，1

［12］ 秦玉建. SAW 存储相关器/卷积器. 压电与声光，1987，4

［13］ Amitare，Chattertee. The Use of SAW Convolvers in Spread Spectrum and Other Signal – processing Applications. IEEE Trans. Son & Ultras. 1985，9

思考与练习题

6-1 试分别画出频率响应为抽样函数 $Sa(x)$、抽样函数的平方 $Sa^2(x)$ 的叉指换能器结构图。

6-2 设计一等指长的输入叉指换能器，中心频率 $f_0 = 30$ MHz，基底材料为铌酸锂，带宽为 1 MHz，则指间、指宽和叉指对数为多少？

6 - 3 一 SAW 抽头延迟线,中心频率为 30 kHz,伪码速率为 5 Mc/s,伪码长为 64 chip,基底材料为石英,设计该抽头延迟线。

6 - 4 一 13 位巴克码 1111100110101 的抽头延迟线,中心频率为 70 MHz,码元速率为 5 Mc/s,基底材料用铌酸锂,画出该抽头延迟线的结构图。

6 - 5 试比较用 SAWTDL 完成扩频调制、解扩解调和同步与用一般的方法完成上述功能的异同。

6 - 6 试简要说明 SAW 相关/卷积器的工作原理和特点。

6 - 7 一 SAW 延迟线,工作频率为 30 MHz,带宽为 6 MHz,延迟时间为 2 μs,设计该延迟线并与同轴电缆延迟线相比较。(用石英作基底材料)

6 - 8 试画出用 SAW 色散延迟线对(正斜率和负斜率色散延迟线,T、B、f_0 均相同)构成的通信系统的框图,并简述其工作原理。

第 7 章　扩频多址技术

多址(Multiple Access，MA)技术的主要研究目的是为了解决如何让更多的用户能够共享给定的有限频谱资源的问题。其基本思想是通过合理地分配和利用给定的频谱资源，获得最大的系统容量(或提高频谱的利用率)，即在一定的频谱资源的条件下，使得系统能够容纳的用户数最多。

在多址技术中应当注意区分两个不同的概念，即**频道**和**信道**(Channel)。这两个概念之间既有一定的联系，又有本质的区别。具体来讲，频道指的是一定的频率范围，它主要取决于已调信号的带宽，而与采用的多址方式无关。而信道是指传输一路信息所需要的通道。在不同的多址和双工方式下，信道相对于频率的实际含义有所不同。事实上，在某些场合下，频道和信道的含义是相同的，比如，在频分双工/频分多址系统中，频道和信道的含义是等同的；但在其它系统中，如时分多址系统中，频道和信道又是两个完全不同的概念。

频分多址(FDMA)、时分多址(TDMA)和码分多址(CDMA)是三种最主要的多址方式，很多场合下称这三种多址方式为基本多址。这三种工作方式既可单独使用，也可混合使用，比如在无线通信网中这三种方式通常混合使用。除此之外还有两种重要的多址方式，它们分别是随机接入多址(RAMA)和空分多址(SDMA)。随机接入多址方式一般以分组方式传输各种数据业务为主，因此又称为分组无线电，它在一定程度上可理解为统计时分多址方式。实现空分多址技术的典型应用是自适应(智能)天线技术。

本章首先对基本的多址技术和蜂窝网的概念进行简单的介绍，然后重点讨论扩频多址技术及其应用。

7.1　蜂窝技术及多址技术的基本概念

7.1.1　蜂窝技术的基本概念

1. 双工方式

在无线通信中，实现双工通信最常用的方法有两种，即频分双工(FDD)和时分双工(TDD)。所谓频分双工，是指每个用户的接收和发送是在不同的频道上进行的，即利用不同的频率范围来区分发送和接收信道。这就要求每个用户的收发信机应工作在不同的频率上，如图 7-1(a)所示。在此情况下，一般要求每个收发信机发送和接收的无线信号功率要相差 100 dB 以上，这样才能有效地避免收发信机发送和接收之间的相互影响和干扰。因此，收发信机的频道之间必须保留足够的频率间隔，以简化射频设备的复杂性。

时分双工是利用不同的时间区间来区分发送和接收信道的一种双工方式。在此情况下，收发信机一般是工作在相同的频道上的，但它们工作的时间是不同的。如图 7-1(b) 所示，每个用户的收发信机是在相同的频率下交替地工作的。同样的，为了使得发送和接收互不影响，接收和发送的时间应互不重叠，并应保留一定的时间间隔。

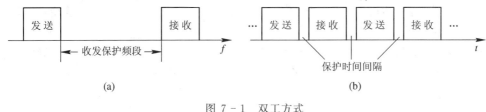

图 7-1 双工方式

(a) 频分双工(FDD)；(b) 时分双工(TDD)

2. 小区与区群的概念

移动通信在现代通信中占有非常重要的地位，因此其发展非常迅速。它所采用的技术代表了当前通信技术发展的最高水平。

在移动通信系统中，由于移动性的要求和设备的体积功耗的制约，一般情况下，移动台的天线高度和发射功率都要受到限制。在这种情况下，为了保证用户之间能够有足够的通信距离，同时也为了便于系统的管理和交换，通常采用基站转发的工作方式，即任何用户发送的信号，首先由基站(在某些应用中也称为中心站)接收下来，然后再转发给接收用户，如图 7-2 所示。

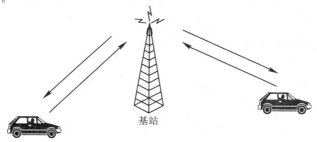

基站

图 7-2 简单移动通信系统(大区制)的组成

基站可以采用高架天线和大功率发射机，以保证足够的通信距离。由图 7-2 我们还可以看出，在这种情况下，要实现一对用户之间的全双工通信，至少需要四个信道。其中，由移动台向基站发送信号的信道称为上行信道或上行通信链路，而由基站向移动台发送信号的信道称为下行信道或下行通信链路。

我们知道，传输损耗随着距离的增加而呈指数增加，并且还与地形和地物环境密切相关。因此，无论基站的天线架设得多高，功率有多大，移动台与基站之间的通信距离仍然是有限的。例如，基站天线高度为 70 m，工作频率为 450 MHz，天线增益为 8.7 dB，发射机功率为 25 W，移动台天线高度为 3 m，接收灵敏度为 −113 dBm(dB·mW)，接收天线增益为 1.5 dB，则如果要求通信可靠性达到 90% 以上，最大通信距离为 25 km。这种利用单个基站覆盖整个服务区域的系统体制通常称为大区制。

为了进一步扩大通信距离，同时也为了使得系统能够容纳更多的用户，更好地提高系统的频谱资源利用率，需要采用多个基站来覆盖给定的服务区域的系统方式（即小区制系统）。假设基站天线为全向天线，则其覆盖区域的形状一般为圆形区域。为了使得多个基站能够无空隙地覆盖整个服务区域，一个个圆形的覆盖区域之间一定包含许多交叠的部分。在考虑了交叠部分后，每个基站服务的区域（称为小区）实际上为一个正多边形。显而易见，要用相同的正多边形无空隙、无重叠地覆盖一个平面区域，可取的形状只有三种，即正三角形、正四边形和正六边形，如图7-3所示。其中以正六边形的形状最接近圆形，在半径相同的情况下，其重叠部分最小，面积最大。换句话说，以正六边形形状的小区覆盖给定的服务区时，所需要的小区数最少，即架设的基站数目最少，系统投资也就最小。因此，实际应用中，多采用这种正六边形的小区覆盖形式。由于正六边形的小区构成的网络形同蜂窝，因此又称其为蜂窝网。

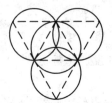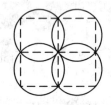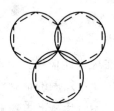

图7-3　小区的形状

在蜂窝网中，为了减小临近小区之间的相互干扰，它们一般应工作在不同的频率组上。但由于传输损耗随着距离的增加而不断增加，因此，如果两个小区相距足够远，则它们完全可以工作在相同的频率组上，且相互之间的干扰可以忽略不计。我们称此为频率再用，并将相邻的采用不同的工作频率组的小区称为区群。可以证明，如果所有的区群具有相同的形态，则区群中包含的小区数应满足下面的公式：

$$N = i^2 + ij + j^2$$

其中，i, j为正整数。不同的N值对应的区群形状如图7-4所示。

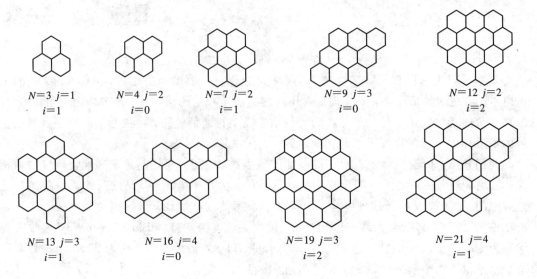

图7-4　区群的形状

小区制系统不但比大区制系统的服务区域大，而且通过采取频率再用技术，还可极大地提高系统的频率利用率和系统的容量。

由于移动台的移动性，对于蜂窝网，移动用户有可能在通信过程中由一个小区移动到另外的一个小区。在此情况下，为了保证通信的不间断性，要求系统必须具有将移动台从原先的工作信道和联系的基站切换到新的信道和基站中去的能力。这种信道和基站的切换过程称为过区切换（或越区切换）。为了实现过区切换，系统必须不断地对信号强度进行检测，以判断移动台是否从一个小区移动到相邻小区，同时，在过区切换过程中，系统还需要完成一系列的信令传输和控制操作，才能实现信道和基站的切换过程。

显然，在其它条件相同的情况下，小区半径越小，则系统在单位面积内能够容纳的用户数越多，频率资源的利用率就越高。但从另外一个方面来看，小区半径越小，过区切换的频度就越高，这就要求系统的反映速度也越快，同时由于过区切换带来的系统开销（信令传输等）也越大。所以小区的半径又不能太小。不同多址方式的系统所能允许的最小小区半径不同。

7.1.2 多址技术的基本概念

无论是大区制还是小区制移动通信系统，一般都要求基站能够为多个移动台的接入提供服务，即系统应能够在给定的频谱资源下同时允许多个移动台进行通信，解决这个问题的技术称为多址技术。在扩频多址技术获得应用之前，多址技术主要有两种，即频分多址和时分多址。

1. 频分多址（FDMA）

频分多址技术是将给定的频谱资源划分为若干个等间隔的频道，每个频道的宽度能够容纳一路信息的传输，且在一次通信过程中，每个频道只能提供给一个用户进行发送或接收的一种多址方式。如图 7-5 所示。

在模拟话音无线通信系统中，一般只能采用频分双工的通信方式。在此情况下每个信道就等于一个频道，其带宽通常等于传输一路模拟话音所需的带宽，如 25 kHz 或 30 kHz 等。在此情况下，如果要实现一对用户之间的全双工通信，则最少需要两对频道。

在数字无线通信系统中，既可以采用频分双工通信方式，也可以采用时分双工的通信方式，但一般采用频分双工工作方式。显然，如果采用时分双工通信方式，则每个频道就包含有两个信道。

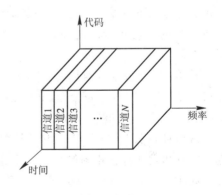

图 7-5 频分多址示意图

在设计频分多址系统时，频道或信道的设计有以下几个特点：

（1）任何一种调制方式从理论上来讲，其频率成分都几乎是无限的，但其绝大多数的能量通常都集中在一个有限的频率范围内。在实际应用中，通常所说的调制信号的带宽实际上是指其大多数能量（如 90% 的能量）所占的频率范围。

（2）频道的宽度不仅与调制方式有关，而且还与每路信息的传输速率（或带宽）有关。

（3）在进行频道的划分时，为了减小频道间的相互干扰，在相邻的两个频道中传输的信号之间，应留有一定的频率间隔，即保护带。因此，频道的实际宽度大于一路信息的调制宽度，如图 7-6 所示。同时，发射机的输出应具有良好特性的射频滤波器，以尽可能地减小相邻频道的干扰。

图 7-6　频道划分示意图

（4）在采用频分双工的 FDMA 系统中，为了使得同一部电台的收发之间不产生干扰，收发频率间隔必须大于一定的数值。例如，在 800 MHz 频段，收发频率间隔通常为 45 MHz。

（5）在采用频分双工的 FDMA 系统中，由于每个信道中的信息是以一种不间断的发送模式传输的，因此仅需要较少的比特来满足系统同步的开销（如位同步和帧同步）。

（6）由于 FDMA 系统每频道（信道）的传输速率较低，因而符号时间与时延扩展相比较大。这就意味着符号间的干扰相对较小，因此，在 FDMA 系统中一般不需要进行均衡处理。

（7）在采用 FDD 工作方式时，对于移动台，由于接收和发送是同时进行的，因此为了使得收发信机能共用一副天线，采用双工器是必要的。

2. 时分多址（TDMA）

时分多址是把时间分割成周期性的帧，每一帧再分割成若干个时隙（无论帧或时隙在时间上都是互不重叠的）。在这种多址方式下，不同帧中的相同序号的时隙组成一个个的信道，如图 7-7 所示。

同样，时分多址也有两种工作方式。在频分双工（FDD）方式中，每个双工信道的接收和发送是工作在不同的频率下的。

而在时分双工（TDD）方式中，每个双工信道的接收和发送都在相同的频率上工作。根据收发时隙的不同组合，TDD 方式共有两种形式，如图 7-8 所示，其中，$Cn_1R \sim Cn_mR$ 表示移动台接收信道，$Cn_1T \sim Cn_mT$ 表示移动台发送信道。

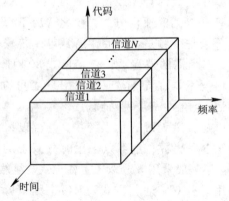

图 7-7　时分多址示意图

各个移动台在每一帧内只能在指定的时隙向基站发送信号。为了保证在不同传播时延情况下，各移动台到达基站的信号不会重叠，通常上行时隙内必须有保护间隔，在该间隔内不传送信号。同样，基站也按顺序安排在预定的时隙中向各移动台发送信息。

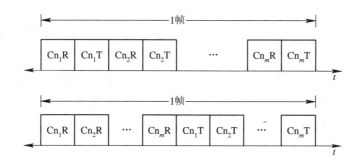

图 7 - 8　时分多址/时分双工示意图

不同的通信系统所采用帧长度和帧结构是不一样的。典型的帧长度在几毫秒到几十毫秒之间。例如：GSM 系统的帧长为 4.6 ms(每帧 8 个时隙)，DECT 系统的帧长为 10 ms(每帧 24 个时隙)，PACS 系统的帧长为 2.5 ms(每帧 8 个时隙)。在 FDD 方式中，上行链路和下行链路的帧结构既可以相同，也可以不同。在 TDD 方式中，通常将在某频率上一帧中一半的时隙用于移动台发送，另一半的时隙用于移动台接收；收发工作在相同频率上进行。

在 TDMA 系统中，每帧中的时隙结构(或称为突发结构)的设计，除了要传输业务信息以外，通常还要考虑四个主要问题：一是控制和信令信息的传输；二是信道多径的影响；三是不同移动台由于与基站之间的距离不同而导致的不同的传输时延；四是系统的同步。

为了解决上述问题，主要采取了以下四个方面的措施：

(1) 在每个时隙中，专门划出部分比特用于控制和信令信息的传输。

(2) 为了便于接收端利用均衡器来克服多径引起的码间干扰，在时隙中要插入自适应均衡器所需的训练序列。训练序列对接收端来说是确知的，接收端根据训练序列的解调结果，就可以估计出信道的冲击响应，根据该响应可以预置均衡器的抽头系数，从而尽可能地消除码间干扰对整个时隙数据接收的影响。

(3) 在上行链路的每个时隙中要留出一定的保护间隔(即不传输任何信号)，也就是说，每个时隙中传输信号的时间要小于时隙长度。这样可以克服因移动台至基站距离的随机变化，引起移动台发出的信号到达基站接收机时刻的随机变化，从而保证不同移动台发出的信号，在基站处都能落在规定的时隙内，而不会出现相互重叠的现象。

(4) 由于每个时隙的传输是突发进行的，为了便于收发双方的同步，在每个时隙中还要传输一些同步序列，包含位同步和信息同步(时隙同步)两部分。同步序列和训练序列可以分开设置，也可以合二为一。另外，由于收发信机在每个时隙的收发时，还要进行收发转换，因此，还应保留一定的功率上升时间和功率下降时间。

典型的时隙结构如图 7 - 9 所示。

功率上升	同步信息	信息同步	随路信令	训练序列	业务信息	保护段

图 7 - 9　典型的时隙结构

概括起来，TDMA 的特点包括以下几个方面：

（1）TDMA 使得多个用户可以共享一个载波（频道），但这些用户应在不同的时隙中工作。

（2）每一帧的时隙数取决于几个因素，如调制方式、有效带宽和每路信号的传输速率等。

（3）对于每个用户来说，TDMA 系统数据的发送不是连续的，这就使得移动台的功率消耗较低，因为其发射机可以在非工作时隙（大多数时间）将电源关闭。

（4）由于移动台的发射和接收单元不是连续地处于工作状态，因而它可以在空闲时隙期间对整个系统的状态进行检测。因此这种多址方式便于实现比较复杂的系统控制工作，更利于实现过区切换。

（5）TDMA 系统中，即使在频分双工方式下，其发射和接收也可以不在相同的时间进行，因此不需要双工器。

（6）相对于 FDMA，TDMA 信道的传输速率要高得多，相对来讲码间干扰较严重，一般情况下自适应均衡器的应用是必要的。

（7）在 TDMA 系统中，每个用户只能在特定的时隙发送和接收数据，而且每个时隙采用的是突发的传输方式，因此，TDMA 对系统定时和同步的要求更为严格。同时，其同步的开销也相对较大。

（8）TDMA 系统的一个显著的优点是可以根据用户的业务不同，为其分配不同的时隙数，从而实现根据用户的业务类型提供不同的系统带宽，即实现多种业务的接入。

7.2 扩频多址技术的分类及特点

扩频多址（SSMA）是以扩频技术为基础实现的一类多址方式，它通过利用不同的码型来实现不同用户的信息传输。扩频信号是一种经过伪随机序列调制的宽带信号，其带宽通常比原始信号带宽高几个数量级。常用的扩频信号有两类：跳频信号和直接序列扩频信号（简称直扩信号）。与此相对应的多址方式包括跳频多址（FHMA）和直扩码分多址（DS-CDMA，一般简称其为码分多址或 CDMA）两大类，其中应用最广泛的是 CDMA 技术。除此之外，还可以采用多种方式相结合的混合多址技术。下面我们分别简单介绍一下它们的基本原理。

7.2.1 跳频多址（FHMA）

FHMA 是一种数字多址系统，它是在跳频的基础上发展起来的一种多址形式。在 FHMA 系统中，首先将给定的频率范围像 FDMA 系统一样划分成许多频道，但每个用户的载波频率不是固定在一个频道上，而是随着时间的变化而不断变化的，变化的规律受到各自的伪随机序列（PN 码）的控制。即各用户的载波频率在给定的系统带宽内按照各自的 PN 码随机地进行快速的改变。通常系统的总带宽比各用户的已调信号（如 FM、FSK、BPSK 等）的带宽（或频道的宽度）要宽得多。用户载频的伪随机更换，使得用户在任意时刻对任意一个频道的占用情况也相应地进行着随机的改变，这样可以实现一个大频率范围的多址接入。在接收方，接收机必须按照相同的规律和时间顺序改变接收频率，保持和发送方

FHMA 可以近似地看作为 FDMA，但各用户占用的频道不断地进行着动态的变化。由此可以看出，FHMA 技术的关键是各用户所使用的载波频率序列（跳频图案）应该相互正交（或准正交），即在一个 PN 序列周期对应的时间区间内，各用户使用的载波频率在任一时刻都互不相同（或相同的概率非常小），其原理如图 7-10(a) 所示。

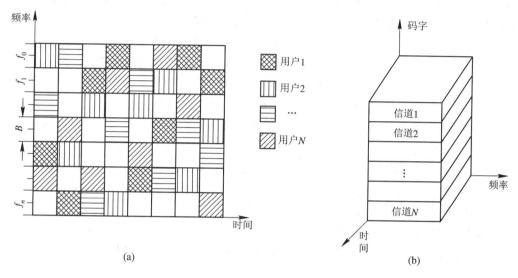

图 7-10　FHMA 和 CDMA 示意图
(a) FHMA；(b) CDMA

由此可以看出，由于各个用户的载波频率都是在不断地随机变化的，因此，如果不知道其变化的规律，就无法正确接收信号，因此这种多址方式具有良好的安全保密性。

按照基带信号速率和跳频速率的相对关系，FHMA 可以分成慢跳频和快跳频两种方式。如果基带信号的速率大于跳频速率，即多个码元在相同的频道上传输，则称其为慢跳频；反之，如果跳频速率大于基带信号速率，即一个码元要在多个频道上传输，则称其为快跳频。

FHMA 的另外一个优点是其具有良好的抗小尺度衰落能力，特别是快跳频方式的 FHMA 系统，由于每个码元在多个频道上进行传输，因此就具有了频率分集的特点。

为了简化设备，FHMA 系统通常采用能量效率较高的恒包络调制，且接收机通常采用实现起来相对比较简单的非相干解调方式。

7.2.2　码分多址（CDMA）

在 CDMA 系统中，所有用户工作在相同的载波频率上，但在进行调制之前，用户的输入数据序列首先要进行扩频处理，即与某个高速的扩频序列（PN 序列）相乘，变换为宽带信号。不同的用户（或信道）使用不同的 PN 序列，这些 PN 序列（或码字）相互正交。在接收方，只有采用完全相同的 PN 码序列且时间完全同步才能够正确地接收到发送方的信号，而其它发送信号由于与接收端的 PN 码序列不相关，则被作为噪声处理。所以，CDMA 系统可像 FDMA 和 TDMA 系统中利用频率和时隙区分不同的用户一样，利用 PN 序列（或码字)来区分不同的用户(或信道)。如图 7 - 10(b)所示。

在 CDMA 系统中既可以利用完全正交的 PN 码序列来区别不同的信道，也可以利用准正交的 PN 码序列来区别不同的用户(或信道)。常用的 PN 序列有 Walsh 函数、m 序列和 Gold 序列等。

CDMA 系统有两个重要特点：一是存在自身固有的多址干扰；二是必须采用功率控制方法克服远近效应。多址干扰的存在是因为所有用户都在相同的时间工作在相同的频率下，进入接收机的信号除了所希望的有用信号外，还叠加有其他用户的信号(这些信号即称为多址干扰)。多址干扰的大小取决于在该频率上工作的用户数及各用户的功率大小。

在基站覆盖区内，移动台是随机分布的。如果所有移动台都以相同的功率发射，则由于移动台到基站的距离不同，在基站接收到的各用户的信号电平会相差甚远。这就会导致强信号抑制弱信号的接收，即所谓的"远近效应"。为了克服这一现象，使系统的容量最大，就需要通过功率控制的方法，调整各用户的发送功率，使得所有用户信号到达基站的电平功率都相等。该电平的大小只要刚好达到满足信号干扰比要求的门限电平即可。在理想情况下，设门限信号功率为 P_r，移动台到基站的传输损耗为 $L(d)$(它是距离 d 和传播环境的函数)，则移动台的发射功率应为 $P_t = P_r / L(d)$。从基站到达移动台的下行链路也同样需要功率控制。

CDMA 系统具有以下几个主要特点：

(1) CDMA 系统使得许多用户可以共享同一频率，无论是采用 TDD 技术还是采用 FDD 技术。

(2) CDMA 系统具有软容量的特点。在 CDMA 系统中，增加用户数目只会线性地增加系统噪声。因此，在 CDMA 中，对用户数不像 FDMA 和 TDMA 那样有绝对的限制。当然，当用户数增加时，系统将使所有用户的信号质量逐渐下降；相应地，当用户数减少时，系统性能会逐渐提高。

(3) CDMA 系统有利于克服多径衰落的影响。如果扩频信号的频谱宽度大于频道的相关带宽，则其固有的频率分集特性将减小衰落的影响。

(4) 在 CDMA 系统中，信道的传输速率很高，符号(码片)的时长很短；同时，由于 PN 序列具有很低的自相关性，超过一个码片的多径延时信号将被视为噪声。因此，可以使用 RAKE 接收机，通过收集所需要信号中不同时延的信号来提高接收的可靠性。

(5) CDMA 系统可以实现具有宏空间分集特性的信道软切换。

(6) CDMA 系统具有码分多址系统所特有的多址干扰。

(7) CDMA 系统容易发生远近效应的影响。

7.2.3　混合码分多址

混合码分多址的形式是多种多样的，如 FDMA 与 CDMA 混合(FD/CDMA)，TDMA 与 CDMA 混合(TD/CDMA)，TDMA 与跳频混合(TDMA/FH)，FHMA 与 CDMA 混合(DS/FHMA)等等。

在 FDMA 和 CDMA 混合的系统中，首先将给定的频带划分为若干个较窄的频道；每个频道再采用 CDMA 方式划分成若干个信道。在该系统中，所分配的窄带 CDMA 的频带不一定要连续；各个用户可以使用不同的频带；每个用户也可以同时占用多个窄带 CDMA

的频带。

在 TD/CDMA 系统中，可以采用在 TDMA 的每个时隙内再引入 CDMA，使每个时隙同时可传输多个用户的信息。其优点是减少了多址干扰，降低了接收机的复杂性；同时，也可采取对每个小区分配不同的扩频码，然后在每个小区内再进行时分多址的方式。采用这种混合方式时，由于在一个小区内任意时刻只有一个移动台处于工作状态，因此，可以避免系统产生远近效应。

在 TDMA/FH 系统中，每个 TDMA 时隙的载频是随机跳变的。一般情况下，采用每一帧改变一次工作频率的方式。由于相邻的区群中的移动台采用的跳频序列不同，因此，它可以有效地克服严重的同道干扰，同时也具有较好的抗多径衰落的能力。目前该技术已成功应用于 GSM 系统中。

在 DS/FHMA 系统中，CDMA 的中心频率按照 PN 序列随机跳变。由于各个用户的中心频率不同，从而可以克服 CDMA 中的远近效应。但基站的跳频同步相对较难实现。

7.3 码分多址系统的原理与应用

7.3.1 基本原理

由前面的叙述可以看出，FDMA 是以不同的频道来区分不同的信道的一种多址方式，其特点是频带独占，而时间资源可以共享。TDMA 是以不同的时隙来区分不同的信道的一种多址方式，其特点是时间独占，而频率资源可以共享。CDMA 则是利用不同的码型来区分不同的信道，不同的用户分配不同的码型，这些码型互不重叠，其特点是频率资源和时间资源均为共享资源。一个典型的 CDMA 系统如图 7-11 所示。

由该图可以看出，在 CDMA 系统中，对每个用户来讲也分为上行通信链路和下行通信链路。在上行通信链路中，为每一个移动用户分配一个地址码，且这些码型相互正交（即码型互不重叠）。移动台 MS_1，MS_2，…，MS_k 分别分配有地址码 C_1'，C_2'，…，C_k'。利用码型和移动用户的一一对应关系，基站便可区分出不同用户的信号。同样，在下行通信链路中，基站发往不同移动用户的信号也用一组正交的地址码 C_1，C_2，…，C_k 来进行区分。移动用户可以根据分配给自己的对应地址码从下行通信链路中提取出发送给自己的信号。

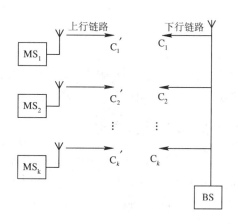

图 7-11 典型的 CDMA 系统框图

在实际的移动通信系统中，如果是有中心站的情况，为了简化系统和充分利用频率资源，一般采用频分双工和地址码动态分配法，即上、下行通信链路的区分通过不同的频道来实现；不同的地址码用来区分不同的信道而不是直接区分用户。只有当用户需要接入系统时，系统才分配给它一个地址码。地址码的指配通过专用的信令信道来完成。

在没有中心站的情况下，一般采用地址码和用户——对应的方法，所有通信链路的区分都通过不同的码型来实现。

在码分多址的蜂窝移动通信系统中，除了可以利用码序列区分不同的信道以外，还可以利用不同的码序列区分不同的基站和移动用户。具体实现时，既可以通过为不同的基站分配不同的码序列来加以区分，也可以采用一个相同的码序列来区分不同的基站。如果采用一个相同的码序列区分不同的基站，必须为不同的基站分配不同的码序列初始相位(时间偏置)。这就要求全网必须保持严格的同步，这样才能保证相邻基站的码序列保持固定的相位差。另外，在采用相同的码序列区分基站时，与 FDMA 系统相同，要求相邻基站(小区)应使用不同的时间偏置，两个距离足够远的小区可以使用相同的时间偏置。用码序列进行用户身份的识别时，为了能够容纳足够多的用户，要求该码序列组必须有足够的数量，换句话来说，就是要求码序列要有足够的长度。

7.3.2　Walsh 函数

由于 Walsh 函数(序列)具有良好的正交性能，所以在 CDMA 系统中，一般采用 Walsh 函数区分下行通信链路的不同信道。不同阶数的 Walsh 函数矩阵可以通过递推关系得到。其递推关系如下：

$$H_1 = [0]$$

$$H_2 = H_1 \times H_1 = \begin{bmatrix} H_1 & H_1 \\ H_1 & \overline{H_1} \end{bmatrix} = \begin{bmatrix} 0 & 0 \\ 0 & 1 \end{bmatrix}$$

$$H_4 = H_2 \times H_2 = \begin{bmatrix} H_2 & H_2 \\ H_2 & \overline{H_2} \end{bmatrix} = \begin{bmatrix} 0 & 0 & 0 & 0 \\ 0 & 1 & 0 & 1 \\ 0 & 0 & 1 & 1 \\ 0 & 1 & 1 & 0 \end{bmatrix}$$

$$H_{2n} = H_n \times H_n = \begin{bmatrix} H_n & H_n \\ H_n & \overline{H_n} \end{bmatrix}$$

式中，n 取 2 的幂，$\overline{H_n}$ 是 H_n 的互补矩阵。利用这种递推关系，可以得到需要阶次的 Walsh 函数。在实际应用中，Walsh 函数的每一行代表一个码序列。

7.3.3　实际系统应用

IS - 95 是由美国 Qualcomm 公司开发的一个成功的商业 CDMA 蜂窝移动通信系统标准。本节我们结合该标准，介绍一下 CDMA 蜂窝通信系统的基本组成和考虑因素。

1. IS - 95 标准的主要参数

1) 工作方式和工作频段

IS - 95 标准采用 CDMA/FDD 工作方式；其下行链路工作频段为 869～894 MHz，上行链路工作频段为 824～849 MHz。

2) 信道数

每一载频有 64 个信道(码分多址信道)；

每一小区可分为 3 个扇区，共用一个载频；

每一网络分为 9 个载频,其中收、发各占 12.5 MHz 带宽,共占 25 MHz 带宽。

3)射频带宽

第一频道带宽为 2×1.77 MHz,其它频道带宽为 2×1.23 MHz。

4)调制方式

基站采用 QPSK 方式,移动台采用 OQPSK 方式。

5)扩频方式

IS-95 标准采用直接序列扩频。

6)语言编码

IS-95 标准采用可变速率 CELP,其最大速率为 8 kb/s,每帧时间为 20 ms。另外,该标准允许的最大数据速率为 9.6 kb/s。

7)信道编码

该标准中,采用了卷积编码和交织编码技术,其参数如下:

卷积编码:下行链路编码速率为 $R = 1/2$,约束长度 $K = 9$;上行链路编码速率为 $R = 1/3$,约束长度 $K = 9$。

交织编码:交织深度为 20 ms。

在进行扩频时,PN 码的码片速率为 1.2288 MHz;基站识别码为 m 序列,周期为 $2^{15} - 1$。

下行信道采用 64 个正交 Walsh 函数组成 64 个码分信道。

8)多径利用

IS-95 标准采用 RAKE 接收方式,移动台为 3 条路径,基站为 4 条路径。

2. 信道的组成

在 IS-95 系统中,每一载频包括 64 个信道,各信道的逻辑功能如图 7-12 所示。

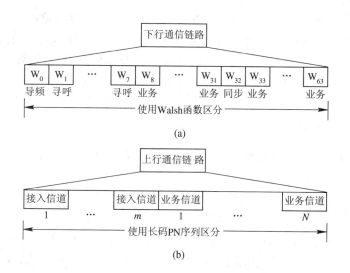

图 7-12 CDMA 系统逻辑信道示意图

(a)基站到移动台的下行链路;(b)基站到移动台的上行链路

在下行链路中,采用 64 阶 Walsh 函数区分逻辑信道,分别用 W_0,W_1,…,W_{63} 表示。

其中，W_0 用作导频信道，其作用是供移动台从中获得信道的信息并提取相干载波以进行相干解调；W_{32} 用作同步信道，其作用是传输同步信息，供移动台进行同步捕获；W_1 为首选的寻呼信道，$W_2 \sim W_7$ 为备用的寻呼信道；$W_8 \sim W_{63}$（不包括 W_{32}）为正向业务信道。

导频信道的作用是供移动台从中获得信道的信息并提取相干载波以进行相干解调。同时，移动台还可通过对导频信道的信号强度进行检测和比较，以判断是否需要进行过区切换。为了保证各移动台载波检测和提取的可靠性，导频信道的功率高于业务信道和寻呼信道的平均功率。例如，导频信道的功率可占总功率的 20%，同步信道占 3%，每个寻呼信道占 6%，其它功率分配给各个正向业务信道。

同步信道用于传输同步信息，供移动台进行同步捕获。移动台仅在同步捕获阶段使用同步信道，一旦捕获成功，一般不再使用。另外，同步信道还载有基站识别标志，它是通过引导 PN 序列的不同时间偏置实现的，因此，移动台还可通过对其偏置时间的判别，实现对不同基站的识别。

寻呼信道供基站在呼叫建立阶段传输控制信息。每个基站可以有一个或多个（最多 7 个）寻呼信道。通常，移动台建立同步后，就在首选的寻呼信道（或在基站指定的寻呼信道）上监听由基站发来的指令，当收到业务信道分配指令后，就转入到所分配的业务信道上去进行业务信息的传输。当小区中需要通信的用户较多，正向业务信道不敷应用时，寻呼信道可临时用作正向业务信道。在极限情况下，7 个寻呼信道和一个同步信道都可用作正向业务信道。

正向业务信道主要用于传输压缩后的语音业务信息和数据业务信息。除此之外，还可传输一些随路信令，如功率控制信令和过区切换信令等。

上行链路由接入信道和反向业务信道组成。接入信道和下行链路的寻呼信道相对应，其作用是为移动台在接续开始阶段提供通路，即在业务信道分配之前，提供由移动台至基站的信令传输通路，供移动台发起呼叫或对基站的寻呼进行响应，以及向基站发送登记注册信息等。接入信道采用一种随机接入协议，允许多个用户以竞争的方式占用。在每个频道中，接入信道数最多可达 32 个。每个接入信道采用不同的接入信道长码序列加以区别。

反向业务信道主要用于传输由移动台到基站的业务信息（包括语音业务和数据业务）。在极端情况下，每个频道中可以包括 64 个反向业务信道。反向业务信道用不同的用户长码序列加以识别。

3. 下行链路的组成

下行链路的组成框图如图 7-13 所示，该图详细指出了信道的组成、信号的产生过程和信号的主要参数。

由图 7-13 可以看出，在下行链路中采用了三种码序列，即引导 PN 码序列、Walsh 函数和长码掩码（包括寻呼信道的长码掩码和用户的长码掩码）。

引导 PN 码序列由包含 I 支路引导 PN 码序列和 Q 支路引导 PN 码序列组成，它们为两个准正交的 m 序列，序列的周期长度为 2^{15}（32 768）。其构成是以下列生成多项式为基础的：

I 支路：$p_I(x) = X^{15} + X^{13} + X^9 + X^8 + X^7 + X^5 + 1$

Q 支路：$p_Q(x) = X^{15} + X^{12} + X^{11} + X^{10} + X^6 + X^5 + X^4 + X^3 + 1$

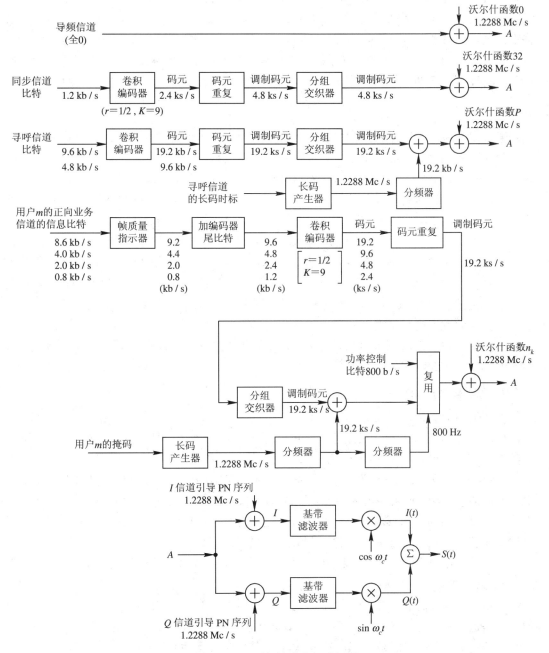

图 7-13　下行链路的组成框图

　　按照该生成多项式产生的是周期长度为 $2^{15}-1$ 的 m 序列。为了得到周期长度为 2^{15} 的 I 支路和 Q 支路引导 PN 码序列，可在生成的 m 序列中出现 14 个连"0"时，向其中插入一个"0"，使序列中"0"的最大游程长度由 14 变为 15，同时，引导 PN 序列的周期长度也变为偶数（$2^{15}=32768$），而且，序列中"0"和"1"的个数各占一半，使得平衡性更好。

引导 PN 码序列的主要作用是给不同的基站发出的信号赋予不同的特性，以便移动台识别所需的基站。不同的基站虽然使用相同的引导 PN 码序列，但相邻各基站的引导 PN 序列的起始位置是各不相同的，即各自采用不同的时间偏置。由于 m 序列的自相关性，在时间偏置大于一个子码码元宽度后，其自相关系数接近为 0，因此移动台很容易用相关器将不同基站的信号区分开来。

在 IS - 95 标准中，不同的偏置时间用偏置系数 k 表示，偏置系数共有 512 个，即 $k=0\sim511$。偏置时间 t_k 等于偏置系数乘以 64 个子码宽度。即

$$t_k = k \times 64 \times \frac{1}{1.2288} \quad \mu s$$

通常规定序列中 15 个连"0"之后的子码码元为码序列的起始位置，并且规定偏置系数（时间）为 0 的基站其引导 PN 序列必须在时间的偶数秒（以基站传输为基准）起始传输。引导 PN 序列的周期为 781.25 ms，即每两秒包含 75 个引导 PN 序列。

Walsh 函数的作用是区分不同的信道。IS - 95 标准采用的是 64 阶 Walsh 函数，共有 64 个正交的码序列，分别用 W_0，W_1，…，W_{63} 表示，可定义 64 个逻辑信道。

寻呼信道的长码主要是进行数据掩蔽，其目的是为了信息的安全，起到保密的作用。因为寻呼信道中含有移动用户号码等重要信息，所以要采取安全措施。该长码为周期等于 $2^{42}-1$ 的 m 序列，其码元速率为 1.2288 Mc/s，该序列经过 64：1 的分频器分频，得到经过人为扰乱的速率为 19.3 kb/s 的扰乱数据。扰乱数据再与寻呼信息进行模 2 加，便实现了寻呼信息的数据掩蔽作用。

用户的长码的作用和原理与寻呼信道的长码基本相同，其周期也为 $2^{42}-1$ 的 m 序列，码元速率为 1.2288 Mc/s。

4. 上行链路的组成

上行链路的组成框图如图 7 - 14 所示。

由图 7 - 14 可以看出，在上行链路中采用了三种码序列，即 I/Q 支路码序列、Walsh 函数（正交调制器）和长码掩码（包括接入信道长码掩码和反向业务信道长码掩码）。

I 支路和 Q 支路码序列的作用是给不同的用户发出的信号赋予不同的特性，以便基站识别所需的移动台。该码序列采用 m 序列，周期长度为 $2^{42}-1$，码元速率为 1.2288 Mc/s。它分为公用长码和私用长码两类。用户刚开始占用业务信道时首先采用公用长码接入，当可靠工作后，在基站的控制下，再使用私用长码接入。

长码掩码的作用与下行链路相同，主要是为了数据的安全保密。它采用周期长度为 $2^{42}-1$，码元速率为 1.2288 Mc/s 的 m 序列。

Walsh 函数在上下行链路中的作用是完全不同的。在下行链路中，其作用是区分不同的逻辑信道；而在上行链路中，其作用是多进制正交扩频调制。IS - 95 采用的是 64 进制的正交扩频调制，即采用的是 64 阶 Walsh 函数。其调制过程为：首先将分组交织器的输出进行分组，每 6 个二进制符号为一组，每一组代表一个六十四进制的调制符号，它对应 64 个 Walsh 函数中的一个。正交调制器每输入 6 个二进制符号，就输出 64 个二进制符号（一个 Walsh 码序列）。输入符号速率为 28.8 kc/s，输出符号速率为 28.8×64/6＝307.2 kc/s。

另外，在反向业务信道中还采用了数据猝发技术，数据猝发过程由数据猝发随机化器实现。其作用是当业务信息速率较低时，用一时间滤波器（选通门电路）进行选通，只允许

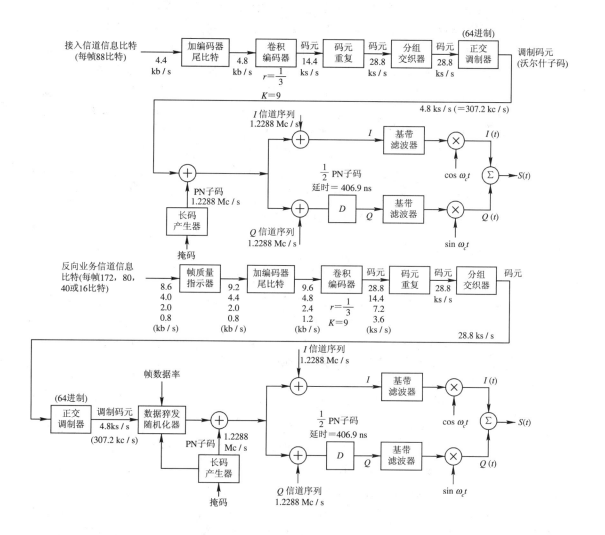

图 7-14 上行链路的组成框图

所需的码元输出,而删除其它重复的码元,即实现变速率传输。这样做可以带来两个好处:一是可降低移动台的功耗;二是可以减小多址干扰的影响。

7.4 码分多址技术的容量分析

对于点对点的通信系统,系统的通信容量常常用信道效率(即在给定的可用频段中系统所能提供的最大信道数目)进行度量。一般来说,在有限的频段中,能提供的信道数目越多,系统的通信容量也越大。但对于蜂窝通信系统而言,由于往往采用频率再用技术,所以采用信道效率并不能真实地反映其系统容量,因而蜂窝通信系统的通信容量一般用每个小区的可用信道数进行度量。每个小区的可用信道数(ch/cell),即每个小区允许同时工作的用户数(用户数/cell)越大，系统的通信容量也越大。此外，对于蜂窝通信系统，系统的通信容量还可以用每小区的爱尔兰数(Erl/cell)、每平方公里的用户数(用户数/km²)、每平方公里的爱尔兰数(Erl/km²)以及每平方公里每小时的通话次数(通话次数/(h·km²))等等进行度量。当然，这些表征方法是相互有联系的，在一定条件下是可以相互转换的。

在CDMA系统中，所有的用户都是在相同的时间使用相同的频谱，其信道的划分是通过不同的波形来区分的。因此，对于CDMA系统来讲，系统的主要干扰是系统内用户信号的相互干扰。这种干扰称为多址干扰，它是影响系统通信容量的主要原因。下面我们首先讨论单区制的CDMA系统的通信容量，然后再讨论多区制(蜂窝网)CDMA系统的通信容量，并对进一步提高其容量的技术措施进行简单的分析。

对于单区制的CDMA系统，如果允许n个用户同时工作，则CDMA系统必须能同时提供n个信道。n越大，多址干扰越强，n的极限是保证信号功率与干扰功率的比值大于或等于某一门限值，使信道能提供可以接受的话音质量。

在CDMA系统中，每个信道的信号可以看作是一般的扩频调制信号，因此其载干比可以表示为

$$\frac{C}{I} = \frac{R_b E_b}{I_0 W} = \frac{E_b/I_0}{W/R_b} \qquad (7-1)$$

式中：E_b表示一比特信息的能量；R_b表示信息的比特速率；I_0是干扰的功率谱密度(每赫兹的干扰功率)；W是已调信号所占的总的频段宽度，即扩频带宽；E_b/I_0通常称为归一化信噪比，其取值决定于系统对误码率或话音质量的要求，并与系统的调制方式和编码方案有关；W/R_b是系统的扩频因子，即系统的处理增益。

7.4.1 单区制的系统容量

对于单区制的CDMA系统，可以看出，在整个服务区内，任一用户在接收有用信号时，基站发给所有其他用户的信号都要对这个用户形成干扰。用户靠近或离开该基站时，有用信号和干扰信号同样增大或减小，因此即使基站不进行功率控制，该用户无论处于小区的什么位置上，其接收到的载干比也都不会变。为此，我们假设正向传输(下行通信链路)不进行任何功率控制，即发给所有用户的信号功率是完全相同的，其强度应保障用户在服务区域边界时所接收的信号仍能够满足接收机门限电平的要求。对于上行通信链路，用户发给基站的信号则会随着其与基站的距离的不同而发生变化。距离越大，传输损耗越大，到达基站接收机时的信号强度就越弱，而其他用户的信号则不会随着他的距离的变化产生变化。因此，为了保障所有用户信号的接收质量，反向传输(上行通信链路)必须进行功率控制。我们假设反向传输进行的是理想的功率控制，即无论用户处于服务区内的任何位置，其信号功率在到达基站时，都能保持在某一额定值，即载干比的门限值。换句话说，即要求所有用户的信号在到达基站时，其信号强度是相同的，这样，无论用户在什么位置，都能保证相同的接收质量。在这种假设条件下，如果n个用户共用一个无线频道，则每一用户的信号都受到其他$n-1$个用户信号的干扰。其载干比可表示为

$$\frac{C}{I} = \frac{1}{n-1} \qquad (7-2)$$

由式(7-1)和式(7-2)可得

$$n - 1 = \frac{W/R_{\mathrm{b}}}{E_{\mathrm{b}}/I_0} \tag{7-3}$$

通常 $n \gg 1$，故 $C/I \approx 1/n$，即

$$n \approx \frac{W/R_{\mathrm{b}}}{E_{\mathrm{b}}/I_0} \tag{7-4}$$

上述结果表明：单区制的 CDMA 系统在误码率一定的条件下，所需的归一化信干比 E_{b}/I_0 越小，系统可以同时容纳的用户数就越大。

7.4.2 蜂窝系统的通信容量

对于蜂窝 CDMA 系统，我们知道，每一个用户除了会受到本小区内其他用户的多址干扰外，还会受到邻近的其他小区中用户的干扰。在这种情况下，每个小区中所能容纳的用户数显然要小于公式(7-4)中的用户数 n。下面我们分别对蜂窝 CDMA 系统的正向传输和反向传输的系统容量进行分析。

1. 正向传输

由于正向传输是不进行功率控制的，因此，当用户越靠近小区的边缘，邻近小区的干扰就越强，而有用信号的强度却趋向于最低。可见，对用户最不利的接收位置是处于三个小区交界的地方，参见图 7-15。以下将针对这种最不利的条件进行分析。

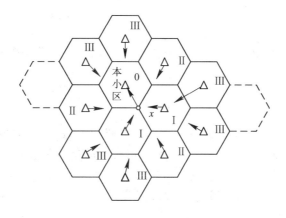

图 7-15 蜂窝 CDMA 系统中用户接受干扰的情况

假设各小区的基站都同时向 n 个用户发送功率相等的信号，在三个小区的交界处(图中 x 处)，则来自本基站的有用信号功率为 ar^{-4}(假设信号传输的环境为光滑的地面，a 为比例常数，r 为小区半径)；来自本基站的干扰信号功率为 $a(n-1)r^{-4}$；来自紧邻两个基站(图中标号为 I 的小区)的干扰信号功率为 $2anr^{-4}$；来自较远的三个基站(图中标号为 II 的)的干扰信号功率为 $3an(2r)^{-4}$；来自更远的六个基站(图中标号为 III 的)的干扰信号功率为 $6an(2.63r)^{-4}$。比这些基站更远的小区的干扰可以忽略不计，于是得到载干比的表示式如下：

$$\frac{C}{I} = \frac{ar^{-4}}{a(n-1)r^{-4} + 2anr^{-4} + 3an(2r)^{-4} + 6an(2.63r)^{-4}} \approx \frac{1}{3.3n} \approx \frac{0.3}{n} \tag{7-5}$$

如果不计邻近基站的干扰，此公式的分母只剩下第一项，因而可得 $C/I = 1/(n-1)$，

即为式(7-3)的结果。而由于邻近基站的干扰不能忽略，载干比将下降为原载干比的1/3.3。

以上结果是在正向传输不加任何功率控制的情况下得到的。这时，基站的发射功率必须保证用户在小区交界处可以正常工作。但是，我们可以看出，当用户靠近基站时，如果基站仍然发射同样强的功率，则除去会增大其他用户的背景干扰外并无好处。

因此，为了进一步提高系统的容量，对正向传输的信号也应进行功率控制，即发射机的功率根据每个用户的通信距离进行调整，距离越大，功率越大，反之则越小。即

$$P_i \propto r^\beta \qquad (7-6)$$

式中，β 是一常数，可用试探法进行选择，一般选择 $\beta=2$ 比较合适。这里没有按照传播损耗的规律把 β 定为 4，这是考虑到当用户靠近其基站时，来自本小区基站的干扰与有用信号一起变化；而来自其它小区基站的干扰虽然有所减小，但改变的速度相对较慢。因此，如果基站把发向某个用户的信号功率按 $\beta=4$ 的规律急剧减小，则可能使该用户在基站附近的载干比达不到要求。

令用户处于小区边缘处所需的信号功率为 P_m，则在 r_i 处的信号功率可表示为

$$P_i = P_m \left(\frac{r_i}{r} \right)^2 \qquad (7-7)$$

假设在各个小区内用户数目较多，且是均匀分布的，小区的形状近似为圆形，则可用以下公式来表示小区中的用户数目 n

$$n = \lambda \int_0^r r_i \, \mathrm{d}r_i = \frac{\lambda r^2}{2} \qquad (7-8)$$

式中，λ 为一个与用户密度成比例的常数。因此，基站在增加功率控制后，发向全部用户的总功率为

$$P = \lambda \int P_i r_i \, \mathrm{d}r_i = \frac{\lambda P_m r^2}{4} = \frac{n P_m}{2} \qquad (7-9)$$

因为基站在未加功率控制时发向全部用户的总功率为 $n P_m$，而增加功率控制后基站发射的总功率降低了 1/2，从干扰的情况来看，相当于每个小区中用户数减少了一半。显然，这样做对减少系统中的多址干扰是有好处的。

至此，我们再回过来计算基站增加功率控制后，用户处于小区交界处的载干比。参考式(7-5)可得

$$\frac{C}{I} = \frac{1}{\left(\frac{n-1}{2} \right) + 2\left(\frac{n}{2} \right) + 3\left(\frac{n}{2} \right) 2^{-4} + 6\left(\frac{n}{2} \right) (2.63)^{-4}} = \frac{1}{1.656n} \approx \frac{0.6}{n} \qquad (7-10)$$

把此结果和式(7-5)相比较可以发现：当载干比要求相同时，后者可允许同时工作的用户数比前者增大了一倍。

此外，不考虑邻近小区的干扰时，一个小区允许同时工作的用户数约为 $n=1/(C/I)$，在考虑邻近小区的干扰并且采用功率控制时，用户数降低为 $n=0.6/(C/I)$，即后者是前者乘以 0.6。该结果说明，CDMA 蜂窝系统和其他蜂窝系统类似，也存在信道再用效率。其再用效率为 $F=0.6$。由此可知对于蜂窝 CDMA 系统，每小区中允许的用户数为

$$n = 0.6 \left(\frac{W/R_b}{E_b/I_0} \right) = \left(\frac{W/R_b}{E_b/I_0} \right) F \qquad (7-11)$$

式(7-11)可用来计算 CDMA 蜂窝系统的正向传输的通信容量，即每小区的信道数，或每小区允许同时工作的用户数。

2. 反向传输

设各小区中的用户均能自动调整其发射功率，使任一用户无论处于小区内的任何位置上，其信号功率在到达基站时，都能保持在某一额定值，即载干比的门限值。由于基站的位置是固定不变的，各用户在其小区内是随机分布的(可以看成是均匀分布的)，因而基站附近的背景干扰不会因为某一用户的位置变化而发生明显的变化。

因此，反向功率控制应该按照传播损耗的规律来确定，即任一用户的发射功率 P_i 与距离 r_i 的关系应该是

$$P_i \propto r_i^4 \tag{7-12}$$

假设用户在小区的边界处的发射功率为 P_m，则在 r_i 处的发射功率为

$$P_i = P_m \left(\frac{r_i}{r} \right)^4 \tag{7-13}$$

从概念上看，如果功率控制很完善，而且只考虑本小区中移动台的干扰，则基站接收某一信号的载干比也是 $(C/I) = 1/(n-1) \approx 1/n$。实际上，来自邻近小区中移动台的干扰同样不能忽略，因此，它必然会降低 CDMA 蜂窝系统的通信容量。图 7-16 给出了基站接受干扰的情况。

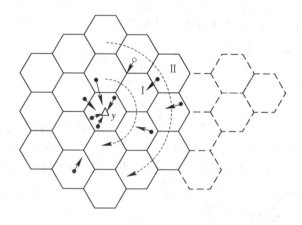

图 7-16 蜂窝 CDMA 系统中基站接受干扰的情况

从图 7-16 中可以看出，围绕某一小区 y 的四周，有 6 个距离最近的小区，它们构成的环路用 Ⅰ 表示；在这 6 个小区外面，有 12 个距离较远的小区，它们构成的环路用 Ⅱ 表示；依此类推。各小区中的用户都根据其与各自基站的距离调整其功率。显然要计算邻近小区中各移动台对环路中心小区 y 的干扰并不简单。可以把来自一个邻近小区中所有用户的干扰等效成由其基站发射来的干扰，因而小区 y 的基站收到的载干比为

$$\frac{C}{I} = \frac{1}{(n-1) + 6n\eta_1 + 12n\eta_2 + 18n\eta_3 + \cdots} \approx \left(\frac{1}{1 + 6\eta_1 + 12\eta_2 + 18\eta_3} \right) \frac{1}{n}$$

$$\tag{7-14}$$

式中：η_1，η_2，η_3 是分别对应于环路 Ⅰ，Ⅱ，Ⅲ 的比例常数。由此可得信道再用效率为

$$F = \frac{1}{1 + 6\eta_1 + 12\eta_2 + 18\eta_3} \qquad (7-15)$$

采用数值计算或仿真技术，可以算出 F 的值大约是 0.65。

由此可见，反向传输和正向传输的信道再用效率大致一样。也就是说，作为通信容量的估算公式(7-11)，既可用于正向传输，也可用于反向传输。

在实际应用中，蜂窝 CDMA 系统的通信容量还可以通过一些技术手段进一步提高。比如像 TDMA 系统中采用的先进的语音编码技术等，同样也适合于蜂窝 CDMA 系统。

3. 进一步提高系统容量的措施

对于 CDMA 系统，除了通过良好的功率控制提高系统容量以外，还可以通过以下技术手段进一步提高其系统容量。

1) 话音激活技术的应用

我们知道，人类对话具有不连续的特性，对话的激活期与整个通话总时间的比值(占空比 d)通常只有 35% 左右。当许多用户共享一个无线频道时，如果利用话音激活技术，使通信中的用户有话音时才发射信号，没有话音时就停止发射信号，那么任一用户在话音发生停顿时，所有其他通信中的用户都会因为背景干扰减小而受益。这就是说，话音停顿可以使背景干扰减小 65%，从而使系统容量提高 $1/0.35 = 2.86$ 倍。当然，FDMA 和 TDMA 两种系统也能利用这种话音特性，实现信道的动态分配，以获得不同程度的容量提高。不过要做到这一点，二者都必须增加额外的控制开销，而且要实现信道的动态分配，还必然会带来时间延迟，而蜂窝 CDMA 系统获得这种好处是非常容易的。

令话音的占空比为 d，则式(7-11)变为

$$n = \left(\frac{W/R_b}{E_b/I_0}\right)\left(\frac{F}{d}\right) \qquad (7-16)$$

2) 扇区的作用

在 CDMA 蜂窝系统中采用有向天线进行分区也能明显地提高系统的容量。比如，用 $120°$ 的定向天线把小区分成三个扇区，就可以把背景干扰减小到原值的 $1/3$，因而容量可以提高 3 倍。FDMA 蜂窝系统和 TDMA 蜂窝系统利用扇形分区同样可以减小来自共道小区的共道干扰，从而减小共道再用距离，以提高系统容量。但是，这样仍达不到像 CDMA 蜂窝系统那样，分成三个扇区系统容量就会增大 3 倍的效果。

令 G 为扇区数，式(7-16)变成

$$n = \left(\frac{W/R_b}{E_b/I_0}\right)\left(\frac{GF}{d}\right) \qquad (7-17)$$

由以上分析可以看出，蜂窝 CDMA 系统的通信容量优于 FDMA 系统和 TDMA 系统。实际测试表明，它的通信容量大约是 FDMA 系统的 20 倍左右，是 TDMA 系统的 5 倍左右。

本章参考文献

[1] 郭梯云，邬国扬，李建东. 移动通信. 西安：西安电子科技大学出版社，2000

[2] 邬国扬，孙献璞. 蜂窝通信. 西安：西安电子科技大学出版社，2002

［3］　Theodore S. Rappaport 著. 无线通信原理与应用. 蔡涛等译. 北京：电子工业出版社，1999

思考与练习题

7－1　信道和频道的含义分别是什么？它们之间有什么区别？又有什么联系？

7－2　频道的宽度设置主要应考虑哪些因素？

7－3　在 TDMA 系统中，时隙的组成主要包含哪些部分？为什么 TDMA 系统容易实现多种业务的接入？

7－4　什么是多址技术？常见的多址技术有哪些？各有什么特点？

7－5　什么是小区？什么是区群？区群内的小区数应满足什么条件？

7－6　为什么小区制系统往往采用蜂窝网结构？

7－7　为什么说 CDMA 系统具有软容量？

7－8　常见的扩频多址方式有哪些？各有什么特点？

7－9　码分多址系统特有的干扰是什么？为什么码分多址系统容易产生远近效应？

7－10　码分多址蜂窝移动通信系统中，利用码序列区分不同的基站有哪些方法？IS－95 系统中采用的是什么方法？

7－11　在 IS－95 系统中，Walsh 函数在上下行链路中的作用分别是什么？

7－12　IS－95 系统中上下行链路主要包含哪些信道？它们的作用是什么？

7－13　在 CDMA 系统中提高系统容量的技术措施主要有哪些？

7－14　CDMA 系统中功率控制的主要作用是什么？

第 8 章　扩展频谱技术的应用

扩展频谱技术包括直扩(DS)、跳频(FH)及混合扩频系统，与一般通信技术比较，主要有以下特点和优点：

(1) 抗干扰能力强，这包括较低的可检测概率以及对各种外来干扰信号的抗拒能力；

(2) 具有抗多径及抗选择性衰落的能力；

(3) 提供码分多址(CDMA)的信道复用方法和组网能力；

(4) 在直扩系统中，能提供准确的时间信息，从而可以进行测距和定位等。

由于上述特点，近年来扩频技术在各种通信系统，特别是军事通信系统中得到了广泛的应用。尤其是大规模和超大规模集成电路的发展，微处理器的应用以及一些新型器件(如 SAW 器件、CCD 器件等)的研制成功，使扩频技术的应用达到了新的高潮。目前扩频技术已广泛应用于通信、导航、雷达、定位、测距、跟踪、遥控、航天、电子对抗、移动通信、测量及医疗电子等各个领域。

下面仅就几个主要应用予以简要介绍。

8.1　地面战术移动通信系统

8.1.1　国外战术跳频电台概况

电子战已成为现代战争的重要组成部分，而通信对抗是电子战的一个极其重要的分支，是指挥、控制、通信和情报(简称 C³I)系统的核心。由于扩频技术具有抗干扰能力强，保密性能、抗侦破和抗衰落性能好等特点，使得扩频技术首先在军事领域得以应用。从 20 世纪 60 年代开始，国外就开始了扩频通信新体制的理论和技术的研究。到了 20 世纪 70 年代中期，美、英、前西德和以色列等国相继成功地推出了实用的扩频、跳频无线电台，并对原有的常规通信体制电台进行了大换装。

在战术移动通信中，由于地形对传播的影响，为了提高通信距离，通常都采用甚高频(VHF)的低频范围，典型的为 30～90 MHz，这也是传统野战通信电台的频率范围。在此范围中，由于带宽较窄，仅有 60 MHz，而用户又非常多，采用直接序列扩频(DS)方式抗干扰就显得不太合适，因此，主要采用跳频(FH)方式，有的也采用 DS/FH 混合扩频方式。采用跳频方式，是考虑到地面战术通信的一些特点。战术电台通常主要传送单路话音信号，而且用户非常多。传统的单路单载波方式可以容纳许多用户。采用直扩方式且用户很多时，由于远—近问题(即在接收远距离弱信号时会受到大功率近台的严重干扰)不易解决，干扰就非常严重，直扩的性能就得不到发挥。而采用跳频方式，信号瞬时频带窄，只是载波在宽带变化，因而原则上可容纳很多用户。在地面战术移动通信中，通信对象距离远近的变化很大，跳频能较好地适应信号强弱变化很大的远－近效应，而且跳频方式在技术和通信上都能与大量现用的定频电台相容。战术通信所用的电台大多为短波或超短波跳频电台，其形式主要是车载、机载、背负和手持等，一般要求其体积小、重量轻、功能多、抗干扰能力和组网能力强。表8－1列出了部分国外的扩频电台的主要参数，以供参考。

表 8－1 部分国外扩频电台的主要参数

型号	频率范围/MHz	信道数	预置波道	跳频速率/(h/s)	工作方式	发射功率	生产厂家
Scimitar－V（大弯刀）	30～88	2320	18	200～500	话、数据	0.5 W/5 W/50 W	
Scimitar－H	1.6～30	28400	10	20	话	背负：20 W 车载：100 W	Marconi（英）
Jaguar－V AN/PRC－116 AN/VRC－84（美洲虎）	30～88分9个波段	2320	8	150 ～ 200，跳频数256个	话、数据16 kb/s数字话	背负：10m W/4 W 车载：10 mW 5 W/50 W	Racal－Tacticom（英）
Jaguar－H	2～30	28000	8	10～50	话	背负：200 mW 5 W/20 W 车载：200 mW 5 W/20 W/100 W	Racal－Tacticom（英）
Sincgars－V	30～88	2320	6 个定频，6 个ECCM网	80～100，100～200～300	话、数据16 kb/s	背负：5 W 车载：50 W 背负：2.5 W 车载：40 W	Cincinnal和 ITT（美）Collins（美）
RF－3090P（ AN/PRC－117）	30～90分5个波段	2400	8 个定频，8 个ECCM网	240	话、数据	背负：0.1 W/10 W 车载：10 W/50 W	Harris（美）
Stacom（TR－8000）	30～88	2320	8	150	话、数据	背负：25 mW/5 W 车载：25 mW/5 W/50 W	Ericsson（瑞典）
AN/URC－78	30～80分3个波段			12.5	话、数据	背负：5 W/10 W 车载：40 W	ITT（美）
VRC－800	30～88	2320	10(面板)23(遥控)	12.5	话、数据	背负：0.25 W/4 W 车载：0.25 W/4 W/50 W	Tadiran（以色列）
VHF－80 系列	30～88	2320	10(面板)23(遥控)	20	16 kb/s数字话	背负：0.25 W/4 W 车载：0.25 W/4 W/50 W	Tadiran（以色列）

型号	频率范围/MHz	信道数	预置波道	跳频速率/(h/s)	工作方式	发射功率	生产厂家
BA1190/1191	1.5～30	28400	39	10		150 W	Mel(英)
GRC－115 VRC－101	2～16			标准 280 ms	话，报 J3E，J2A A3E	SSB/CW：100 W AM：25 W	Milcom(英)
SC－140	2～30	28400	9	10	SSB，CW FSK	5 W/20 W	Southcom(美)
CHX200	收：1.5～30 发：10 kHz～30		9/320	数据 6 话 3	A1A，H3E A3J，F1B	背负：20 W CHX250：1 kW CHX240：400 W CHX210：100 W	Siemens(德)
MATADOR	1.5～88/116～150		98	500	HF：VSB，LSB 单音等幅报 VHF：FM，SSB CW：话，数据	HF：5 W/10 W（平均）10 W/20 W（峰值）VHF：20 W/10 W（平均）	Reutech(南非)
PTR4300	2～30	28400	18	50	J3E，J2A 数据、FSK 报	车载：100 W（平均）	Plessey(英)
RF－5000	1.6～30	28400	100	20	话、数据	25 W 125 W/400 W	Harris(美)
450 系列 UHF/Xssb 无线电系统	225～400	17500		30	话、数据	1.5 W/8 W 等幅报 100 W 移动/基地台	Milcom(英)
AN/PRC－184	30～88	2320	8	中速	话、数据	车载：40 W	Telemit Electronic(德)
AN/PRC－124	30～88	2320	9	100	话、数据	0.5 W/5 W	Collins(美)
BAMS	30～108	3120	8	200	话、数据	背负：1 mW/0.6 W/6 W 车载：1 mW/0.8 W/8 W/50 W 手持：10 mW/1 W	Bell Telephone ACEC MBLE SAIT（比利时）
Spark	30～90	2400		100		5 W	Iskra(南斯拉夫)
Hydra/V	30～88	2320	10	100～400（混合方式，直扩码约 1 Mc/s）	话、数据	5 W/0.5 W	Telettra(意)

型号	频率范围/MHz	信道数	预置波道	跳频速率/(h/s)	工作方式	发射功率	生产厂家
TRC－950	30～88	2320		几百	话、数据	0.15 W/1.5 W/50 W	Thomson－CSF（法）
MP－83	30～88	2320	9	100～200	FM 话16 kb/s 数据	0.25 W/5 W	（美）
PR4G	30～88	2320			16 kb/s	1 W/10 W/25 W/40 W	（法）
PRC－80	30～88	2320	11	≥200	FM 话16 kb/s数字话	0.5 W/5 W/50 W	（美）

由上表可知，战术电台大多采用定频和跳频两种模式，便于兼容和互通，而且一般都具有传输数据的能力。对于战术跳频电台，一般工作于短波和超短波频段。由于短波的特点（传播特性在波段内变化很大，宽波段天线自动调谐困难等），短波跳频的跳频带宽窄，一般为几兆赫兹至几十兆赫兹，跳频速率也较低，一般为每秒几十跳。而超短波跳频电台，由于其频带较宽，波道间隔小，因此可用的波道较多，便于组网。在这些战术跳频电台中，普遍采用先进的频率合成技术，缩短了频率转换时间，提高了跳频速率。此外，大量微型化器件和二次开发的集成电路的使用，降低了电台功耗，减小了体积和重量，同时提高了电台的可靠性。

8.1.2 跳频电台中的主要技术问题

1. 跳频速率

跳频电台的抗敌方有意干扰的能力与跳频速率有着密切的关系。跳频速率越高，抗跟踪干扰的能力就越强，信号被截获的可能性就越小，但是实现的技术难度也越大，成本也就越高。在战术电台中，跳频速率通常是这样化分的：低于 100 跳/秒的称为低速跳频，100～500 跳/秒之间的称为中速跳频，500 跳/秒以上的称为高速跳频。要实现快速跳频，就要求收发信机的频率源能快速跳变，收发信机的调谐回路也要能快速自动调谐，此外，电台的控制部分（产生跳频图案和同步）也应适应这一要求。由于微处理技术的高速发展，这后一限制已不是主要因素。要解决的主要问题是频率源，即要求有产生大量频率和快速频率转换的频率合成器。因此，跳频频率合成器是跳频系统的关键。目前战术电台中的频率合成器（简称频合）大多采用锁相环式的数字式频合。提高换频速度受环路带宽和捕获锁定时间的限制。虽然可以采用多环频合或者采用两个频合轮流工作（即所谓乒乓式工作）来解决这一问题，但这又会增加电台的复杂性和成本。研制战术电台中的快速换频频合仍是当前的一项主要的技术任务。提高跳频速度有时还受到信道容量或者频道宽度的限制。跳频速度 R_h 越高，每一跳的持续时间 $T_h=1/R_h$ 就越小。在 T_h 中包括频率转换时间，而在转换时间内是不能传送有用信息的。当提高跳速后，若不能相应地减小转换时间，则信道的有效容量就要减小。比如电台传送 16 kb/s 的数字话，若转换时间为十分之一，则信道上传送的码元速率至少为 17.6 kb/s，再加上必要的同步信息，可能达到 18～20 kb/s。若提高跳速后，不能将转换时间仍压缩到十分之一，则信道传送的码元速率将大于 20 kb/s。而码元速率的提高则会受到频道宽度的限制（一般频道宽度为 25 kHz）。

进一步提高跳频速率的必要性也是应当考虑的。战术电台数量多，一般用于较低的战术单位，应该考虑敌方有意干扰的能力和所付出的代价。在目前的技术条件下，要跟踪干扰 400～500 跳/秒信号的技术难度和所需付出的代价都还是比较大的。因此，目前和今后一个时期，大量战术跳频电台还主要是采用 100～1000 跳/秒的中速跳频，当然，更高跳频速率的跳频电台也应该进行研制。

2. 跳频图案

跳频图案是跳频系统的核心。所谓跳频图案，就是在通信过程中电台频率与时间的变化方案。在一个网络中具有同一跳频图案，以保证网中各电台的可靠通信。一次通信中，电台选择一组频率，不同时间选择不同频率，这就构成一组图案。对跳频图案的主要要求是保密性和随机性。保密性就是除了网内成员事先知道图案外，其他人不可能从已经工作的频率图案中得到未来的频率图案，这就保证了敌方不可能进行有效的截获，也不能进行有目的的跟踪干扰。目前，跳频图案都是采用顺序产生的方式而不用存储方式（存储方式虽然保密性好，但存储容量大，使用不便）。要做到保密性好，要求在产生跳频图案的码发生器中加入预置的密钥码并采用非线性码产生器。

跳频图案的随机性就是要求各个跳频频率出现的概率近似相等，即具有尽可能的均匀分布。这样，在任何跳频频率上受到干扰时，产生的误码率都近似相等。否则，那些概率大的频率受到干扰的影响就大，这是不希望的结果。跳频图案的随机性也由产生跳频图案的码发生器来保证。

此外，跳频图案还与跳频的频率数有关。所谓跳频的频率数，就是指实现跳频通信使用的信道频率的数目。跳频频率数越多，越能形成实用的跳频图案。

与跳频图案有关的另一个问题是一个网中跳频频率数目的选择。跳频数目太少，则受单频干扰的影响就大。因为跳频频率的值是公开暴露的，单频干扰引起的误码率为 $1/N$，N 为跳频频率数。另一方面，跳频数目太多，整个波段容纳的异频网的数目就少，用户也就少。跳频数目应在这两者间折衷选择。

3. 跳频电台的同步问题

跳频电台通常是传送数字话音的，因此存在着一般数字通信中的各种同步问题。在战术电台中通常采用非相干的调制解调方式，一般不存在载波同步问题。位同步和数字系统一样，从信码中提取同步信息。由于跳频速率总是低于或远低于信码速率，即一跳由许多数据码元构成，因此一般一跳构成一个自然帧。帧同步通常采用在一帧前面加少数位的独特码来完成。这里讲的跳频电台的同步问题主要是指跳频频率的时间同步问题。网中各电台虽然跳频图案已知，但若不能保持准确的频率和时间关系，也无法入网工作。对跳频同步的主要要求是：

（1）能自动和快速地建立起同步。战术电台一般都是单工工作，收发转换频繁，一次通话时间不长，超过几秒钟的同步时间就会对通信产生影响。

（2）同步抗干扰性能要好，既要能抗非人为干扰，也要能抗人为干扰。前者要求在低信噪比或较高误码率条件下也能建立和保持同步，后者要求对同步进行一定的保护。

（3）能进行后入网的同步。即若不能在开始通信时建立跳同步还可以在通信过程中建立同步和入网。

在目前的跳频电台中，采用最多的是精确时钟和传送同步信息相结合的同步方法。

若各电台都保持精确的时钟，称 TOD(Time of Day)，而又已知跳频图案，则当然能保证同一时间跳至同一频率。但是若完全靠精确时钟进行跳同步，则对时钟精度要求太苛刻以致难以实现，或者说靠现实的时钟精度只能保持短时同步。举例来说，设跳速为 100 跳/秒，一跳持续时间仅 10 毫秒，若允许十分之一的误差，则要求各电台的时钟差仅为 1 毫秒。假设一次通信时间为一天(86 400 秒)，一天中误差不超过 1 毫秒的时钟精度为 $\Delta T/T = 1/86\ 400 \times 10^{-3} = 1.16 \times 10^{-6}$。显然这在战术电台中是难以实现的。若以战术电台中能实现的时钟精度为 2×10^{-6} 来考虑，则能保持误差不超过 1 毫秒的保持时间 $T = \Delta T \times 0.5 \times 10^{-6} = 500$ 秒。

解决的方法就是在发送的数据链中传送同步信息，即在每次通话开始时就发一同步字头，同步字头中除包含本台的 TOD 信息外，还包括用以区别不同网的网号、频率号、主台属台等信息。但要注意，既然是跳频电台，同步字头也不能在某些频率上传送，也要采用跳频方式发送。发送同步字头的跳称为同步跳。一旦从同步跳中获取了对方的 TOD 信息，也就建立起了同步，因此同步跳需要重复发送。只要在某一频率上收到同步信息，就可以进入同步，这就提高了建立同步的概率。同步跳的频率也是根据某一跳频图案决定的。但通常保持这一跳频图案的同步所需的时间精度要低一些。为了提高同步的检测概率，同步信息通常采用多位编码。

为了解决后入网问题，可以在传送数据跳中随机地插入一些传送同步信息的跳(有的称之为值班波道)，因某种原因没有搜索到同步字头的电台可通过接收和检测此信号而入网。

跳频电台的同步可以有许多不同的方案，国外各种跳频电台的跳频同步方式都各有不同。

4. 跳频电台的组网问题

组网能力是现代通信的基本要求之一。跳频电台的组网与跳频图案和组网方式有关。而跳频图案又与跳频的频率数密切相关，因此，跳频的频率数越多，跳频组网的数目也越多，组网时选择的灵活性就越大，碰撞的概率也越小。

跳频电台组网有两种方式，即正交和非正交组网。所谓正交组网，也称为同步组网，是指各网在同一时钟全同步的情况下，各网的跳频是等角跳变的，或者说多个跳频电台所采用的跳频图案在时频矩阵上相互不发生重叠。由于各网是全同步的，因此，理论上的组网数等于跳频频率数。但实际上，由于各电台的频率稳定度和准确度都不是很高，以及同步不准等因素的影响，完全正交的跳频网是不存在的；即使存在也是短暂的，很快就会变成非正交网。

非正交组网又称异步组网，其各网之间互不同步，因此就会产生网间频率的相互碰撞，形成网间干扰，从而引起通信质量下降。为了减少网间干扰就需要在组网之前选择好各网的频率表，使之互不相同(即要精心选择跳频图案)，并留出一定频率偏移余量；或者将不同的子频段分配给不同的网使用；或者选择互相关特性好的跳频码，尽量减少图案发生重叠的机会，使跳频图案达到准正交。准正交异步跳频网不需要全网的定时同步，因此可以降低对定时精度的要求，且便于技术上实现。此外，它还有容易建立系统的同步、用户入网方便以及组网灵活等优点。因此，得到了广泛的应用。非正交组网建网时间快，同步实现方便。另外，其抗干扰能力很强，保密性能也不错。其缺点是存在频率碰撞问题，不过这可以通过选择互相关性能好的跳频码的方法来解决。

8.1.3 PRC-80跳频电台简介

PRC-80跳频电台是 VHF/FM 收发信机，有定频和跳频两种工作模式，其基本指标列在表 8-1 中，其跳频部分的参数为：跳频速率为 200 h/s，跳频频率数为 256，能组 128 个网，有迟后入网功能，跳频图案为复杂非线性，跳频序列周期大于 10^{11} bit，跳频密钥量大于 2^{64}。

PRC-80跳频电台由信道单元和跳频/保密单元两部分组成，其组成框图和跳频/保密单元框图分别示于图 8-1 和图 8-2 中。

由图 8-1 可知，信道单元由如下模块组成：AMM 为天线匹配模块；PA 为功放模块；LPF 为低通滤波器；TSP 为发送信号处理模块；RSP 为接收处理模块；CCM 为中心控制模块；LOG 为逻辑处理模块；SYN 为频率合成器模块；TUN 为调谐模块；PS 为电源模块。跳频/保密单元由如下模块组成：TC 为定时模块；RC 为接收模块；SYS 为系统模块；SEC 为保密模块；BBCC 为基带模块。

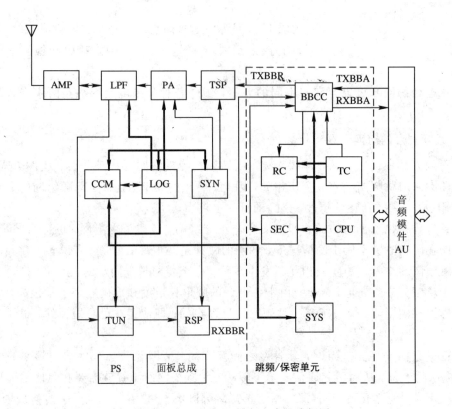

图 8-1　PRC-80跳频电台组成框图

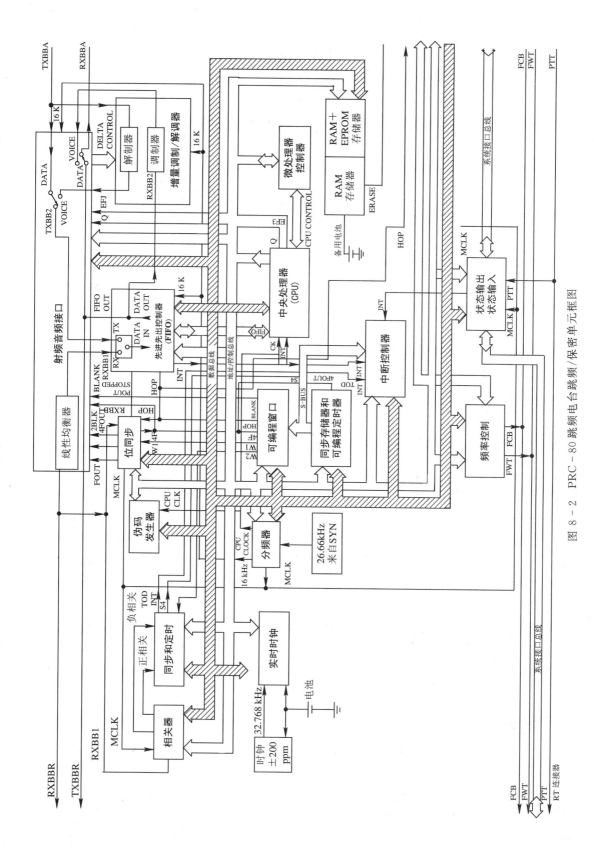

图 8-2 PRC-80 跳频电台跳频/保密单元框图

8.2 卫星通信系统

卫星通信，就是地球上(或地球表面附近)的无线电通信站之间利用人造卫星作中继转发而进行的通信。无论是静止轨道卫星，还是低轨道卫星，都距地面相当高，通信覆盖范围很大，通信距离远。通信卫星以广播方式工作，有较宽的通信频带和很大的通信容量，因此，卫星通信发展很快，应用也很广。商用卫星通信是利用静止通信卫星提供全球范围的电话、电视、数据通信服务。Intelsat 卫星通信网自 1965 年开始商业通信以来，取得了极其迅速的发展。从 20 世纪 70 年代开始，在卫星通信中普遍采用了扩频技术，且大多为直扩方式。SUC-28 商用卫星通信系统就是使用扩频技术的典型例子。该卫星转发器的工作频带为 35 MHz，信息数据速率为 75 b/s～5 Mb/s，扩频增益 G_P 为 56.7～8.5 dB，除传送数据外，还可传送话音和传真。

卫星通信采用扩频技术，除了利用扩频通信的抗干扰能力强、隐蔽性和保密性好等一般优点外，还有一个重要原因，就是要利用直扩的扩频多址(SSMA)或码分多址(CDMA)能力，多址问题是一个非常重要的问题。传统的码分多址方式就是各用户都用同一载波，信息码被高速 PN 码扩展成一个宽带信号，但各用户的 PN 码各不相同，因此，要接收某一用户信号，只要对此地址码信号进行相关接收即可。显然，卫星通信采用码分多址技术具有许多优点，主要表现在下述几个方面：

(1) 与 TDMA 相比，不需要各用户间的严格时间同步。

(2) 具有随机选址的能力。

(3) 卫星转发器的频带可以得到有效利用，不需要设立保护频带。

(4) 对卫星转发器和地面接收机的 G/T 值的要求低(G 为天线增益，T 为接收机噪声温度)，终端设备比较简单。

VSAT(Very Small Aperture Terminal)系统是近年来发展起来的一种极小天线口径的终端地面站，天线口径为 1 m 左右，设备紧凑，大量软件集中到中心站，成本很低，安装方便。VSAT 卫星通信网网络结构一般为星型结构，由一个主站、通信卫星和众多的用户站(VSAT)组成。用户站和主站可以对通，而用户站之间的通信要由通信卫星作中继转发。主站是整个系统的中心。目前，VSAT 网一般工作在 C 波段和 Ku 波段。1981 年，美国 Contel 公司推出了第一个 C 波段商用 VSAT 系统。该系统采用了直扩技术，系统工作带宽为 5 MHz，扩频伪码速率为 2.4552 Mc/s，VSAT 站发往主站的信息速率为 2.4 kb/s，扩频码长为 1023，采用码分多址随机竞争方式(ALOHA 方式)。主站发往 VSAT 站的信息速率为 19.2 kb/s，扩频码长为 127 位，采用分组信包广播发送。信包的前部前置有目标 VSAT 站代码，VSAT 站接收到该代码后自动启动数据接收器接收该信包数据段的信息数据。这样，VSAT 系统可以容纳低通信业务量的成千上万个用户站。在美国，1989 年就已设置了 48 000 个 VSAT 站，广泛应用于商业、银行、宾馆、能源和交通业等部门。VAST 网结构如图 8-3 所示。

卫星通信中应用扩频技术的另一重要领域是卫星移动通信。卫星移动通信是从 1976 年美国公开使用军事卫星建立舰船卫星通信开始的，1982 年建立国际海事卫星机构，管理和发展舰船卫星通信，到 1988 年底已拥有舰船卫星地面站的船只超过 8000 只。飞机卫星

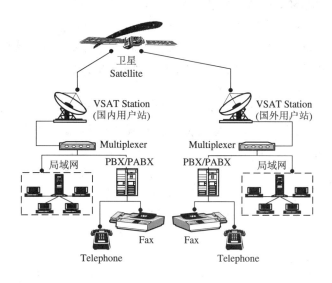

图 8 - 3 VAST 网示意图

通信是卫星移动通信的又一应用领域，20世纪70年代中期，美国和欧洲就在发展 AEROSAT 计划，1985年以后利用国际通信卫星实现飞机卫星通信实验在西方各国相继完成，并制定了有关服务条约。可以预见，飞机卫星实用化在全世界会很快实现。陆地移动卫星通信是卫星移动通信的发展重点，最近几年发展十分迅速。美国以国家航空宇宙局 (NASA)和美国联邦通信委员会(FCC)为中心进行陆地移动卫星通信的开发，主要实现汽车交通用卫星移动通信。欧洲宇宙开发部门建立的 PRODAT 卫星移动通信系统就是主要用于大型运货卡车的卫星移动通信系统，该系统使用 L 波段实现基站和移动站以及移动站之间的通信。基站发往移动站(地面站)使用 TDMA 方式，有 24 个信道，分组信包长 1.024 s，一个信道的信道速率有 347 b/s。移动地面站发往基站使用 CDMA 方式，扩频序列长 889，同时发送的扩频序列数约 35 个，信息数据率为 200 b/s。

为航天飞机和地面之间提供通信服务的跟踪与数据中继卫星系统(TDRS)能使用户卫星通过 TDRS 建立通信。从 TDRS 到用户卫星的 S 波段前向通信链路采用的是 QPSK 直接序列扩频调制。同相载波和正交载波都采用直扩，但只有一个载波受数据调制，即

$$S(t) = \sqrt{2S_c} d(t) C_c(t) \cos\omega_0 t - \sqrt{2S_r} C_r(t) \sin\omega_0 t$$

式中，下标 c 和 r 分别表示指挥信道(command channel)和测距信道(ranging channel)。扩频波形 $C_c(t)$ 是一种 Gold 码，周期为 1023 chip，而 $C_r(t)$ 是一种截断的 m 序列，其切普速率为 3 Mc/s。两个信道的功率电平不同，指挥信道功率比测距信道功率大 10 dB。用户转发器上的接收机既可解调 TDRS 的扩频信号，也可解调地面至卫星上行链路的非扩频信号。

8.3　民用移动通信系统

蜂窝式公众移动通信系统是20世纪80年代发展起来的，集无线、有线、传输、交换和处理等技术于一身的现代移动通信系统，是典型的民用移动通信系统。移动通信的发展趋势必然是数字化，考虑到与 ISDN 的联接，采用时分制是必要的。但在移动通信中采用时

分制,有两个制约因素,即传播时延和多径干扰。

由于移动台的运动,使基地台与移动台之间的位置和距离不同,从而使接收机收到的信号由于传播造成的时间延迟——传播时延不同,其最大值由移动台处于小区边缘时决定。在时分制系统中,要求每个台(基地台和移动台)在发信后留的保护时隙大于最大传播时延。

移动通信中的多径干扰限制了时分制系统的最高传输速率。移动通信条件下的最大多径时延一般为 $7\sim 8\ \mu s$,因此,一般认为无显著码间干扰的最大码元速率在 $100\sim 200\ kb/s$ 范围内。采用扩频技术,利用伪码序列的尖锐自相关特性,可以消除多径影响,从而突破多径时延的限制,使传输速率大大增加,从而提高系统容量。前西德和法国联合研制的第一个全数字式公共移动通信系统——CD900 系统就是一个典型例子。

CD900 系统是一个有中心的时分多路(TDM)/时分多址(TDMA)系统,其中还使用了 (32,12)的软扩频。该系统工作于 900 MHz,每个小区的时分数据信包帧结构如图 8-4 所示。每帧长 31.5 ms,共传 60 路 16 kb/s 的 Δ—M 数字话和三路信令,每路占用一个时隙。时隙中除有用信息外,还有同步头及保护时隙。系统中基带信号速率为 1.5 Mb/s,采用 QPSK 调制,(32,12)的软扩频方式,信道上码元速率为 $1.5\times\dfrac{32}{12}=4\ Mb/s$。如此大的数据速率是很难在信道中直接传送而不产生码间干扰的。采用扩频后,利用相关接收原理,以 32 chip 作为检测单位,相关接收后的相关峰距离为 $32\times 0.25=8\ \mu s$,大于最大多径时延,从而消除了由于多径时延而引起的码间干扰。

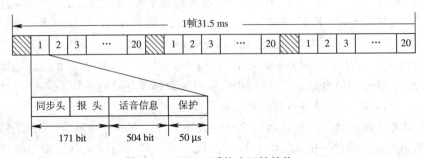

图 8-4　CD900 系统小区帧结构

另外,该系统中采用扩频,实际上是提供了另一种频道复用方法,即相邻小区中采用不同的码,而载波重复利用。但是,这里的频道复用并非码分多址,因为在同一小区内采用的扩频码是相同的。由于每个小区(相邻小区)采用不同的扩频码,利用扩频码之间的正交性或准正交性区分小区,可以实现码分小区。因此,多个小区使用同一频段,提高了频谱利用率和系统容量。举例来说,FDMA 在 50 MHz 可用频带内收发各占一半,频道间隔为 25 kHz,则可容纳的用户数为 25 000/25=1000 个。由于所需信噪比大,要避免网间干扰,则必须在空间上限制同一频率的使用。设平均 7 个小区才可使用同一频率,所以平均每个小区可容纳 1000/7=143 个频道。而对于 DS/TDM/TDMA 的 CD900 系统,由于检测所需信噪比较低(与传统 FDMA 相比,约低 10 dB 以上),每一载波占 6 MHz 带宽,在 24 MHz 的收或发频带中有四个高频频道,每频道为 60 路话,则每个小区容纳的信道数为 $60\times 4=240$ 路,这是 FDMA 容量的 1.68 倍。

在欧洲,除 CD900 系统外,还有德国的 MATSD 系统、法国的 SFH900 系统和瑞典的

DA-90系统等。各系统的制式不统一，网络之间互不兼容。为此，从1982年开始，欧洲邮电管理联合会(CEPT)着手制定泛欧数字蜂窝移动通信标准，即GSM(GLOBAL SYSTEM OF MOBILE)标准。到1992年，基本完成GSM的标准化工作，目前GSM几乎成为全球的移动通信标准，GSM产品已遍布全球许多地方。

GSM系统仍采用CCITT建议的公用陆地移动网(PLMN)的体系结构和接口命令，但接口协议及信令有所不同。GSM系统组成如图8-5所示，它由移动站(MS)、基站子系统(BSS)、网络子系统(NSS)及操作和维护子系统(OSS)组成。基站子系统是一个使移动用户接入GSM网的中介单元，是整个网络中技术上最重要的部分。网络子系统完成

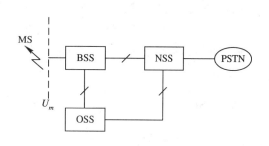

图8-5　GSM系统组成

的主要任务是呼叫处理、路由选择、计费信息、鉴权加密以及与其它网络的互连功能。操作和维护子系统承担网络各种设备的监测、配置，以及小区规划及计费等活动。

GSM系统的接口很多，其中BSS与MS之间的接口称为空中无线接口(Um接口)，它取决于射频技术，是GSM系统中的重要接口。其接口协议分三层，在物理层(L1层)中采用TDMA/FDMA技术，每个信道200 kHz，每个TDMA帧分为8个时隙。全速信道为8个，半速信道为16个，数据全速为9.6 kb/s，半速为4.8 kb/s，信道总速率为270.83 kb/s。调制方式为高斯最小移频键控(GMSK)。空中接口的信道分为业务信道和控制信道，业务信道的帧结构如图8-6所示。GSM系统载波频带为890～960 MHz，其中890～915 MHz为上行频带(MS→BSS)，935～960 MHz为下行频带(BSS→MS)。每个载波分为8个时隙，构成8个时分信道，载波间隔200 kHz。在每一时隙中，用户话音采用RPE-LP编码，编码速率为13 kb/s。由图8-6可知，8.25 bit的保护时间为30 μs，这相当于电波传播9 km。因此，如果小区半径不超过9 km，则移动台不论在小区内的任何地方，这个保护时间足以保证基台收到的用户信息不会重叠。

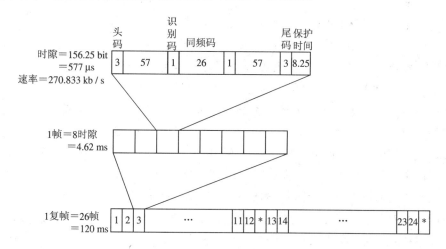

图8-6　GSM系统业务信道帧结构

应当指出，GSM 系统中采用了跳频技术，跳频速率为 217 h/s。在 GSM 系统中之所以引入跳频技术，一个重要原因就是跳频的抗干扰作用。另一个原因就是，跳频可用作频率分集，改善传输性能。移动传输中的多径效应引起瑞利衰落，不同频率引起的衰落是不同的，且当频率差别越大，越独立。当频率间隔相差 1 MHz 时可认为它们的瑞利分布完全独立。在传输中采用了纠错编码，在码流中产生冗余，这个冗余占几个突发，跳频技术可以确保信息在几个频率上发送，使整个系统的传输性能得以改善。

CDMA 移动通信系统和第三代(3G)移动通信系统也都采用了扩频技术。

8.4　JTIDS 系统

战术通信网(野战通信网)由三大部分组成，即单工无线电网、地域通信网及战术信息分发系统。单工无线电网主要由高频(HF)和甚高频(VHF)(跳频)电台构成；地域通信网指的是与指挥所相连，为指挥人员和参谋人员提供通信手段的干线通信网；而战术信息分发系统是一个集通信、导航、识别功能于一体的综合系统，即 CNI(Communication、Navigation、Identification)系统，它将地面指挥中心、预警飞机、战术飞机、军舰、地面用户等连接在一起，可为陆、海、空三军提供联合服务。由于战术信息分发系统具有通信、导航和识别等综合功能，具有很高的抗干扰和保密能力，并具有容量大、用户多(可上千)、覆盖范围广(300~500 海里)、生存能力强及使用灵活等优点，因而说该系统是一个重要的 C^3I 系统。战术信息分发系统的一个典型例子，就是美军使用的"联合战术信息分发系统"，即 JTIDS(Joint Tactical Information Distribution System)系统。JTIDS 系统有两种类型，即基本型 TDMA 和分布型 TDMA(DTDMA)。两者的主要差别在于对整个时隙的分配方式不同。这里我们主要介绍基本型 TDMA，即 JTIDSI 或 JTIDS/TDMA 型。

1. JTIDS/TDMA 系统结构及参数

JTIDS 系统是一个时分多址(TDMA)接入、无中心和信息共享的多用户系统。图 8 - 7 是其工作示意图。图中的信息分发系统就是将各用户要传送的信息组织在一个周期性的时间分隔的系统中，各用户根据需要从此系统中得到其他用户的信息。它的时间分隔系统可以从图 8 - 8 的信号格式中看出。图 8 - 7 中一个环形周期称为一个时元(epoch)，为 12.8 分钟。每个时元分为 64 帧(frame)，每帧长 12 秒。一帧中再分为 1536 个时隙(slot)，一个时隙为 7.8125 ms。时隙是分配给用户的基本单位，容量小的用户，每时元中只分得一个时隙，即 12.8 分钟才发一次信息，而容量大的用户可以分得多至上千个时隙。每个时隙又分为信息段和保护段，信息段中传 129 个脉冲，总持续时间为 3.354 ms，每个脉冲重复周期为 26 μs。其中前 20 个脉冲叫同步段，后 109 个脉冲用作数据传播。在同步段中，前 16 个脉冲用作粗同步，后 4 个脉冲用作精同步。保护段持续时间为 4.4585 ms。保护段的作用在于下一时隙开始之前所发射的信号能传播到 JTIDS 网的视距内其它所有成员。由于 JTIDS 的各成员间的相对位置关系是变动着的，因此天线一般为全向的，在作直接通信时网的范围为 300 海里视距，在作接力通信时为 500 海里。

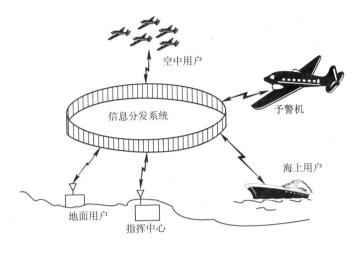

图 8 - 7　JTIDS 系统工作示意图

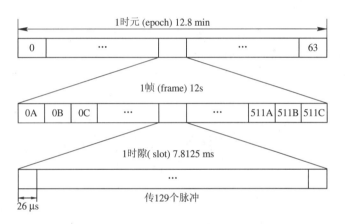

图 8 - 8　JTIDS 的信号格式

　　来自信息源的二进制信息经分组和纠错编码(可以不编码,称为非编码自由电文),形成 109 组数据。每组数据在 6.4 μs 长的脉冲中进行(32,5)编码,即扩频,形成占空比为 6.4/26 的扩频编码信号,携带 5 bit 信息。因此扩频码片的宽度为 200 ns,扩频码速为 5 Mc/s。每时隙的有效信息量为 $109 \times 5 = 545$ bit,平均信息速率为 $545/(7.8125 \times 10^{-3}) = 69.7$ kb/s。由此可见,JTIDS 系统是以传输数据为主的,只有个别用户必要时才能通话。每个用户在规定其发射的时隙以外的时隙可以接收所有信号,从而使网内的信息资源共享。

　　由于 MSK 的频谱特性好,扩频后的信号对载波进行 MSK 调制,信号带宽约为 3.5 MHz。载频在 Lx 波段中的 960~1215 MHz 范围内跳频。跳频的频道间隔为 3 MHz,跳频的频道数为 51 个。为了和此波段中的其它现有系统(导航、空中交通管制)相容而不互相干扰,51 个频道分散在其中的几个小波段中。应当注意,JTIDS 的跳频是在时隙中的各脉冲之间进行的。每个时隙内的脉冲可以单个发射,也可成双发射。双脉冲(每个脉冲发相同信息)格式抗人为干扰的能力较强,但对现存的其它系统(如 TACAN 测距器)的干扰也大一些。

2. JTIDS 的功能

JTIDS 的通信功能是 JTIDS 系统的基本功能，从上述介绍中可以很容易地看出这一点。

JTIDS 的导航功能是建立在网内各对象之间的相对定位基础上的。在此系统中每个用户都保存一时钟，而由某一指定用户作为整个网的时间基准，并定时发布带有基准时间的入网消息(net entry message)。各个用户接收此信息来校准各自的时钟，以使其时钟与系统时钟同步起来。这样，每个时隙的起始和终止时间是统一的，每一发射成员的信号发射时刻与时隙开始时刻对齐，这就是网同步。在此基础上，利用同步段中的同步信息可产生精确的定时信号，此定时信号真正标记了信号的到达时刻。因此，系统其它成员根据这个定时信号便可算出其与发射成员的相对距离，从而实现定位和导航。

要指出的是，由于 JTIDS 是一种无节点系统，即网的成员没有一个是不可残缺的，因此作为时间基准来说，任何成员都可承担起这个责任，只不过网内只能有一个基准而已。而当所指定的作为基准的成员由于某种原因不能工作时，则根据预先约定，基准的责任自动转移至下一个指定成员。

下面结合本系统采用的一种有源同步(精同步的一种)法说明其定位功能。有源同步法又叫 RTT 法，此时要实现精同步的成员向某一已实现精同步的成员(donor)发出询问信号(这是通信的一种格式)，回答信号中包括收到的时间和发射回答的时间，即图 8-9 上的 TOA_D 和 T_R，这样，询问者便能根据收到回答信号的时间 TOA_U 等，由下两式决定自己发送的准确时刻 ε 和传播时延 T_P：

$$TOA_D = \varepsilon + T_P \tag{8-1}$$

$$TOA_U + \varepsilon = T_R + T_P \tag{8-2}$$

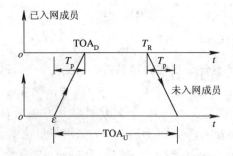

图 8-9 JTIDS 的有源同步法

ε 可以用来校准自己的时钟，使之与系统时钟一致；T_P 可以决定与被询问者的距离。若能决定两个已知位置对象间的距离，就可以决定自己的方位。

JTIDS 的识别功能则是依靠在各自的发送时隙中传送某种识别信号来实现的。

3. JTIDS 中保密、抗干扰的考虑

由于战场环境复杂，JTIDS 系统在设计时就对抗干扰和保密方面作了许多考虑，采取了一些有效措施来加以解决。

(1) 信息保密。在传送的数据中进行数字加密，跳频中的跳频图案也是加密的。

(2) 采用 DS-FH 混合扩频方式。这是系统中抗各种干扰，特别是抗有意干扰的主要

措施。在 DTDMA 型 JTIDS 系统中,还同时采用了跳时(TH)技术,使其抗干扰能力更强。JTIDS 系统采用混合扩频方式而不采用单一的 DS 或 FH 是考虑到混合扩频在此有更多的优点。

——混合扩频更便于 FDMA 和 TDMA 的结合。由于有 FH,就可以在同一频段组织多个互不干扰的通信网。

——与单纯的 DS 方式相比较,在得到基本相同的处理增益时,FH/DS 的信号频谱更均匀,抗单频及窄带干扰的能力更强。

——采用 DS/FH 方式,可以解决不能利用连续波段的问题。由于在所用波段中,有些现有系统占据了一些窄频带,若采用宽带 DS,则无法避免对它们的干扰。而采用 DS/FH,跳频频率不选择在这些频带,就可以避免对它们的干扰。

(3)抗多径及多卜勒效应的考虑。在 JTIDS 中,由于采用了 DS 和脉冲工作方式,较好地解决了多径影响。接收端对 $6.4~\mu s$ 射频脉冲进行相关接收,相关输出脉冲宽度为 $0.4~\mu s$,周期为 $26~\mu s$。此周期远大于最大的传播时延,这就可以将多径干扰区别开来甚至加以利用。

由于采用扩频后信号瞬时频带有 3.5 kHz,比由于多卜勒效应引起的载频偏移(f_d 约 4 kHz)大得多,采用非相干解调时,对信号解调影响很小。MSK 的最大频偏 $\Delta f_m = 1.25$ MHz,这也比多卜勒效应引起的寄生调频频偏大得多。

(4)信道编码。JTIDS 是以传输数据为主设计的。对于数字话来说,10^{-4} 甚至 10^{-3} 的误码率是允许的。而对数据来说,10^{-4} 的误码率则不能容忍。在实际信道上要保持低于 10^{-4} 的误码率是很难保证的。为此,在 JTIDS 中传送的数据都采用了纠错编码,用的是 Reed-Solomon(R-S)码。前述的 109 个脉冲中,每个脉冲携带 5 位,共 545 位数据。在纠错码格式中,实际上只传送 245 位二进制信息。数据部分采用(31,15)的 R-S 码纠错,在 31 位中可以纠正 8 个错误。

为了防止突发性干扰引起的误码,在纠错编码后还进行了交错编码。

采用信道编码后,在信道上误码率为 10^{-3} 时,信息的误字率可以减小 3 个数量级,即可以低于 10^{-6}。

(5)抗跟踪和转发干扰的考虑。在 FH 系统中跳频速率是抗拒跟踪干扰和转发干扰的重要参数。在 JTIDS 中,每个脉冲为一跳,脉冲周期为 $26~\mu s$,因此跳频速率为 38.5 kh/s。这应该属于高速跳频。但应注意,由于是脉冲跳频,其抗跟踪和转发干扰的能力比连续工作系统更强些,因为抗跟踪和转发干扰的能力,决定于每一跳中的同一频率的持续时间。本系统中脉冲的持续时间为 $6.4~\mu s$,此时间对应的双程传播距离为 0.96 km。这就表示超过此行程差以外的敌方电台无法进行转发干扰的(即没有处理和反应的时间)。而 1 km 的路径差对于此系统覆盖范围为几百公里而言是很小的。因此,这时的高速跳频相当于连续通信系统中的跳频速度为 $(1/6.4) \times 10^6 = 156.25$ kh/s。

8.5 GPS 系 统

GPS 系统的全称是"授时与测距导航系统/全球定位系统"(NAVSTAR/GPS,Navigation System of Timing and Ranging/Global Positioning System),是美国国防部为满足军事

部门对海上、陆地和空中设施进行高精度导航和定位而建立的新一代导航与定位系统，它具有全球性、全天候、连续精密三维导航和定位能力，同时也具有良好的抗干扰性和保密性，在军事和民用事业方面都有很大影响。GPS 系统利用扩频码跟踪发射机和接收机之间的传播延迟，确定从发射机到接收机的距离，从而进行导航和定位，是直接序列扩频的一项重要应用。

8.5.1 系统概况

全球定位系统主要由三大部分组成，即空间星座部分、地面监控部分和用户设备部分。

1. 空间星座部分

GPS 系统的空间星座部分由 24 颗导航卫星(Navstar)组成，其中包括 3 颗备用卫星，用以必要时代替发生故障的卫星。工作卫星分布在 6 个轨道面内，每个轨道面上有 4 颗卫星。卫星轨道面与地球赤道面的倾角为 55°，轨道的平均高度约 20 200 km，卫星运行周期为 12 小时。每颗卫星每天约有 5 小时在地平线以上，同时位于地平线以上的卫星至少为 4 颗，最多可达 11 颗。这样配置，保障了在地球上任何地点、任何时刻均至少可以同时观测到 4 颗卫星，从而实现全球覆盖和三维导航能力。

导航卫星有 BLOCK Ⅰ、BLOCK Ⅱ 和 BLOCK Ⅲ 三种，其中 BLOCK Ⅱ 型卫星上还增设了核爆炸探测器和单通道空军卫星通信转发器，使卫星具有探测核爆炸和应急通信的能力。每个卫星上具有完全相同和准确的时钟，并保持 8 个卫星的准确位置信息，其时钟与建立在地面上的主控站的时钟准确同步。

2. 地面监控部分

GPS 的地面监控部分目前主要由分布在全球的 5 个地面站组成，其中包括卫星监测站、主控站和信息注入站，它们的任务是跟踪并保证卫星质量。5 个地面站均具有监测站的功能，其中有一个主控站和三个注入站。监控站跟踪和监视全部导航卫星，并把收集的各种数据资料汇集到主控站进行处理，准确地预报卫星运行的精确轨道和精确时间，通过注入站把主控站编制和推算的卫星星历、时钟、导航电文和其它控制指令等注入到相应卫星的存储系统，以使整个卫星系统的工作正常。

3. 用户设备部分

用户设备部分的主要任务是接收 GPS 卫星发射的信号，以获得必要的导航和定位信息及观测量，并经数据处理而完成导航和定位工作。

GPS 用户设备部分主要由天线、接收机、带有软件的数据处理设备和控制/显示装置以及电源等部分组成，一般习惯上统称为 GPS 接收机。由于用户要求不同，用户设备又分为 A、B、C、D、E、F 六类，分别适用于轰炸机、直升飞机、一般导航、地面车辆、地面人员和潜艇舰船等。而 GPS 接收机根据工作原理、通道类型、信号频率和用途又有多种分类。

GPS 接收机主机主要由变频器、信号通道、处理单元与显示单元几个模块组成，如图 8 - 10 所示。其中，信号通道是核心部分，其主要作用有三：第一，搜索卫星，牵引并跟踪卫星；第二，对准基准信号，将从卫星接收到的扩频信号进行解扩和解调，从而得到导航电文；第三，进行伪码测量、载波相位测量和多卜勒频移测量。

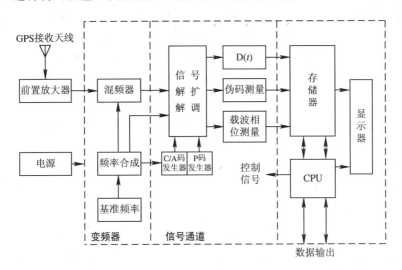

图 8 - 10　GPS 接收机原理图

8.5.2　GPS 的码和信号

GPS 采用了两种测距码和数据码（称 D 码），其中两种测距码，即 C/A 码和 P 码均属伪随机码。

1. C/A 码（Clear/Acquisition）

C/A 码是由两个 10 级反馈移位寄存器相组合而产生的，其构成如图 8 - 11 所示。两个移位寄存器于每星期日子夜零时，在置"1"脉冲作用下全处于 1 状态，同时在1.023 MHz 的时钟驱动下，两个移位寄存器分别产生码长为 1023 位、周期为 1 ms 的 m 序列$G_1(t)$和

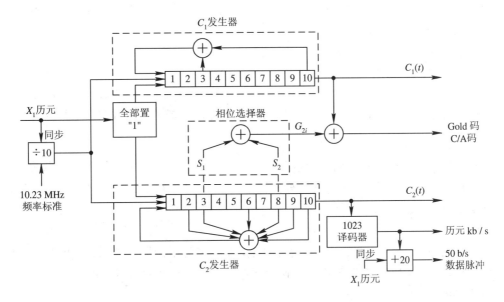

图 8 - 11　C/A 码构成示意图

$G_2(t)$。$G_2(t)$序列选择该移位寄存器中两存储单元进行二进制相加,由此得到一个与$G_2(t)$平移等价的 m 序列 G_{2i}。再将其与 $G_1(t)$ 模 2 加,便得到 C/A 码。C/A 码是 Gold 码,不是 m 序列。由于 $G_2(t)$ 可能有 1023 种平移序列,所以将 G_{2i} 与 $G_1(t)$ 模 2 加,就可得到 1023 种不同结构的 C/A 码,但它们的长度、周期和码速均相同。不同的 GPS 卫星采用结构相异的 C/A 码。

C/A 码的码长较短,易于捕获。在 GPS 中,为了捕获 C/A 码,通常需要对 C/A 码逐个进行搜索。若以每秒 50 个码元的速度搜索,1023 个码元仅需 20.5 秒便可达到目的。

由于 C/A 码易于捕获,且通过捕获的 C/A 所提供的信息,又可以方便地捕获 P 码,所以通常 C/A 码又称捕获码。

C/A 码的码元较宽,用它测距的误差较大。由于其精度较低,故也称其为粗测码。

2. P 码(Precise)

P 码的产生原理与 C/A 相似,采用两组各有两个 12 级的寄存器产生,码长约为 2.35×10^{14} 位,周期约为 267 天,码速为 10.23 Mc/s。实际的 P 码周期被分成 38 部分,除 1 部分闲置外,其余分给地面监控站和不同的卫星使用。不同卫星使用 P 码的不同部分,但都具有相同的码长和周期。

由于 P 码很长,捕获需要很长时间,所以一般先捕获 C/A 码,然后根据数据中给出的信息,便可容易地捕获 P 码。

由于 P 码宽度为 C/A 码宽度的 1/10,用 P 码测距得到的误差较小,故通常也称之为精测码。

3. 数据码(D 码)

数据码实际上就是导航电文,它包含了卫星的星历、工作状态、时间系统、卫星运行状态、轨道摄动改正、大气折射改正和由 C/A 码捕获 P 码等导航信息。

导航电文也是二进制码,依一定的格式,按帧向外播送。每帧电文长 1500 bit,播送速度为 50 b/s。

每帧导航电文有 5 个子帧,每个子帧有 10 个字,每个字有 30 bit。每 25 帧组成一主帧。在第 1、2、3 子帧中是卫星轨道数据、原子钟时间调整参数等,在第 4 个帧中给出了电波传播时延补偿参数和卫星状态信息,第 5 子帧给出 24 个卫星的轨道日历等。1、2、3 子帧的内容每小时更新一次,而 4、5 子帧的内容只在注入新的导航数据后才得以更新。

4. GPS 卫星的信号

每个 GPS 卫星都向地面连续发射两种导航信号 L_1 和 L_2,它们都采用直接序列扩频,以增强抗干扰能力。L_1 和 L_2 的载频分别为 1575.42 MHz 和 1227.60 MHz,它们都从同一个基本频率 10.23 MHz(C/A 码和 P 码也由此频率得到)倍频得到,倍频次数分别为 154 和 120。

在 GPS 中采用双频发射、双频观测技术,主要是为了减弱电离层折射的影响,从而提高导航和定位的精度。至于采用上述两个频率,除了便于产生之外,还在于用这两个频率观测改正后,电离层折射的残差很小。

C/A 码和 P 码对载波均进行非平衡 QPSK 调制,且 Q 路比 I 路功率低 3 dB。在载波

L_1 上调制有 C/A 码、P 码和数据码,而在载波 L_2 上只调制有 P 码和数据码,如图 8-12 所示。

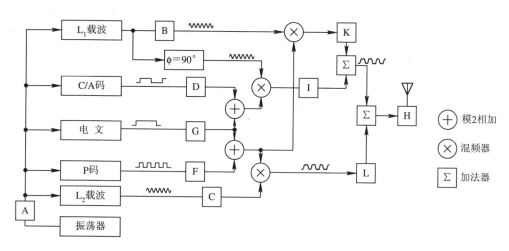

图 8-12 GPS 卫星信号构成示意图

8.5.3 GPS 的定位原理

GPS 的定位原理同目前航空控制系统中广泛使用的"罗兰"(LORAN)导航系统的原理类似,只不过 GPS 要在三维立体空间内定位。下面以接收 C/A 码为例,介绍其定位原理。

当同步时,可以得到接收到的时间 t_2 (以目标站的时基为参考),同时从收到的数据中又得到发送的时间 t_1 (以卫星上的时基为参考)。以系统时间和 GPS 接收机时间表示的信号发送和接收的时间关系如图 8-13 所示。由于 GPS 接收机的时基与系统时基有误差 Δ,因而 GPS 接收机计算的传播时间 T_i' 与真实传播时间也相差 Δ,即

$$T_i = T_i' + \Delta \qquad (8-3)$$

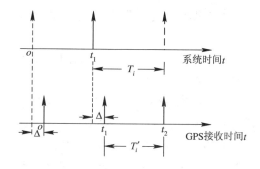

图 8-13 GPS 定位原理示意图

与第 i 个卫星计算的距离(称伪距离)设为 ρ_i,有

$$\rho_i = cT_i' = cT_i - c\Delta = cT_i' - B \qquad (8-4)$$

式中 c 为光速。由于所有卫星时基相同,因此 $B = c\Delta$ 是相同的。这样,对所有卫星的真实距离 R_i 为

$$R_i = cT_i = \rho_i + B \qquad (8-5)$$

现在来看如何得到目标的空间位置。设卫星以地心为原点的坐标为 X_i, Y_i, Z_i,目标的坐标为 X_u, Y_u, Z_u,则可得到下列各式:

$$R_1 = \rho_1 + B = [(X_1 - X_u)^2 + (Y_1 - Y_u)^2 + (Z_1 - Z_u)^2]^{1/2} \qquad (8-6)$$

$$R_2 = \rho_2 + B = [(X_2 - X_u)^2 + (Y_2 - Y_u)^2 + (Z_2 - Z_u)^2]^{1/2} \qquad (8-7)$$

$$R_3 = \rho_3 + B = [(X_3 - X_u)^2 + (Y_3 - Y_u)^2 + (Z_3 - Z_u)^2]^{1/2} \qquad (8-8)$$

$$R_4 = \rho_4 + B = [(X_4 - X_u)^2 + (Y_4 - Y_u)^2 + (Z_4 - Z_u)^2]^{1/2} \qquad (8-9)$$

伪距离可由接收机测得，各个卫星的坐标可从收到的导航电文中获得，代入上述式子，就可以解出 X_u、Y_u、Z_u 和 B 四个未知数，从而可以确定目标的位置（经度、纬度和高度）。在 GPS 接收机中，接收到的是大地的经纬度坐标 (B, L)，它与高斯投影直角坐标 (x, y) 的关系可用高斯投影正算公式来表示，为

$$x = X_0^B + \frac{1}{2}Ntm_0^2 + \frac{1}{24}(5 - t^2 + 9\eta^2 + 4\eta^4)Ntm_0^4 + \frac{1}{720}(61 - 58t^2 + t^4)Ntm_0^6$$

$$y = Nm_0 + \frac{1}{6}(l - t^2 + \eta^2)Ntm_0^3 + \frac{1}{120}(5 - 18t^2 + t^4 + 14\eta^2 - 58\eta^2 t^2)Nm_0^5$$

式中：

$$X_0^B = C_0 B - \cos B(C_1 \sin B + C_2 \sin^3 B + C_3 \sin^5 B)$$

$$t = \tan B$$

$$l = L - L_0$$

$$m_0 = l \cos B$$

$$N = \frac{e}{\sqrt{l - e^2 \sin^2 B}}$$

$$\eta^2 = \frac{e^2}{l - e^2} \cos^2 B$$

用户移动速度可根据用户移动时测得的卫星载波频率的多卜勒频移求出。

8.6 无 线 局 域 网

无线局域网（WLAN，Wireless Local Area Networks）指采用无线传输媒介的计算机局部网络，它是计算机网络技术和无线通信技术结合的产物。WLAN 是在有线局域网的基础上发展起来的。与有线局域网相比，无线局域网采用无线链路（Cable-free links）构成网络，不仅安装方便，改动布局容易，而且具有很高的抗毁性和安全性。更重要的是它支持游牧（移动）计算，朝个人通信的方向迈进了重要的一步。WLAN 可以轻易解决有线建网时遇到的 3D（Difficult、Destructive and Dangerous to install wire）问题，从而广泛应用于办公自动化、工业自动化和银行等金融系统，并且可满足军队、公安部门等其它特殊场合的要求。

8.6.1　无线局域网的特征

1. 网络拓扑结构

WLAN 的拓扑结构可分为无中心（Peer to Peer）和有中心（Hub-Based）两类。无中心结构的网络要求其中任一节点均可与其它节点通信，又称自组织网络（Ad hoc）。由于无中心节点控制网络的接入，各站都可以竞争共用信道，所以多数无中心结构的 WLAN 都采用 CSMA（Carrier Sense Multiple Access）类型的 MAC（Medium Access Control）协议。但随着用户数目的增加，竞争成为限制网络性能的要害，系统管理十分困难。因此无中心结构

适用于小工作群网络规模，其优点是建网容易，抗毁性能强。有中心拓扑则有一个无线节点充当中心站(接入点)，所有节点网络的访问均由其控制，又称基础结构网络(Infrastructure)。这样，当网络业务量变大时网络吞吐率的降低不十分剧烈。另一方面，有中心网络受地理环境的限制亦较小，每个节点只需在中心站覆盖范围之内就可与其它节点通信，并且中心节点为访问有线主干网提供了一个逻辑节点。但这种结构的缺点是抗毁性差，中心节点的故障容易导致整个网络瘫痪。

2. 传输媒介及传输方式

WLAN 的传输媒介有两种，即无线电波和红外线。红外无线局域网采用小于 $1\ \mu m$ 的红外线作为传输媒质，其使用不受无线电管理部门的限制。红外信号要求视距传输，有较强的方向性，检测和窃听困难，对邻近区域的类似系统也不会产生干扰，但由于它具有较高的背景噪声(如日光等)，易被黑色物体吸收、被亮的物体扩散性地反射、被镜子和有光泽的金属直接反射，因而通信距离短，在室外使用会受到很大限制。此外，红外无线局域网的传输速率只有 $1\sim 2\ Mb/s$。目前研究、使用最多的是采用无线电波做传输媒介的无线局域网(以后除非特别说明，都指的是此种无线局域网)，它采用微波传输，穿透能力强，通信距离远(覆盖范围大)。而且这种局域网多采用扩频技术，发射功率较自然背景噪声低，具有良好的抗干扰性、抗噪声、抗衰落及保密性能。因此它具有很高的可用性，成为目前流行的无线局域网。

传输方式涉及 WLAN 的传输频段和调制方式。对无线局域网，采用什么频段，在理论上和技术上并无定论。20 世纪 80 年代后期，美国联邦通信委员会(FCC)对使用无线电的计算机通信开放了无需申请就可使用的 ISM(Industrial、Scientific and Medical)频段，随后日本和欧洲也相继开放了各自的 ISM 频段，这些频段大多数集中在 900 MHz、2.45 GHz 和 5.8 GHz 附近，属超高频和微波波段。在这些频段内的 WLAN 产品大多采用扩频调制方式，主要有 DS 和 FH 两种。例如 Proxim 的 RangeLAN II 采用 900 MHz 的 FH 方式，朗讯(Lucent)的 WaveLAN 采用 2.45 GHz 的 DS 方式等。西安电子科技大学研制的无线局域网也采用了 2.45 GHz 的 DS 方式。专用频段(如 Motorola 的 18 GHz)一般采用窄带调制方式(也可以宽带调制，如 Motorola 采用了 10 MHz 带宽)，信息速率较高，技术也相对简单，但需要向无线电管理部门申请，许可后才能使用。

3. 无线局域网的优势

无线局域网的出现弥补了有线网络的缺陷，它在很多方面都具有有线网络所无法比拟的优势。

(1) 安装的灵活性：允许网络建设到有线网络不可达的地方；

(2) 网络的伸缩性：允许网络配置成多种拓扑结构以满足特定应用和安装的需求；

(3) 网络的移动性：向用户提供实时的信息接入，无线局域网将数据连接和用户的移动性结合起来，经过简单的配置，形成可移动的局域网；

(4) 网络的低成本：虽然无线局域网初期的硬件投资较有线网络偏高，但从整个安装的开销及生命周期成本来看则比有线网络低得多，尤其对于经常需要移动、增加和改变的网络来说，长期的成本收益是非常显著的。

使用无线局域网，用户不用寻找接口就可以接入共享信息，而网络管理者不用安装或移动网线就可以建立或扩充网络。无线局域网在方便性、成本等方面都优于传统的有线网络。

4. 应用环境

目前，无线局域网已不再只作为有线网络的替代和补充，而是可以提供室内外的不同领域的高速多媒体业务。其应用方式也十分灵活，可以单独组成专用网，也可以以多种方式接入互联网。下面列出了一些主要应用。

1）室内应用

（1）大型办公室、车间、医院等机构；

（2）超级市场、智能仓库、零售商用 WLAN 来简化频繁的网络重配；

（3）临时办公室、会议室、证券市场等；

（4）公司培训站点和学校校园网络，信息查询、交换和学习。

2）室外应用

（1）城市建筑群间通信；

（2）动态环境中的网络管理者，工矿企业厂区自动化控制与管理网络；

（3）银行、金融证券城区网络，城市交通信息网络；

（4）矿山、水利、油田等区域网络，港口、码头、江河、湖坝区域网络；

（5）野外勘测、实验等流动网络，军事、公安等流动网络。

8.6.2　无线局域网标准

无线局域网的标准很多，但从目前来看，占统治地位的是 IEEE 802.11 系列标准。

1. IEEE 802.11 系列标准

IEEE 802.11 是 IEEE 组织在 1997 年制定的一个无线局域网标准，它定义了物理层(PHY)及媒介接入控制层(MAC)的结构。在物理层中，定义了两个 RF 传输方法和一个红外线传输方法，RF 传输方法采用扩频调制技术来满足绝大多数国家的工作规范。在该标准中 RF 传输标准是跳频扩频(FHSS) 和直接序列扩频 (DSSS)，工作在 2.4000～2.4835 GHz。在 MAC 层则使用载波侦听多路访问/冲突避免(CSMA/CA)协议。IEEE 802.11 标准主要用于解决办公室局域网和校园网中用户与用户终端的无线接入，业务主要限于数据存取，速率最高只能达到 2 Mb/s。1999 年 8 月已经修订了 IEEE 802.11 标准，该标准成为 IEEE/ANSI 和 ISO/IEC 的一个联合标准，ISO/IEC 将该标准定为 ISO8802-11。

由于 IEEE 802.11 标准在速率和传输距离上都不能满足人们的需要，因此，IEEE 小组又相继推出了 IEEE 802.11b 和 IEEE 802.11a 两个新标准。它们是对 IEEE 802.11 标准的扩充。三者之间技术上的主要差别在于 MAC 子层和物理层。

IEEE 802.11a 扩充了标准的物理层，工作在 5 GHz U-NII 频带，物理层速率可达 54 Mb/s，传输层可达 25 Mb/s；采用正交频分复用(OFDM)的独特扩频技术；可提供 25 Mb/s 的无线 ATM 接口和 10 Mb/s 的以太网无线帧结构接口，以及 TDD/TDMA 的空中接口；支持语音、数据、图像业务；一个扇区可接入多个用户，每个用户可带多个用户终端。但是，其芯片还没有进入市场，设备昂贵，空中接力不好，点对点连接很不经济，不适合小型设备。

IEEE 802.11b 采用的是开放的 2.4 GHz 频段，调制方法采用补偿码键控(CKK)。CKK 是 IEEE 802.11b 规定的调制方法，它来源于直接序列扩频技术。多速率机制的媒质接入控制(MAC)使用动态速率漂移确保当工作站之间距离过长或干扰过大，使得信噪比低于某个门限时，传输速率从 11 Mb/s 自动降到 5.5 Mb/s，而且能够根据 DSSS 技术调整到 2 Mb/s 和 1 Mb/s，且在 2 Mb/s、1 Mb/s 速率时与 IEEE 802.11 兼容。

目前无线 LAN 的标准方式 IEEE 802.11 扩展标准更是倍受瞩目。

所谓 IEEE 802.11 的扩展标准，是在现有的 IEEE 802.11b 及 IEEE 802.11a 的 MAC 层追加了 QoS 功能及安全功能的标准。制订标准作业由名为"IEEE 802.11e"及"IEEE 802.11f"的作业部门进行。追加 QoS 功能可以提高传输语音数据和数据流数据的能力。

另外，作业部门"IEEE 802.11g"也随之成立，由它来探讨扩展物理层标准 IEEE 802.11b，使最高数据传输速率从目前的 11 Mb/s 提高到 22 Mb/s 以上。使用的频带与过去相同，仍为 2.4 GHz 频带。不过关于调制方式，还未决定是否使用一直沿用的直扩方式，可能会是分组二进制卷积码(PBCC，Packet-Binary-Convolutional-Coding)。

2. HiperLAN 标准

HiperLAN 是下一代高速无线 LAN 技术，它能给最终用户提供高达 25 Mb/s 的高速数据。HiperLAN 标准是由欧洲电信标准协会(ETSI)制定的，它所制定的标准有 4 个：HiperLAN1、HiperLAN2、HiperLink 和 HiperAccess。其中，HiperLAN1 和 2 用于高速无线 LAN 接入，HiperLink 用于室内无线主干系统，HiperAccess 则用于室外对有线通信设施提供固定接入。

HiperLAN2 在无线 LAN 频谱利用上有很大突破，它采用 5 GHz 频带，克服了目前大多数 LAN 产品工作频段较窄的缺陷，可使大量的用户实现高速通信。HiperLAN2 采用正交频分复用(OFDM)调制；原始物理层的速率可达 54 Mb/s，传输层的速率可以保持在 20 Mb/s 左右；它在高速率下支持 QoS，对像视频和话音一类实时应用提供了新的途径；对多种类型的网络基础结构(如以太网、ATM 等)提供连接，并且对每一种连接都具有安全认证和加密功能；具有自动频率管理功能。

8.6.3 WLAN 的组成及工作原理

类似有线局域网，在计算机中插入无线网卡(或适配器)并运行相应的软件，该计算机即可接入相应的无线局域网络。因此，无线局域网设备有无线网卡、无线接入点(AP)、无线网桥(Bridge)、无线网关(Gateway)和无线路由器等。下面仅介绍无线网卡和无线接入点(AP)的组成原理。

1. 无线网卡

无线网卡一般由网络接口控制器(NIC)、扩频调制及解扩解调(SS)单元及微波收发信机(RF&ANT)单元等三部分组成，如图 8-14 所示。其中：NIC(Network Interface Controller)为网络接口控制单元，完成移动主机与网络物理层连接的接口控制；BBP(Base Band Processor)是基带处理单元；IF(Intermediate Frequency)是中频调制解调器；RF

(Radio Frequency)是射频单元。

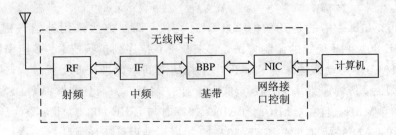

图 8 - 14　无线局域网网卡的组成

NIC 可以实现 IEEE 802.11 的协议规范的 MAC 层功能，主要负责接入控制。在移动主机有数据要发送时，NIC 负责接收主机发送的数据，并按照一定的格式封装成帧，然后根据多址接入协议（在 WLAN 中为 IEEE 802.11 协议）把数据帧发送到信道中去。当接收数据时，NIC 根据接收帧中的目的地址，判别是否是发往本机的数据，如果是则接收该帧信息，并进行 CRC 校验，拆去帧头，把数据提交给主机。为了实现上述功能，NIC 还需要完成发送和接收缓存的管理，通过计算机总线进行 DMA 操作和 I/O 操作，与计算机交换数据。

后面三个单元组成一个通信机（Transceiver），用来实现物理层功能，并与 NIC 进行必要的信息交换。由于宽带无线 IP 网络中的通信业务具有宽带、突发的特点，因此对通信机提出了更高的要求。

基带处理单元（BBP）在发送数据时对数据进行调制，IF 处理器把基带数据调制到中频载波上去，再由 RF 单元进行上变频，把中频信号变换到射频上发射。在接收数据时，先由 RF 单元把射频信号变换到中频上，然后由 IF 处理器进行中频处理，得到基带接收信号。BBP 对基带信号进行解调处理，恢复位定时信息，把最后获得的数据交给 NIC 处理。

事实上，在物理实现上可以将不同的功能单元组合到一起。例如 NIC 与 BBP 处理器都工作在基带，可以将两者集成到一起；中频处理器也可以全数字化，它与 BBP 处理器结合在一起可以更方便地实现一些功能。

无线网卡的软件包括基于 MAC 控制芯片的固件（Firmware）和主机操作系统下的驱动程序。

固件是网卡上最基本的控制系统，主要基于 MAC 芯片来实现对整个网卡的控制和管理。在固件中完成了最底层、最复杂的传输/发送模块功能，并向下提供与物理层的接口，向上提供一个程序开发接口，为程序开发人员开发附加的移动主机应用功能提供支持。图 8 - 15 是其逻辑组成图。驱动程序完成对无线网卡的初始化、打开与关闭、数据包的发送与接收等驱动任务。

非扩频的无线局域网卡的组成及工作原理与一般无线收发信机的组成和工作原理类似。

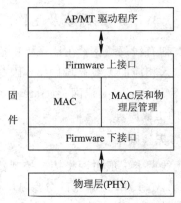

图 8 - 15　无线网卡系统逻辑框图

2. 无线接入点（AP）

AP 作为移动终端与有线网络通信的接入点，其主要任务是协调多个移动终端对无线信道的访问，所以其功能主要对应于 OSI 模型中的 MAC 层。它有如下功能：

（1）将无线网络的帧格式（IEEE 802.11 帧）与有线网络的帧格式（IEEE 802.3 帧）进行转换，实现有线网络与无线网络之间的帧的存储、转换、转发，实现桥接功能。

（2）负责本 CELL 内的管理，包括终端的登陆、认证、散步和漫游的管理。

（3）对移动终端 MT 的散步、漫游的管理与 Internet 兼容，即在散步或漫游后仍可以保持连接，做到"操作透明性"和"性能透明性"。

（4）具有简单网管功能。

从逻辑上讲，AP 由无线收发部分、有线收发部分、管理与软件部分及天线组成，如图 8 - 16 所示。

AP 上有两个端口，一个是无线端口，所连接的是无线小区中的移动终端；另一个是有线端口，连接的是有线网络。在 AP 的无线端口，接收无线信道上的帧，经过格式转换后成为有线网格式的帧结构，再

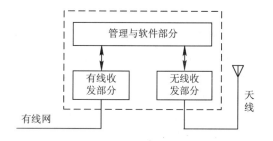

图 8 - 16　AP 组成图

转发到有线网络上；同样，AP 把从有线端口上接收到的帧，转换成无线信道上的帧格式转发到无线端口上。AP 在对帧处理过程中，可以相应地完成对帧的过滤及加密工作，从而可以保证无线信道上数据的安全性。

8.6.4　无线局域网中的扩频技术

ISM 频段的无线局域网产品几乎均采用了扩频技术，它们有如下优点：

（1）无须无线电管理部门的批准；

（2）有较高的噪声容限和保密性；

（3）有较强的抗干扰能力；

（4）可用软件来选择信道，实现信道共享；

（5）易实现多址通信，频谱利用率较高。

无线局域网产品中的扩频，主要有 DS 和 FH 两种方式，且多数为 DS 方式。无线局域网中采用扩频，抗干扰性能已不是首要考虑因素，因此，DS 的处理增益或跳频的跳速一般都不高。跳频方式的设计实际上就是跳频频率合成器及其控制的设计。慢速的跳频频率合成器的设计，目前技术已很成熟。由于 DS 方式的扩频和调制（主要是 QPSK 或 BPSK 及其差分形式）相对比较简单，无线局域网中的扩频技术就主要归结为 DS 方式的解扩。对于 DS 方式，其解扩的相关处理主要有用声表面波器件（SAWD）或超大规模集成电路（VLSI）作为匹配滤波器或卷积器两种方式。例如 Canon 的无线网络系统，采用 SAW 卷积器来完成相关解扩。用 SAWD 作为匹配滤波器可以同时完成解扩和解调，而且可以省去 DS 中较难解决的伪码同步及载波同步，使系统得以简化，因此，这种方式日益受到人们的关注。利用扩频专用集成电路（ASIC）不仅可以实现 DS 方式的扩频与解扩，而且可以很方便地与

其它芯片(如 RF、IF 和 NIC)相配合,实现无线局域网设备的小型化,并且价格也较低。关于这两种解扩方式的详细情况,可参阅第 6 章相关内容。

8.7 蓝 牙 技 术

随着移动通信技术和计算机网络在全球的迅速发展,特别是短距离无线通信系统的发展,使得语音通信和计算机之间的界限也已经变得越来越模糊。1998 年 5 月,五家世界顶级通信/计算机公司:爱立信、诺基亚、东芝、IBM 和英特尔经过磋商,联合成立了蓝牙共同利益集团(Bluetooth SIG),对蓝牙技术进行研究、开发、推广和应用,并提出了蓝牙技术标准。

蓝牙(Bluetooth)技术实际上是一种短距离无线电技术,它使得现代一些轻易携带的移动通信设备和电脑设备,不必借助电缆就能联网,并且能够实现无线上因特网,其实际应用范围还可以拓展到各种家电产品、消费电子产品和汽车等信息家电,组成一个巨大的无线通信网络。

蓝牙一词是从公元 10 世纪统一丹麦和瑞典的一位斯堪的纳维亚国王的名字哈拉尔德·布罗坦德而得来的。这是一位在海盗横行、种族冲突不绝的 10 世纪北欧,通过谈判完成不流血而统一的丹麦伟人,他是一位伟大的国王。自从他镶上蓝色的假牙那天开始,人们便称他为"蓝牙(布罗坦德)"。

蓝牙技术的这种无线数据与语音通信的开放性全球规范,是以低成本的近距离无线连接为基础的,为固定与移动设备通信环境建立一个特别连接。例如,如果把蓝牙技术引入到移动电话和便携式电脑中,就可以去掉移动电话与便携式电脑之间的令人讨厌的连接电缆而通过无线使其建立通信。打印机、PDA、台式电脑、传真机、键盘、游戏操纵杆以及所有其它的数字设备都可以成为蓝牙系统的一部分。

除此之外,蓝牙技术还为已存在的数字网络和外设提供通用接口以组建一个远离固定网络的个人特别连接设备群。用于接入网络的设备包括 PDA、语音耳机和蜂窝电话等。用户与这些设备接入的设备可以包括其他的相似设备(端到端交换),LAN 接入单元或其他接入单元可以提供各种各样的设备。

总之,蓝牙正在孕育着一个颇为神奇的前景:对手机而言,与耳机之间不再需要连线;在个人计算机、主机与键盘、显示器和打印机之间可以摆脱纷乱的连线;在更大范围内,电冰箱、微波炉和其它家用电器可以与计算机网络相连接,实现智能化操作。因此,在蓝牙技术的这种短距离、低成本的无线连接技术以及能够实现语音和数据无线传输的开放性方案刚刚露出一点儿芽尖的时候,即已经引起了全球通信业界和广大用户的密切关注。

蓝牙工作在全球通用的 2.4 GHz ISM(即工业、科学、医学)频段。蓝牙的数据速率为 1 Mb/s,利用时分双工传输方案来实现全双工传输。ISM 频带是对所有无线电系统都开放的频带,因此使用其中的某个频段都会遇到不可预测的干扰源。为此,蓝牙特别设计了快速确认和跳频方案以确保链路稳定。跳频技术是把频带分成若干个跳频信道(hop channel),在一次连接中,无线电收发器按一定的伪码序列不断地从一个信道"跳"到另一个信道,只有收发双方是按这个规律进行通信的,而其他的干扰不可能按同样的规律进行;跳频的瞬时带宽是很窄的,但通过扩展频谱技术可使这个窄带成百倍地扩展成宽频带，使干扰可能的影响变得很小。与其它工作在相同频段的系统相比，蓝牙跳频更快，数据包更短，这使蓝牙比其它系统都更稳定。FEC(Forward Error Correction，前向纠错)的使用抑制了长距离链路的随机噪音。另外，蓝牙技术中应用了二进制调频(FM)技术的跳频收发器被用来抑制干扰和防止衰落。

蓝牙基带协议是电路交换与分组交换的结合。在被保留的时隙中可以传输同步数据包，每个数据包以不同的频率发送。一个数据包名义上占用一个时隙，但实际上可以被扩展到占用 5 个时隙。蓝牙可以支持异步数据信道和多达 3 个的同时进行的同步话音信道，还可以用一个信道同时传送异步数据和同步话音。每个话音信道支持 64 kb/s 同步话音链路。异步信道可以支持一端最大速率为 721 kb/s 而另一端速率为 57.6 kb/s 的不对称连接，也可以支持 43.2 kb/s 的对称连接。

1）蓝牙技术的基本参数如下：

(1) 工作频段：ISM 频段，2.402～2.480 GHz；

(2) 双工方式：全双工，TDD 时分双工；

(3) 业务类型：支持电路交换和分组交换业务；

(4) 数据速率：1 Mb/s；

(5) 非同步信道速率：非对称连接 721/57.6 kb/s，对称连接 432.6 kb/s；

(6) 同步信道速率：64 kb/s；

(7) 功率：美国 FCC 要求功率不超过 0 dbm(1 mW)，其他国家可扩展为 100 mW；

(8) 跳频频率数：79 个频点/每频点 1 MHz 瞬时带宽；

(9) 跳频速率：1600 h/s；

(10) 工作模式：暂停(PARK)/保持(HOLD)/呼吸(SNIFF)；

(11) 数据连接方式：面向连接业务 SCO，无连接业务 ACL；

(12) 纠错方式：1/3FEC，2/3FEC，ARQ；

(13) 鉴权：采用反应逻辑算术；

(14) 信道加密：采用 20 位、40 位、60 位密钥；

(15) 语音编码方式：连续可变斜率调制 CVSD；

(16) 发射距离：一般可达 10 m，增加功率情况下可达 100 m。

2）蓝牙系统主要由以下功能单元组成：

(1) 天线射频单元；

(2) 链路控制单元；

(3) 链路管理单元；

(4) 软件功能 Definitions。

蓝牙网络的基本形式是皮克网(Piconet)。所谓皮克网，就是通过蓝牙技术连接在一起的所有设备，一个皮克网可以只是两台相连的设备，比如一台便携式电脑和一部移动电话，也可以是八台连在一起的设备。在一个皮克网中，所有设备都是级别相同的单元，具有相同的权限。但是在皮克网网络初建时，其中一个单元被定义为 Master，其时钟和跳频顺序被用来同步其它单元的设备；其它单元被定义为 Slave。每一皮克网只能有一个主单元，从单元可基于时分复用参加不同的皮克网。

具有重叠覆盖区域的几个独立且不同步的皮克网组成一个散射网络(Scatternet)。另外,在一个皮克网中的主单元仍可作为另一个皮克网的从单元,各皮克网间不必以时间或频率同步。各皮克网各有自己的跳频信道。

蓝牙技术支持点对点和点对多点连接。几个皮克网可以被连接在一起,靠跳频顺序识别每个皮克网。同一皮克网所有用户都与这个跳频顺序同步。其拓扑结构可以被描述为"多皮克网"结构。

蓝牙系统提供点对点连接方式或一对多连接方式。在一对多连接方式中,多个蓝牙单元之间共享一条信道。也可以说共享同一信道的两个或两个以上的单元形成一个皮克网。其中,一个蓝牙单元作为皮克网的主单元,其余则为从单元。在一个皮克网中最多可有7个活动从单元。另外,更多的从单元可被锁定于某一主单元,该状态称为休眠状态。在该信道中,不能激活这些处于休眠状态的从单元,但仍可使之与主单元之间保持同步。对处于激活或休眠状态的从单元而言,信道访问都是由主单元进行控制的。

蓝牙技术规范的目的是使符合该规范的各种应用之间能够实现互操作。互操作的远端设备需要使用相同的协议栈,不同的应用需要不同的协议栈。但是,所有的应用都要使用蓝牙技术规范中的数据链路层和物理层。

图 8-17 示出了蓝牙协议栈的基本结构和各种协议之间的相互关系,但这种关系在某些应用中是有变化的。需要说明的是,不是任何应用都必须使用全部协议,而是可以只使用其中的一列或多列。

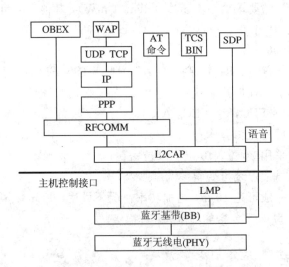

图 8-17 蓝牙协议栈

完整的协议栈包括蓝牙专用协议(如连接管理协议 LMP 和逻辑链路控制应用协议 L2CAP)以及非专用协议(如对象交换协议 OBEX 和用户数据报协议 UDP)。设计协议和协议栈的主要原则是尽可能地利用现有的各种高层协议,保证现有协议与蓝牙技术的融合以及各种应用之间的互操作,充分利用兼容蓝牙技术规范的软硬件系统。蓝牙技术规范的开放性保证了设备制造商可以自由地选用其专用协议或习惯使用的公共协议,在蓝牙技术规范基础上开发新的应用。

蓝牙协议体系中的协议按 SIG 的关注程度分为四层:核心协议(BaseBand、LMP、L2CAP、SDP);电缆替代协议(RFCOMM);电话传输控制协议(TCS-Binary、AT 命令集）；选用协议（PPP、UDP/TCP/IP、OBEX、WAP、vCard、vCal、IrMC、WAE）。

除上述协议层外，该技术规范还定义了主机控制器接口（HCI），它为基带控制器、连接管理器、硬件状态和控制寄存器提供命令接口。在图 8-17 中，HCI 位于 L2CAP 的下层，但 HCI 也可位于 L2CAP 的上层。

蓝牙核心协议由 SIG 制定的蓝牙专用协议组成。绝大部分蓝牙设备都需要核心协议（加上无线部分），而其他协议则根据应用的需要而定。总之，电缆替代协议、电话控制协议和被采用的协议在核心协议基础上构成了面向应用的协议。

8.8 测距与测速系统

无线电测距、测速的基本原理，就是由发射机发射某一频率 f_0 的无线电波，然后测量由目标反射回来的信号相对于发射信号的时延 τ 和多卜勒频移 f_d，从而决定发射/接收机至目标的距离 d 和目标的径向运动速度 V_r。这几个物理量之间有如下关系：

$$d = \frac{1}{2}c\tau \tag{8-10}$$

$$f_d = f_0 \frac{V_r}{c} \tag{8-11}$$

式中：c 为无线电波的传播速度（光速）；V_r 为目标运动的径向分量；f_0 为发射机载频。

因此，测距就是要测时延 τ，测速就是要测频移 f_d。但是测量距离越远，反射回来的信号越弱，接收就越困难。为了加大测量距离，就必须加大发射信号的能量。脉冲雷达信号峰值功率目前已达几十兆瓦，进一步增大峰值功率，将对设备耐高压和发射管输出功率提出更为严格的要求。而用加大脉宽提高发射功率的办法又会降低距离的分辨率。

扩频伪随机编码雷达是扩频技术在测距测速系统中的典型应用。利用伪随机信号的尖锐自相关特性，采用相关检测的方法，使测距的抗干扰能力大为增强，测量距离在不增加发射功率的情况下也大大增加，同时使测距、测速的精度也得到提高。据测量，在导航和交通控制系统中采用扩频伪随机编码雷达，可以保证 10 m 的三维位置和精确到 0.1 ft/s（英尺/秒）内的速度。测 1000 英里的距离，分辨率在 0.1 英里之内，而允许的测量时间仅为 1 s。

m 序列扩频雷达系统的组成原理如图 8-18 所示。图中上半部分为雷达发射机，下半部分是雷达接收机。由图可知，发端的 m 序列对射频载波进行双相移相键控而产生扩频信号，门控信号（与时钟保持同步关系）产生选通脉冲开启选通门，扩频信号经功放后发射出去。同时，发射机的 m 序列发生器通过基准相位分配器为接收机提供 m 序列的 N（N 为 m 序列的周期长度，$N = 2^r - 1$，r 为产生 m 序列的移位寄存器的级数）个相位的信号，作为接收机相位解调器进行解调的基准信号；接收机从天线收到由目标反射回来的扩频信号，通过混频器变为中频已调信号，并同时送给 N 个相位解调器。如果收到的已调信号的调制分量恰好和第 k 个相位的基准信号同相，则第 k 个解调器输出为正信号（图中共有 p 个解调器）。经窄带滤波（相当于积分），得到比较大的峰值电压，而其余相位解调器由于调制分量与基准信号相位不同，输出信号有正有负，经过窄带滤波器的积分作用，它们的输出电压很小。因此，通过比较判决电路可以判明接收信号的相位是具有最大相关输出的那个支路的本地基准 m 序列相位。在系统中还设置有统计从扩频信号发射到接收机有最大相关输出这段时间内 m 序列经过的周期数的计数器。如果第 $k(k=1, 2, 3, \cdots, N)$ 个支路输出最大，则所接收到的信号的相位对于发射时的相位差（即时延）为

$$\tau = lN + kT_c \qquad (8-12)$$

式中：N 为 m 序列周期长度；l 为伪码周期数；T_c 为伪码码元宽度。

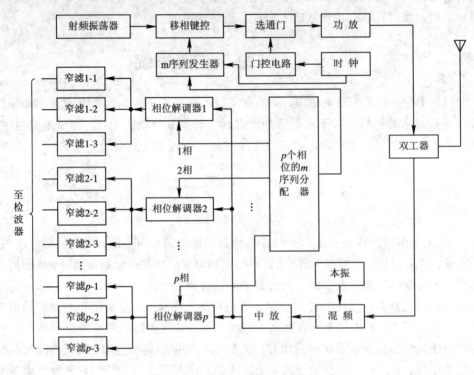

图 8-18 m 序列扩频雷达系统

由此可见，被测目标至雷达的距离为

$$d = \frac{1}{2}c(lN + kT_c) \qquad (8-13)$$

应该指出，这里的相位解调器 k 的基准信号为 m 序列的第 k 个相位，实际上是发射的 m 序列经 k 个切普移位后得到的新的 m 序列。

如果只考虑在一个伪码周期内的测量，则最大测量距离为

$$d_{\max} = \frac{1}{2}cNT_c \qquad (8-14)$$

测距精度（或分辨率）为

$$d_{\min} = \frac{1}{2}cT_c \qquad (8-15)$$

图 8-18 中每个相关检测支路的输出接 $2m+1$ 个（图中是 3 个）窄带滤波器，这些滤波器的中心频率选为

$$f_i = f_0 - (M+1-i)f_\Omega \qquad i = 1, 2, 3, \cdots, 2M+1 \qquad (8-16)$$

式中，f_Ω 为某给定的频率值，M 为正整数，且满足下述关系：

$$|f_{d\,max}| \leqslant Mf_{\Omega} \qquad\qquad (8-17)$$

一般地，M 越大，f_{Ω} 越小，测量精度越高，设备也越复杂。

由式(8-11)可得目标运动的径向速度为

$$V_r = c\frac{f_0 - f_i}{f_0} = \frac{c(M+1-i)f_{\Omega}}{f_0} \qquad\qquad (8-18)$$

$V_r > 0$，说明目标靠近；$V_r < 0$，说明目标离去。只要选择 m 序列周期 P、码元宽度 T_c 及正整数 M 等，即可求出目标的运动速度及目标与雷达间的距离。

顺便指出，这种雷达捕获目标的速度是很快的，但设备的复杂程度也很高(采用了 N 个相位解调器)。如果用一个相位解调器，采用步进捕获的办法，虽然设备的复杂程度有大幅度的降低，但捕获时间非常长，甚至到无法容忍的地步。另外一种快捕的方案是采用复合码。用 k 个短码组成复合码，而且 k 个短码周期互素，复合码的相位只要经过 $\sum_{i=1}^{k} p_i$ 次试探就可测出。实际中，试探次数还会比 $\sum_{i=1}^{k} p_i$ 少得多。

宇航技术的发展，要求雷达能对深空物体精确测距，要求雷达有超远距离的测量能力；要求雷达对高速运动物体(如火箭、飞船等)的测距有快速反应能力(即尽量小的捕获时间)。利用上述原理设计的雷达就很难满足要求。近年来发展起来的双速扩频序列雷达就可以实现超远距离和超快速测距。

双速扩频序列雷达使用两个伪随机扩频序列。高速扩频序列码元宽度为 T_c，序列长度为 $2^r - 1$(r 为产生此序列的移位寄存器的级数)，序列周期 $T_H = (2^r - 1)T_c$。低速扩频序列码元宽度为 MT_c，序列长为 $2^m - 1$(m 为产生此序列的寄存器的级数)，序列周期 $T_L = (2^m - 1)MT_c$。那么，双速扩频序列的复合序列的码元宽度为 T_c，周期为

$$T = \mathrm{LCM}(2^r - 1, (2^m - 1)M)T_c \qquad\qquad (8-19)$$

式中，$\mathrm{LCM}(x, y)$ 是指取 x, y 的最小公倍数。如果 $2^r - 1$ 和 $(2^m - 1)M$ 互质，则复合序列的周期为

$$T = (2^r - 1)(2^m - 1)MT_c \qquad\qquad (8-20)$$

因此，系统的最大测量距离为

$$d_{max} = \frac{1}{2}c(2^r - 1)(2^m - 1)MT_c \qquad\qquad (8-21)$$

如果接收机采用锁相环在基带对扩频序列进行相关处理的方法，则扩频序列最大捕获时间为

$$T_{a\,max} = \max[T_{Ha\,max}, T_{La\,max}] \qquad\qquad (8-22)$$

式中：

$$T_{Ha\,max} = \frac{2^r - 1}{1.8\alpha_H} \qquad\qquad (8-23)$$

$$T_{La\,max} = \frac{2^m - 1}{1.8\alpha_L} \qquad\qquad (8-24)$$

α_H 和 α_L 分别是高速序列和低速序列同步跟踪滤波常数。假设

$$\alpha_L = \frac{2^m - 1}{2^r - 1}\alpha_H \qquad\qquad (8-25)$$

则

$$T_{a\,max} = \frac{2^r}{1.8\alpha_H} = \frac{2^m}{1.8\alpha_L} \qquad\qquad (8-26)$$

举例来说，双速扩频序列雷达的系统参数是：$r=18$，$m=13$，$M=32$，$T_c=10^{-7}$ s，则

$$2^r - 1 = 2^{18} - 1 = 3^3 \times 7 \times 19 \times 73$$

$$(2^m - 1)M = (2^{13} - 1) \times 32 = 2^5 \times 8191$$

两者互质，故复合序列周期为

$$T = (2^{18} - 1)(2^{13} - 1) \times 32 \times 10^{-7} \approx 6871 \text{ s}$$

最大测量距离为

$$d_{max} \approx 1.0 \times 10^{12} \text{ m} \approx 56 \text{ 光分}$$

设 $\alpha_H = 1000$ rad/s，$\alpha_L = 31$ rad/s，则最大捕获时间为

$$T_{a\,max} \approx 145 \text{ s} \approx 2.4 \text{ min}$$

如果采用单一序列扩频序列雷达，同样的系统参数，其最大测距范围为

$$d_{max} \approx 3.9 \times 10^6 \text{ m} = 0.013 \text{ 光秒}$$

显然，此距离小于双速扩频序列雷达约 6 个数量级。同样，采用短周期的双速扩频序列，可实现快速捕获，适合对高速运动目标的测距和跟踪。

8.9 其它方面的应用

扩频技术的应用非常广泛，除了前面几节介绍的几个典型例子外，在下述几方面的应用也比较普遍。

8.9.1 电力线或照明线扩频载波通信

几乎无处不在的交流电源线如果直接将其作为传输信道，则有许多问题。一方面，不同类型的电源线对信号所呈现的特性阻抗、衰减常数不大相同，用电负载也有所不同，且经常变化。如果直接用电源线做传输媒介传递信号，会使所传信号发生畸变和衰减。另一方面，如果直接在电源线上传输数据，可能会对广播、电视或其它通信设备造成明显的干扰。而扩频通信系统抗干扰能力强，信号功率谱密度很低，又便于实现码分多址，这正好适用于在电源线上兼传数据。

扩频载波技术 SSC（Spread Spectrum Carrier），即利用线性调频脉冲来有效地将信息带宽展宽许多倍，形成信号带宽。这种技术也叫做扫频脉冲技术，它可以使得相关器就像匹配滤波接收机检测窄带调制载波一样，可实时检测到信号的存在。因此，可用这种技术来实现拥有许多用户或节点且共享一个频道的载波监听多路访问的分组网。在美国，电子工业协会(EIA)已采用了 SSC 技术作为电力线和射频的用户电子总线(CEBus)标准的物理层规范。

SSC 电力线信号是一个扫频脉冲或很短的线性调频脉冲。类似于传统的直扩，线性调频脉冲可将信号能量展开使其分布在较宽的频带上。具体到 EIA 的 CEBus 标准，信号展宽到 $100 \sim 400$ kHz 的频带，有效比特率为 10 kb/s，而欧洲开发的相应系统将信号展宽到 $20 \sim 80$ kHz 的频宽中，同时降低有效通信比特率为 2 kb/s，从而保持了处理增益（约

14.8 dB)。尽管从理论上说，信号可简单地通过 100～400 kHz 或 20～80 kHz 的脉冲扫频产生，但实际产品却是在 100～400 kHz 中间设一转换点 200 kHz，扫频在此频率结束并重新开始。这样做主要有两个原因：一是简化了为限制信号产生的谐波能量而进行的滤波；二是在数据比特间允许平滑过渡。

使用此技术可开发低成本、高性能的扩频收发器。由于扫频信号可简单地由存储于 IC ROM 区的数据查表实现，而且由于线性调频脉冲保持已知图形的线性，在为线性调频脉冲解码时采用很简单的相关方法即可，因此成本较低。由于扫频压缩脉冲是在基带频率上产生的，SSC 射频信号与 PL 锁相信号很相似。在射频应用中此基带信号能被上变频到一个合适的发射频率，如北美未限制使用的 915 MHz 或欧洲的 2.4 GHz 频率。

照明线扩频通信系统可以采用 DS/BPSK 方式传输数据，也可以采用基带 DS 方式直接传输数据。日本 NEC 公司研制的室内总线系统(HBS，Home Bus System)是典型的照明线扩频通信网。其扩频码长为 31 位，数据速率为 9.6 kb/s，带宽为 10～450 kHz，同步建立时间为 80 ms，采用半双工通信方式。利用电源线也可传送静止图像和传真。随着办公自动化、家庭信息自动化的发展，照明线扩频通信将会有远大的应用前景。

8.9.2　微弱通信

使用无线电的收发设备，必须就工作频带、发射功率、作用范围和使用性质等，向无线电管理部门提出申请，经批准后才能作用。但当一个通信装置的发射功率非常小，对其它通信设备和通信信道几乎没有影响时，就可以不用申请批准而自由使用，这就是微弱通信。一般情况下，是否属于微弱通信，是以距发送设备 100 m(有的国家定为 30 m)处的信号的最大场强是否小于 15 μs/m 为标准的，也有的国家要求更为严格。

微弱通信的发射功率一般比较小(如 10 mV)，功率谱密度也比较低，接收信号的场强非常小。要在此条件下进行可靠通信，一种有效的办法就是使用扩频技术。由于扩频技术的抗干扰性能好，能在低功率谱密度下应用，又可多址通信，因而特别适合用于微弱通信，关键是要研制开发有适合高频率的扩频相关处理器。随着微电子技术和其它相关技术的发展，这方面的问题已不难解决，就连无线遥控装置也可以使用扩频微弱通信技术。可见，微弱通信已遍及军事和民用的各个方面。

与无线局域网类似的室内无线扩频通信，可以使用 ISM 波段，其应用已超出初期的设想，目前已广泛应用在新闻行业、办公自动化、工业部门、金融行业、石油地质部门、民航铁路及交通运输部门，甚至于军事和公安部门，也可以将其作为有线通信设备的备份。

8.9.3　矿井通信

在矿井、隧道等通信中，一般采用有线通信。但当出现塌方等危急情况时，为了保证通信联络，最好采用无线通信方式。由于电波对地面的穿透力随频率的增高而降低(一般 30 W 功率信号，30 MHz 时穿透力约为 300 m，15 MHz 时约为 800 m，5 MHz 时约为 1300 m)，而用常规的通信方式，在射频降低时各种干扰会使其通信不畅，采用低射频的扩频无线通信技术就可解决这一问题。

8.9.4 各种测量

在许多测量中，由于环境不同和干扰的影响，使常规的测量方法无法奏效，如果用扩频信号作测试信号，接收机采用相关接收，就可抑制掉干扰，得到较为理想的测试结果。如对天线方向图的测量，就可用这种方法。

利用扩频雷达的测距原理，可以对物体或设备内部的故障进行检测。利用雷达测量运动目标多卜勒频移的方法，可以检测心脏或血管中血液的流动情况，制成血流计或进行超声多卜勒成像。

上面仅就扩频技术的几个典型应用作了简单的介绍，其实扩频技术的应用远不止这些。我们希望通过对本章和前面各章的学习，激发读者对扩频技术的学习兴趣，启发读者利用扩频技术的优点和方法，去开拓新的应用领域。

本章参考文献

[1] 郭峰，曾兴雯，刘乃安，马义广. 无线局域网. 北京：电子工业出版社，1996
[2] 周忠漠，易杰军. GPS卫星测量原理与应用. 北京：测绘出版社，1992
[3] JTIDS——美军新一代的通信、导航和识别系统. 内部资料
[4] Ggorge R. Cooper，Clare D. Mc Gillem. Modern Communications And Spread Spec.trum，1986